本课题由国家自然科学基金青年科学项目资助　项目编号：52208013

# 传统村落公共空间的图式语言

张兵华　著

中国建材工业出版社

**图书在版编目（CIP）数据**

传统村落公共空间的图式语言/张兵华著. --北京：中国建材工业出版社，2023.4

ISBN 978-7-5160-3693-8

Ⅰ.①传… Ⅱ.①张… Ⅲ.①村落—公共空间—建筑设计—研究—福建 Ⅳ.①TU-092.957

中国国家版本馆 CIP 数据核字（2023）第 006362 号

传统村落公共空间的图式语言

CHUANTONG CUNLUO GONGGONG KONGJIAN DE TUSHI YUYAN

张兵华 著

出版发行：中国建材工业出版社

地 址：北京市海淀区三里河路 11 号

邮 编：100831

经 销：全国各地新华书店

印 刷：北京天恒嘉业印刷有限公司

开 本：787mm×1092mm 1/16

印 张：14

字 数：300 千字

版 次：2023 年 4 月第 1 版

印 次：2023 年 4 月第 1 次

**定 价：128.00 元**

---

本社网址：www.jccbs.com，微信公众号：zgjcgycbs



本书如有印装质量问题，由我社市场营销部负责调换，联系电话：（010）57811387

# 著者简介

张兵华，男，福州大学校聘副研究员、城乡规划学专业硕士研究生导师。1989 年生于福建龙岩，2021 年获天津大学工学博士学位，曾于2019 年至2020 年作为联合培养博士赴日本金泽大学深造，2021 年于福州大学任教至今，福建省引进人才。主要研究领域：传统村落公共空间图式语言研究、防御性聚落与建筑研究、城乡规划与设计、古建类文物保护单位规划与设计。主持国家自然科学基金青年科学基金项目“传统村落公共空间的图式语言分析方法及设计应用——以闽江流域为例”、福建省自然科学基金项目“永泰庄寨多尺度住居环境营建体系及优化方法研究”，参与多项国家自然科学基金课题；在《风景园林》《新建筑》上发表论文以及被 SCI/SSCI 刊物收录论文共二十余篇；负责及参与国内城镇总体规划、科教园修建性详细规划、历史街区修建性保护规划、历史文化名村保护规划、文物保护单位修缮设计与保护规划等实践项目十余项。

# 序 言

张兵华，天津大学建筑学院博士研究生毕业，福州大学建筑与城乡规划学院青年教师。2017年秋，经陈小辉教授引荐，他进入十一工作室学习，致力于闽江流域乡土聚落和建筑遗产研究，在学习期间治学严谨、笔耕不辍。该书是作者阶段性研究成果，亦是其多年耕耘之结晶。本书源于对家乡福建数十处历史文化名城、名镇、名村和传统村落的田野调查，以及百余座历史建筑测绘作业，他前期的学术积累为本书提供了丰富的写作素材。他读博期间曾赴日本金泽大学交流学习，对传统聚落与建筑的进一步考察与研究，拓宽了其学术视野，对后续成果的形成具有重要的影响。他陆续发表的一系列相关论文，使其研究方向逐渐明晰。他在学习过程中参与了国家自然科学重点基金的申报，充分展示了其研究才能。2019年工作室研究开始偏重中华传统营建智慧的当代重构，闽江流域传统村落公共空间研究成为其博士论文的主要线索，重点探讨物质空间及其文化保护的解决途径，试图解决传统文化向当代转译瓶颈背后的基础科学问题。其论文对以上问题进行了有益的探索，曾获得校级优秀博士学位论文，被学院推荐申报并获得天津市优秀博士论文。

该书核心内容是在学位论文“闽江流域传统村落公共空间图式语言研究”基础上撰写而成，亦是其青年科学基金项目“传统村落公共空间的图式语言分析方法及设计应用——以闽江流域为例”的后续研究成果。针对传统营造语言与现代设计理论脱节现象，运用语言学、心理学与人类学等相关学科理论，以及图式语言分析方法，从认知、分析、实践三个层面系统解析闽江流域传统村落公共空间的组织模式和内在生成机制，建立适应性设计应用路径。该书在传统村落公共空间架构中寻找语言学逻辑的相似性，通过空间的语言类比映射，将传统村落多层级公共空间的构成要素、组合方式和意义表征，转译成图式语汇、图式语法和图式语义，使之成为可认知与解读的现代知识。该书意图推动传统村落公共空间的地方性表达和认知方式转变，注重传统空间营造的可读性和可译性，并根据当下乡村设计与传统村落保护的现实需求，建立了适宜性设计方法，以空间图式语言映射逻辑和转换生成语法为核心路径，为中华传统乡村设计语汇与句法的当代转译与重构提供了可能性。

如何继承与弘扬传统营建之精华、破解语言转译方法、重构本土理论与方法，是中国建筑学科亟待解决的课题。该书对本土传统村落的营造更新及可持续发展具有重要的学术价值和现实意义。其研究成果回应了国家乡村振兴战略需求，是作者在该领域有益的尝试。作为其博士生导师颇感欣慰，期待该书能为延续传统文化基因、复兴中华文明提供重要的启示性价值。

孔宇航<br>于天津大学敬业湖<br>2023 年 1 月

# 前　言

本书是基于本人在天津大学完成的博士学位论文《闽江流域传统村落公共空间图式语言研究》，以及后续获得的国家自然科学基金青年科学基金项目“传统村落公共空间的图式语言分析方法及设计应用——以闽江流域为例”（52208013）的研究内容而撰写的。在攻读博士学位期间，导师孔宇航教授的研究团队正围绕国家自然科学基金重点项目“基于中华语境‘建筑-人-环境’融贯机制的当代营建体系重构研究”（52038007），针对现今中国建筑系统中存在的传统基因缺失、学科过度分化、设计与建造脱节等问题，系统构建中华语境下“建筑-人-环境”融贯机制的认知框架，以及探索传统空间的当代转译技术。而传统村落公共空间的营造智慧解析和当代转译应用，也是关于中华优秀传统文化传承发展和乡村人居环境质量提升的重要科学问题。我的研究工作内容正是在此基础上拓展、聚焦于传统聚落空间层面，并结合本人自身对传统聚落和文化遗产的研究兴趣，加之十余年在福建的田野调查经历和基础资料收集，将研究对象锁定在闽江流域传统村落公共空间上。

撰写本书的目的，并非要搭建传统聚落空间的图式语言理论体系，这也不是当下作为初出茅庐的年轻作者功力所能及，而更多地是站在巨人肩膀上，希望在建筑学、认知心理学和语言学多个学科交叉中，探索对传统聚落空间营造智慧解释与转译的一些可能性，以回应当下乡村问题与国家需求。我国的城镇化和工业化，推动中国乡村短时期内由封闭乡土环境走向开放城乡环境，传统村落和建筑遗产逐渐衰落，作为村落日常文化活动载体的公共空间也随之衰落和异质化。随着乡村振兴战略的提出，继续改善农村人居环境成为乡村发展的重点任务；2017 年 1 月中共中央办公厅、国务院办公厅印发《关于实施中华优秀传统文化传承发展工程的意见》，明确提出实施中国传统村落保护工程的要求。可见传统村落公共空间营造智慧的传承与创新研究具有鲜明的需求导向，且具有迫切性和必要性，是对国家文化传承创新和乡村振兴战略需求的回应。传统公共空间的营造传承和转译重构有两个瓶颈问题：（1）认知和解读空间营造方式的方法缺乏系统性；（2）传统空间营造信息转译为当代设计语言的有效路径缺失。在传统营造智慧解析过程中，未能采取更普适、系统的方法认知和解读传统空间及其设计语言，以耦合乡土空间形式逻辑的表层结构与伦理功能的深层结构；同时，传统营造语汇可读性受限，转译为当代建筑语言存在困难，设计成果多停留于片段解读和符号借鉴，与乡土语境剥离，导致乡村建设乱象。以上问题导致传统空间营造在当代设计理论与实践中日趋式微，在传承发展上出现文脉断裂、特色消解和品质下降等系列问题，亟待建立理论与实践的互馈机制，促使基础研究成果走向乡土公共空间营造更新的实践应用。

本书尝试融合语言学的离散组合系统逻辑和图式的心智认知结构，构建图式语言分析方法，揭示传统村落公共空间的组织模式和内在生成机制，并形成适应性的当代设计应用模式；旨在解决解读与转译技术瓶颈背后的核心科学问题，即传统公共空间的可读性和营造信息的转译应用；以期加强传统空间营造的当代话语权和文化自信，对指导本土传统村落公共空间更新具有重要的理论和应用价值，对提升乡村人居环境质量与传承乡土传统营造智慧产生积极意义。总之，由于作者有限的理解能力和知识储备，本书不可避免地存在纰漏，且研究并不是一个成熟完备的体系，希望通过本书抛砖引玉，引发更多学者对传统聚落空间的关注，对图式语言分析方法进行进一步思考与讨论。

此书能够付梓，感谢博士研究生导师孔宇航教授，他在我天津四年读博期间寒暑不断地传道授业解惑；感谢硕士研究生导师陈小辉教授长期以来对学生成长的关心和支持；感谢李建军教授长期以来给予后辈亦师亦友的学术指导和关怀。最后，要由衷感谢在本书出版期间予以指导、帮助和支持的挚爱亲朋，让我在无数迷茫黯淡的夜空里，有埋头耕耘的动力和举头仰望的憧憬：晴空锦绣，星辰遂愿。

张兵华<br>于福州大学旗山学园<br>2022 年 12 月 31 日

CONTENTS

# 目　录

# 1　绪论

"一个人、一个建筑、一个城镇乃至一片旷野都有一种核心品质是评价蕴于其中的生命力和精神的根本标准。这种核心品质是客观和精确的，只是不知道如何称呼。"

——C. 亚历山大（C. Alexander）《建筑的永恒之道》

## 1.1　研究缘起与意义

### 1.1.1　研究的背景

1. 学术背景：传统村落公共空间组织模式再认知的必要性

传统聚落或风土建筑的研究是在学术界历史观转变的背景下兴起的，20 世纪 60 年代，随着大批西方学者将研究重点从精英建筑转向民间聚落和风土建筑，在 20 世纪 80 年代后，中国也涌现出一批学者将特定村落作为学术研究对象，深入乡土社会生活展开多领域、多视角的田野工作和研究。其中，以建筑学科为背景的大量学者，破除正史和官式建筑的局限，将研究视野拓展到传统聚落和民居建筑[1]。国内各大建筑院校对全国各地的特色民居、古村、古镇和古城进行了相关课题研究并取得丰硕成果。在研究关注点的转变下，传统聚落与传统民居的营建智慧在田野调查、遗产考察和实物典籍中被挖掘，正史以外的聚落文明轨迹逐渐显露出来。

传统村落作为传统聚落的重要类型，本书研究聚焦于传统村落公共空间。中国传统村落的空间组织模式是在千年以来的传统营建思想和文化观下，形成的一种"空间-自然-人文"融贯互动模式[2]。该模式存在一种程式化、类型化的特征，具有独特的空间结构形式和设计语汇，并在地域性语境下发挥着传递人文信息和组织社会活动的作用。其中，公共空间是村民生活、生产、游憩等各类社会公共活动的场所，集中体现了乡土社会空间行为与环境物质载体的耦合。无论是空间行为还是物质载体都以其承载土地为根基，因而具有地域性。而自现代主义出现以来，西方设计语言的东渐和传统空间营建方式的失语愈加明显。中国传统缺乏对聚落和建筑空间营造理论的系统梳理，区别于西方《建筑十书》等建筑理论著作的集中论述，而是潜藏在海量历史典籍、图档之中，隐性地渗透在现存的大量传统村落之中，有必要对传统村落公共空间组织模式进行再次认知。

2. 研究趋势：传统村落空间营造方式传承与转译的语言学转向和跨学科趋势

如何从物质文化实体遗存向空间结构逻辑认知进行蜕变，将是传统村落空间的营建传承和当代转译的核心问题。对此，中国台湾学者汉宝德就中国建筑传统的延续做出明确判断，既无法回到过去也不能复制传统的建造体系[3]。语言的广义性质是人造媒介符号，用以表述思想和不同个体之间的信息传递。空间作为一种媒介符号的形式参与创造了我们体验世界的范畴，也在语言的范畴内。我们通过语言的范畴来体验世界，进而形成经验，构成了我们体验的现实，与我们的思维认知和日常生活全方面互相渗透。正如维特根斯坦（Wittgenstein）在《逻辑哲学论》中指出的语言与思维认知的关系："我的语言的界限意味着我的世界的界限。"[4] 对语言、认知和空间关系的研究，意在打破"语言-认知"的界面，证明人类认知的共生观念，人们对空间的认识同样属于其范畴。

随着结构主义和认知语言学的发展，人们对语言和思想的认知结构日益关注。这与空间中的行动特质一起推动了关于物质空间文化的语言类比法探讨。空间在诸多物质呈现方式中，作为一类扩展形式，跨越了空间、时间、具身性介入等多个维度[5]。传统的空间营造体系亦是如此，需要借鉴传统的形式符号，以直接回应地方性环境、气候、地理状况、材料和地方文化。其转译与重构又必须重新建立具有"地域基因"的设计语汇和语法，以回应当代乡土社会不断出现的复杂难题和新需求。因此，针对当下文化、人和物质空间之间的交互领域，将语言学引入传统聚落空间环境的研究又呈现出理论和方法论上的意义。

3. 现实背景：传统村落空间营造智慧挖掘的迫切性以及对国家文化传承创新和乡村振兴战略需求的回应

中国1980年以来的快速城镇化和工业化浪潮，在不以个人意志为转移的人类文明化进程中，城乡范围内的传统村落和建筑遗产日渐消退或衰落。在2019年中国城镇化率突破60%之际，根据《中国城乡建设统计年鉴》的统计数据，中国村庄数量从1990年的377. 3万个减到了2020年的236. 3万个，每年以4. 7万个的速度消逝。这是由乡土宗法社会向公民社会、由村落集体社会向市民社会、由传统聚落向城镇聚落转型的城镇化过程。村落田野调查发现，随着社会资本与城乡人口的流动、自然环境的破坏、宗教信仰的变迁、审美价值的变化，以及乡村氏族、家庭结构的消解等影响，加速了传统村落的衰落和异质化。乡土社会原有的文化传统和风俗活动在传承和保护上青黄不接，原本作为文化活动载体的各类公共空间也遭到遗弃或破坏。可见，中国乡村历时性的巨变，在演变中传统村落的物质空间文脉特色随之消解，乡村共同体也随之分崩离析，村民的集体认同感和社区归属感下降[6]。

随着国家提升人居环境质量以及乡村振兴和文化复兴的重大战略需求，在传统村落的保护和发展方面，自2012年工作启动截至2019年年底，全国已公布了国家级历史文化名村共七批487个、中国传统村落名录共五批6799个。因此，在此背景下传统村落公共空间的保护利用与营造智慧的挖掘，既迫切、充满挑战又适时、充满契机。但如何实现对传统村落公共空间营造智慧的传承与发展，将面临两大课题：一方面，是对聚落空间显性物质环境要素的系统构成和组织逻辑的躬身体验和批判继承；另一方面，是对聚落空间隐性文化价值和内在伦理功能的挖掘再现和认知重构。因此，如何实现传统村落公共空间营建要素和内在人文内涵的系统耦合、如何从物质文化实体遗存转向空间结构逻辑认知，成为当下村落空间的营建传承和当代转译重构的核心问题。

### 1.1.2 研究的意义

1. 促进传统村落公共空间研究的跨学科“融贯”和知识体系整合，拓宽研究视角

传统村落公共空间研究中，通过构建适合系统性复杂对象的认知框架和描述方法，对体系对象空间组织逻辑和伦理功能表征的特点进行分析和总结。描述方法的建立需要进行空间理论的相关探索，随着语言学、心理学和人类学等跨学科理论研究在建筑学领域的普遍应用，为空间营造存在的类型、规律、模式和结构规律的探索提供理论借鉴。在研究方法上，突破单一学科研究局限，从图式语言的研究视角，借用图式心智认知方式和语言学的结构性组织逻辑，对原有空间的语言学结构主义研究方法进行理论补充与深化。通过图式与语言学研究方法的系统梳理，对传统村落公共空间的整体性研究具有理论意义。

2. 推动传统村落公共空间形式与意义的地方性表达和认知方式转变，突破认知瓶颈

中国人居环境的营造技艺传统与历史文化理念，在学科日益精细化和建造技术日益现代化的今天，传统空间、文化“融贯”一体的模式遇到认知瓶颈。本书将图式认知方法应用于空间逻辑的解释，以建立空间形式与语言思维在表达和认知上的某种共同结构关系。针对传统村落公共空间的模式研究及其特征提取，结合语言学形成一种新的空间逻辑认知方法，系统性地解析传统村落公共空间的深层伦理功能和表层形式逻辑的耦合机制，以厘清其认知机制和组织逻辑。本研究对空间进行各层次要素结构性认知，并转译成现代学科语境下可读的空间图式语言，这对推动传统村落公共空间的再认识和空间逻辑转变具有重要意义。

3. 指导地方村落公共空间更新实践，回应国家对文化传承和乡村振兴战略需求

基于对地域性空间特色的把握与再创造，是对村落公共空间的结构认知和场所性回应，避免机械照搬“城市化”营造模式，造成与地域文脉的割裂。一方面，通过对传统村落公共空间设计语汇要素的类型和图谱进行分类整理，总结空间图式语汇的组织语法，作为地域性空间设计的灵感素材和依据。在当前乡村振兴战略指引下，这对相似地形水文条件乡村地区的工程建设和公共空间更新具有实践意义。另一方面，是对传统村落公共空间“语汇”要素的传承与重构，地域村落“句法结构”的内在合理性和稳定性，作为开放的语言体系，适应当代社会生活和新的空间需求而不断更新与重构。这对地域建筑和空间设计创造具有启发性，符合保持传统村落完整性、真实性和延续性的基本要求，有利于促进地区村落的可持续发展。

## 1.2 主要概念辨析

本书尝试从图式语言的视角，构建传统村落公共空间研究的认知框架和逻辑系统，前者关乎本书的研究方法和研究视角；后者则为传统村落公共空间研究的对象体系，覆盖了本研究的研究范围和宏旨，涉及“传统村落”“公共空间”和“图式语言”三个主要概念。

### 1.2.1 传统村落

2011 年由住房城乡建设部给出官方定义：传统村落是指村落形成较早，拥有较丰富的传统资源，具有一定历史、文化、科学、艺术、社会、经济价值，应予以保护的村落①。其习惯称谓为“古村落”，为避免停留在物质层面的历史价值，以突出村落作为具有活力的“生命体”的文明价值及传承的意义。2003 年原建设部与国家文物局将能反映某一历史时期传统风貌和地方民族特色、具有丰富文物遗存以及承载特殊或重大纪念意义和历史价值的村落，共同组织评选为中国历史文化名村②。本书研究的“传统村落”包括了住房城乡建设部官方定义的传统村落和历史文化名村，具有完整的传统建筑风貌、保持传统特色的选址和格局以及非物质文化。

### 1.2.2 公共空间

传统村落的公共空间有别于汉娜·阿伦特（Hannah Arendt）和于尔根·哈贝马斯（Jurgen Habermas）在城市范围内所讨论的“公共领域”，后者产生于欧美国家，是公民自由讨论公共事务、参与政治的活动空间。严格意义上国内不存在公共领域，但有类似功能的“公共空间”，因此展开对公共空间的研究是建立在“公共领域”这一概念延伸的基础上。村落相比城市是一个相对较为封闭的居住环境，是一个“熟人”社

① 《住房城乡建设部 文化部 国家文物局 财政部关于开展传统村落调查的通知》（建村〔2012〕58 号）。

② 《建设部 国家文物局关于公布中国历史文化名镇（村）（第一批）的通知》建村〔2003〕199 号。

会，乡土社会中的居民彼此存在地缘和血缘上的关系。

相比城市中公共空间的概念定义，村落中公共空间的概念定义国内不同学者持不同的见解。曹海林从社会学意义的角度将公共空间分为“正式”和“非正式”两类，前者指场所的形成和各类活动均受行政权意识驱使，后者指内生于村落地方性传统、风俗习惯和现实需求的公共活动场所[7]；匡立波等从场所活动的角度认为公共空间是指可自由出入并发生相应精神交流和公共性活动的场所[8]；卢健松等则依据村落实情以“显性”和“隐性”两种类型划分村落的公共空间，前者是公共权属空间，后者是指私属领域中可转换的公共空间[9]。关于村落公共空间的类型，主要依据其性质、空间形态、社会功能、形式状态以及构型动力 7 个分类标准进行划分，具体分类见表 1-1。

表 1-1　传统村落公共空间的类型

| 序号 | 分类依据 | 公共空间类型 | 作者 |
| --- | --- | --- | --- |
| 1 | 空间性质 | 政治性、生产性、生活性 | 梅策迎 |
| 2 | 空间形态 | 点状、线状、面状空间 | 薛颖 |
| 3 | 社会功能 | 道路、神仪、休闲、门户空间 | 杨迪 |
| 4 | 形式状态 | 固定性、暂存性 | 刘兴 |
| 5 | 型构动力 | “正式”（行政嵌入型）、“非正式”（村庄内生型） | 曹海林 |
| 6 | 用地权属 | “显性”（公共权属）、“隐性”（私属领域） | 卢健松 |
| 7 | 开放程度 | 纯公共领域、准公共领域、泛公共领域 | 戴俭[10] |

资料来源：自制。

## 1.2.3　图式语言

### 1.2.3.1　图式的概念

“图式”（schema），又音译为“基模”，是哲学、心理学、语言学和认知科学等学科中的重要概念。1781 年，伊曼努尔·康德（Immanuel Kant）对图式的哲学意义做了解释：图式作为个体所共有的想象结构，联结了感知与概念，联系了概念与物体，帮助构建意象和创造意义[11]。康德所论述的“图式”是先验性的，有别于个别、具体和直观的感性意象（形象），是一种普遍性、共性的感性结构方式，是具体意象产生的条件，是一种主体形式以其构造法则要求应用客体内容产生新的具体经验对象的普遍性方法。

然后在心理学领域，1923 年让·皮亚杰（Jean Piaget）在心理学功能机制层面引入“图式”这一概念，认为图式是认识结构的单元，一切知识是主体认知结构的内化产生和外化应用的统一，图式“只是具有动态结构的机能形式，而不是物质形式”[12]。1932 年，格式塔心理学家弗雷德里克·巴特莱特（F. C. Bartlett）认为常规图式这种认知结构储存在记忆中，处理各种信息和经验，通过与之对比来帮助理解新的经验[13]。图式作为一种知识表征的形式，人们能一般性地抽象与概括外部世界知识，并形成心智认知单元储存在大脑中。而保罗·迪马吉奥（Paul DiMaggio）从文化认知的角度，指出图式是识别和组织信息以及信息之间关系的一种思维单元或行为类型，通过试验方法在模糊轮廓中识别出现象的一种公平的近似，促进了社会学对文化特别是制度的理解[14]。

从“图式”的语义图集可知图式的最初概念与心理表征、信息组织、规划计划以及轮廓识别等语义相关联（图 1-1）。与图式（schema）相似的概念还有模式（pattern）、图示（diagrammatic presentation）和图解（graphical solution），图式与后三个概念有区别和交叠的部分，前者作为心智认知结构的单元，后三者则为具体的知识表征形式，与图式概念彼此互为表里（表 1-2）。其中，模式是一种代表一般规律的、可重复的、可操作的、稳定的范型，具有简单化的知识结构；图示侧重的是表现方式，以直观、简洁的图形表现某一事物；而图解则侧重分析和演算过程的呈现。

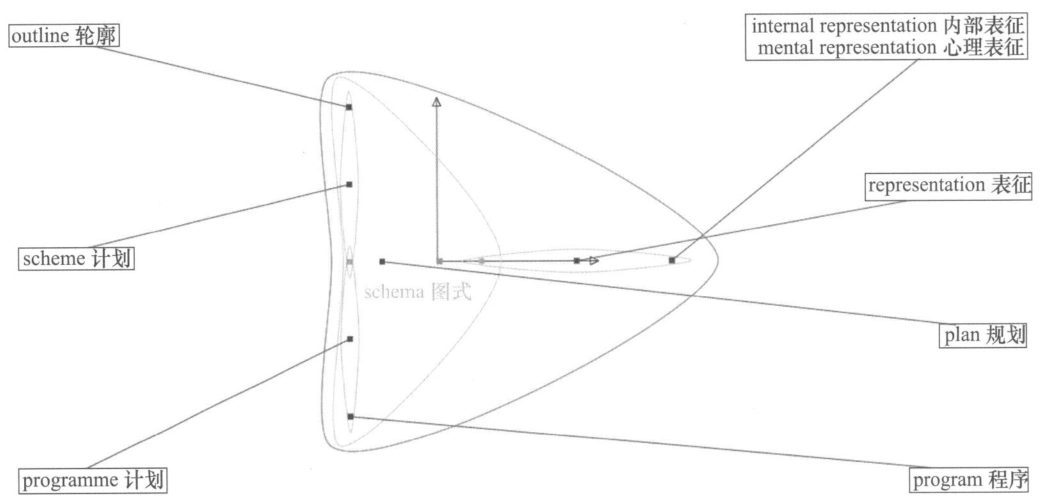


图 1-1　“图式”的语义图集

（资料来源：根据词语 schema 认知相关性的语义绘制）

表 1-2　图式相关概念辨析

| 概念 | 英译 | 特征 | 定义 |
| --- | --- | --- | --- |
| 图式 | schema | 认知结构 | 一种内化的或简化的心理组织或结构，是认识结构的单元[15] |
| 模式 | pattern | 标准形式 | 可以当作模范、榜样加以仿效的范本、模本[16] |
| 图示 | diagrammatic presentation | 表现方式 | 利用图形来表示或说明某一东西，以简驭繁，方便、直观、简洁[17] |
| 图解 | graphical presentation | 分析方式 | 利用图形来分析或演算[18] |

#### 1.2.3.2　图式语言的概念

语言学的描述方式、理论基础和语法结构生成原则与空间的组织表达具有相通的指令系统规则，而图式作为机体与外在环境交互作用下形成的同化外物的认知结构和方式，贯穿于语言认知和空间认知。图式语言的概念是二者组成的偏正词语，具有二者的复合含义，本书结合图式作为空间认知结构和感知过程的知识体系单元，并以语言学的结构主义认知方法作为传统村落公共空间组织的系统性描述、空间秩序的解析和空间结构转换的依据，而图式语言作为空间的表达途径则是借鉴语言的要素结构形式及其语法组织逻辑，将空间语言化[19]。从不同尺度案例的空间设计语汇和结构组合逻辑中归纳具有普遍意义和共性的规律，形成传统村落空间图式语言逻辑体系，包括语汇要素系统、句法结构系统、语境规则系统以及语义表征机制等维度。

## 1.3 国内外研究现状及发展动态分析

### 1.3.1 空间的语言类比研究

**理论与方法较成熟，但研究范式容易滞留在语言学封闭的结构层级体系中，较多地停留于要素与结构的表层形式类比。**

自19世纪末到20世纪中后期，建筑类比语言以及准语言概念已经有大量的研究成果和成熟的理论方法[20-21]。在规划、建筑和景观的理论与实践中，以一种“部分和整体”的学术逻辑，将建筑分解成要素，推动了“建筑词汇”整理的模型化，整个流程具有语言学的可解释性。如彼得·埃森曼（Peter Eisenman）将语言符号学理论移植至建筑试验[22]；阿尔多·罗西（Aldo Rossi，1966）在费尔迪南·德·索绪尔（Ferdinand De Saussure）语言学理论上提出“类比设计”的城市科学发展程式[23]；阿尔瓦·阿尔托（Alvar Aalto，1965）与C. Th. 索伦森（C. Th. Sorensen，2001）从本土景观和历史元素中提炼景观设计语言[24]。发展到当前，空间成为与语言操作相同的一种文化符号系统，讨论建筑内部完成文化生成的符号功能（Donoso Llanos，2019）[25]；解决了城市、认知理论和建筑历史之间的联系（Perez-Gomez，2020）[26]；发展了一种新建筑模式语言来解决设计语言分离导致的文化非连续性与传承问题（Diana Allam，2021）[27]。

相比国外，国内在该领域的研究起步较晚。本世纪初，建筑语言的属性、特征、语法、语义、修辞以及构成的复合系统被阐述（布正伟，2008）[28]。当下，则反思建筑可译论的局限性，指出建筑元类型的语言现象与可译性，确立普适性建筑空间类型的设想（余斡寒，2019）[29]；运用“类比、历时、图说、隐喻、批判”等语言视界诠释建筑（邹青，2020）[30]；讨论类型学的内涵、类比的认识论以及“语言隐喻”如何发展成为一种集体建筑文化（金鑫，2021）[31]。在景观设计方面，尝试构建多尺度的传统文化景观的图式语言及形成机理（王云才，2018）[32]；分析传统景观语言的构建方式与语言特色（刘宗林，2021）[33]；以及研究中国山水画艺术语言在现代景观设计中的运用（陈碧君，2022）[34]。

目前，国内外大多数空间语言类比的研究思路，是基于索绪尔的语言学范式，以符号学和结构主义描述框架去解释、认知、表达空间设计的思维模式。研究方法容易滞留在“元素分析—结构研究—意义表达”的语言学封闭僵化的范式中。

### 1.3.2 传统聚落空间图式语言研究

**侧重于语言学要素和结构的“模式”分析，图式的心智认知与分析有所欠缺，未能完整体现“图式语言”的复合内涵。**

国外相关文献中并没有“图式语言”这一概念的完整定义，而是强调“图式”或“模式”，突破了原有语言学的结构主义范式。如克里斯托弗·亚历山大（Christopher Alexander，1977）总结城镇、建筑区和构筑物三个尺度的“模式语言”，作为不同尺度空间组织法则的语汇与语法[35]；关注到图式与语言的关联性，以图像的语言表达形式经过序列化、区域化和符号化完成空间构成的图式，来认知聚落的空间构成（藤井明，2003）[36]。而在景观领域，安妮·惠斯顿·斯本（Anne Whiston Spirn，2016）[37]和西蒙·贝尔（Simon Bell，2012）[38]推动了景观图式和景观语言的形成与发展；景观作为一种语言形式在空间实践中应用（Bosi F A. 2019）[39]。而当下的研究趋势逐渐从自然语言转向计算机语言，如基于模式语言理论利用 BIM 等空间模拟软件提出一种新的设计性能评估方法（Na Suncheol，2020）[40]。

国内关于空间图式的研究，更多强调文化性和实用性。王云才教授等提出“景观图式语言（pattern language）”的概念，研究乡村景观空间的多要素、多尺度、多维度的景观特征与性格表征体系[41]；从地理和生态角度尝试景观组织模式和认识结构上的创新，侧重中观或宏观尺度的生态景观“模式（pattern）”结构性分析，在理论框架中侧重于空间语汇与空间词法[42]。在聚落文化景观和空间方面进行类似的研究，还有蒙小英（2016）[43]、崔陇鹏等（2020）[44]和李伯华等（2020）[45]学者。

目前，国内外的研究较多停留在传统聚落空间要素组合的语言分析上，图式的概念偏向“模式（pattern）”，强调作为一种空间分析的形式模本。本课题在“图式（schema）”的内涵解读、研究对象的中微观尺度上与上述研究有较大差异，对空间的认知是一种内化或简化的心理组织或结构，是认识结构的单元。因此，赋予“图式语言”更加丰富的理论内涵。

### 1.3.3 村落公共空间营造的研究

**村落公共空间营造的设计理论研究相对匮乏，传统营造智慧的转译应用存在瓶颈。**

国外关于公共空间的关注，由“社会性”延伸到“空间性”，从城市公共空间转向乡土建筑和公共空间。对乡村街道、绿地、开放空间提出设计导则和实施策略（兰德尔·阿伦特 Randall Arendt，2010）[46]；发展郊区设计方法，探索城郊村落社区及公共空间的可持续的发展形式（Milena Dinić等，2019）[47]。并且进一步拓展广义公共空间的研究边界，关注性别视角下公共空间的形态与影响（Rodó-de-Zárate，2019）[48]；拓展到传统村落公共场所的非物质语言景观研究（Artawa K 等，2020）[49]；研究公共空间（农村社区建筑）的规划、设计、建设，实现社区教育的协同（L Widaningsih 等，2021）[50]。

国外“公共空间”理论及其衍生概念引入中国乡村公共空间的研究，张浩龙等[51]和冯悦等[52]学者已进行较为全面的文献整理和理论发展分析。近五年来，国内村落公共空间的学科交叉研究趋势明显，研究对象从整体性、普适性转向地域性和特案研究。研究内容从传统村落公共空间的空间结构与形成机制、要素组织方式以及人文内涵描述，转向村落公共空间的文化活力影响因素（包亚芳等，2019）[53]、公共空间更新开发影响（罗萍嘉等，2020）[54]、公共空间绩效评价（马航等，2020）[55]、公共空间重构策略（王葆华等，2020）[56]以及基于图论研究传统村落公共空间的结构演变（焦胜等，2021）[57]等更精深的专题研究。

目前，国内外村落公共空间的研究多包含在整体空间形态的研究中，单个村落或类型公共空间为主，研究方法停留在传统建筑学范畴内。本书关于引导村落公共空间营造设计突破环境整治和风貌回应层面，强调基于交叉学科方法，探讨传统公共空间营造智慧转译设计的可能性。

### 1.3.4 研究定位

综上所述，国内外关于“空间的语言类比”“图式语言”和“村落公共空间”的总体研究现状和发展趋势，在研究对象、研究视角和理论方法等方面为本书提供了有益的启发，进而为本书明确了理论框架、方法体系和切入点：

切入点 1：在语言学层面，突破索绪尔语言学范式的表层形态结构性组织逻辑的静态解释框架，侧重于传统村落各层级公共空间要素结构的递归性生成规律和内在语义表征机制[58]。

切入点 2：在图式层面，深入公共空间各层级要素在乡土语境下的心智认知结构，形成表里结构耦合的系统认知方式。从“身体-空间”视角研究传统村落公共空间的图式认知结构、句法结构以及图式增益的转换生成潜力[59]，以期在设计应用的转译和重构上有所创新突破。

切入点 3：以图式语言综合分析方法，将传统村落公共空间视为离散组合系统，加入具有身体经验感知的图式认知结构，从语汇、语法与语义三个层次系统解析区域流域性传统村落中微观尺度空间的要素特征、组合规律和生成机理。

## 1.4 研究范畴与对象界定

### 1.4.1 闽江流域

#### 1.4.1.1 研究范畴界定

本书的研究范围选择主要是由具有可操作性的研究对象特征和现实语境决定的，

分别从空间范畴和时间范畴两个层面界定。

1. 空间范畴界定

(1) 自然地理特征

依据闽江流域分布以及考虑现存传统村落的分布情况和行政划分，研究范围主要限定在福州市、三明市、南平市、宁德市古田县这一区域内。福建省境内众多水系就长度与流域面积闽江位居第一，其源头出自闽、赣交界的建宁县均口乡，分出三大支流为沙溪、富屯溪和建溪，汇合于南平市后统称闽江，自西向东流过境内山脉，流至福州南台岛则南北分为乌龙江和闽江，至马尾区罗星塔合流向东北方于琅岐岛汇入东海。闽江主干全长562km，流域内河网密度为0.0907km/km$^2$。上游为沙溪与富屯溪于沙溪口汇合为干流，流至南平，长20km，又称西溪；中游为南平至安仁溪口，古田溪支流与尤溪支流分别自两侧汇入；下游为安仁溪口以下至长门口。闽江流域受福建省整体地形地貌的影响，以西侧闽赣边界的武夷山与杉岭两大山脉以及中部的鹫峰山、戴云山和博平岭三大山脉形成平行于海岸带东北—西南走向的两列大山带，共同构成福建省整体地形骨架。闽江源于闽西大山带，西北向东南三分横切闽中大山带，河谷、盆地、河漫滩平原展布其中，形成以山地丘陵为主的地形地貌特征以及“八山一水一分田”的自然资源分布比例。

(2) 文化地理特征

自唐末以后，汉民族从中原各地陆续南迁入闽，以及宋代中国文化重心自北往南转移，上游的三明、南平逐渐成为客家人的祖地，闽江水系各级主干和支流哺育形成了独特的闽越文化。流域内东面是台湾海峡，西面是武夷山脉，北面是鹫峰山脉，南面是莲花山脉，形成一个封闭的地理环境，同时也形成了内陆文化和海洋文化双重特征，最初地理环境的隔绝和文化上的多元包容十分有利于古越文化和中原文化的沉淀融合。文化上的迁徙融合，较为充分地展现了黄河流域文明和长江流域文明在南方多山丘陵地带流域文化的演进特色[60]。闽越人和客家人择水而居，传统村落的山林经济、农耕形式和水陆交通都影响着流域内传统村落的分布、选址、营建和风貌特色。加之从福建主要语系区域划分来看，闽江流域主要涉及闽北方言、闽中语、客家语、闽南语、赣语以及闽东方言，形成不同语系和民俗的地域特征。闽江流域作为典型南方山地丘陵地带流域在文化地理上具有地域性和代表性。

2. 时间范畴界定

人类的演变进化和居住空间的形成发展是相伴进行的。闽江流域传统聚落自旧石器原始社会聚落的出现伊始，发展演替成当下的城市聚落和乡村聚落，聚落的空间形态也伴随着人类社会的发展而不断变迁。聚落的发展演替是一个历时性过程，采用“化石隐喻”的思维范式，将乡土聚落遗存和历史建筑作为村落过往历史与先民社会的见证[61]。闽江流域的早期人类聚落，可以追溯到三明市万寿岩旧石器时代遗址中存有的 20 万年前、4 万年前、3 万年前的古人类聚落遗迹及旧石器文化，是罕见的古人类遗址和早期建筑物证。武夷山市城村遗存距今 2110 多年的闽越国证明了闽江流域是闽越族人的世居地。从村落建设年代来看，主要是封建社会时期所建设，其中有 4 个汉代以前的村落、3 个三国时期的村落、3 个晋朝时期的村落、51 个唐朝至五代时期的村落、89 个宋元时期的村落、158 个明清时期的村落以及 7 个民国时期的村落（图 1-2）。

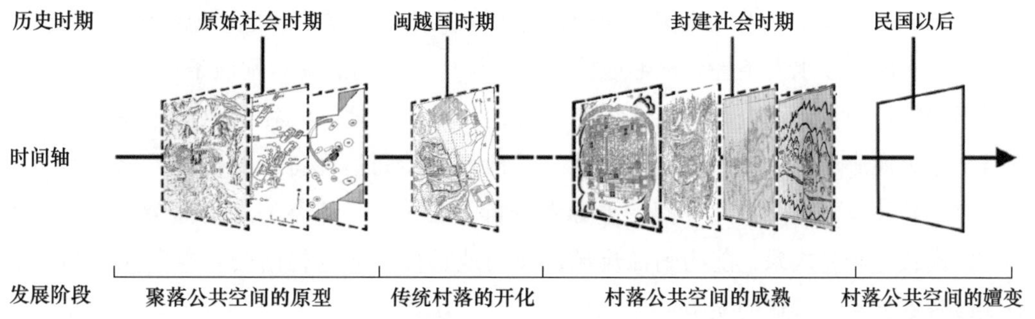


图 1-2　时间范畴界定

（资料来源：自绘）

村落的发展经历了原始社会时期聚落公共空间的原型萌发、闽越国时期传统村落的开化、封建社会时期村落公共空间的成熟以及民国以后村落公共空间的嬗变，文化上一脉相承，在明、清时期达到鼎盛。在闽江流域范围内，长期的社会、经济、人文和自然的互动，形成了“自然-文化-空间”高度“融贯”的人居环境系统。由于村落的历时性更新，明清以前的物质遗存较为少见，偶尔可寻得唐宋时期的蛛丝马迹或遗址基础。目前遗留的传统村落建筑和场所等主要为明清以后的物质遗存，此时传统村落的空间布局形式已经成熟。本书主要以保留明清时期特征并延续至今的传统村落公共空间为研究对象。

#### 1. 4. 1. 2　传统村落分布

具体研究对象范围为福建闽江流域的国家级和省级传统村落和历史文化名村。闽江流域保留了大量传统村镇，截至 2019 年，住房城乡建设部公布的前五批中国传统村落名录与国家文物局公布的前七批历史文化名村名镇名录，共有国家级传统村落 316 处、名镇 6 处，以及福建省住房和城乡建设厅截至 2019 年公布的省级传统村落 342 处、名镇 6 处，闽江流域传统村镇合计 354 处，其中传统村落 342 处。将 12 处传统名镇纳入统计，原因是这些名镇由一个主要村落为核心或若干个传统村落聚集形成，在历史上原先是村落，后来发展成为乡镇，其所在地理环境主要为乡村。可以明显看出，福州地区主要集中在永泰县域范围，其次为闽清县域范围内；南平地区主要集中在政和县域范围，其次为武夷山市一带；三明地区整体分布较为均匀，主要集中在尤溪县域范围。

#### 1.4.1.3 选择依据

本书之所以选择闽江流域开展研究，主要出于4方面考虑。

1. 流域覆盖范围大、涉及人口多，地形环境的多样性

闽江流域面积约为60800 $km^2$，空间范围覆盖了福建省一半的陆域面积，包括南平市、三明市、福州市的全域以及宁德市、泉州市、龙岩市的部分县域，总共31个县、市，该流域人口稠密，人口比例约为全省的35%。流域范围广，地形地貌随流域变化。闽江流域不同河段水文条件和地形地貌形成传统村落不同的自然基地条件和资源条件，形成不同特色的乡土风貌。闽江流域高山谷地、丘陵盆地、河谷盆地、峡谷河滩和河漫滩平原等地形环境，从内陆山地到沿海平地形成不同地理特征的传统村落类型，足以支撑不同环境下村落公共空间的差异性分析。图式语言体系的理论框架、分析框架和实施模式等研究成果，能为闽江流域以及山地丘陵流域的村落公共空间保护和更新提供参考依据和可操作的模板。

2. 历史悠久、特征典型，物质与文化遗存丰富

该流域历史悠久，自闽越国时期开化以来，保留了大量不同时期的传统村落，尤其以明清时期居多。现有村落物质与文化遗存具有较高的历史和文化价值，物质空间和乡土文化的保留完整有利于研究的开展。结合考古学和人类学的视角，通过阐释空间使用、建筑使用与文化直接的相互关系，一个人群如何组织其文化决定了其如何组织对空间和建成环境的使用。对传统聚落历时性的研究，理解其空间和使用区域，并预见过去与未来对建成环境与空间的使用方式，发展出关于传统村落公共空间文化意义表征的机制，既帮助理解过去的空间形式，也能引导未来的空间形式以满足人们的需求。

3. 传统村落数量大、类型丰富，有保护与发展需求

闽江流域内现存354个传统村落，样本数量大、类型多。多样性的研究样本，有利于甄选出具有地域特征的典型案例。基本覆盖传统村落室内外各类型的公共空间，有利于归纳分析不同公共空间的空间组合生成机理与内在文化、社会意义表征的普适性规律。此外，在快速城镇化与城乡统筹的发展背景下，响应国家乡村振兴战略需求，该流域传统村落都面临不同程度的更新发展需求，相应的研究成果具有更加广泛的应用价值和实践指导意义。

4. 传统村落公共空间类型丰富、地域性特征明显，具有代表性

闽江流域内传统村落公共空间类型丰富，公共建（构）筑物包括祠堂、宫庙、门/牌楼、亭阁、(廊）桥梁、塔、井台、茶楼等，其中大型集合式民居和防御性乡土建筑（如土堡、庄寨等）具有典型的地域特征。而外部公共空间要素包括街巷、广场、节点空间、水塘、驳岸、植物、溪流等。上述公共空间要素（详见第4章）要具有典型性，在空间造型、结构、组织方式等方面具有典型性，能作为原型空间，即具有典型的空

间形态、巧妙的空间组织方式、特色的地方材料肌理以及适宜的空间功能，能反映地方空间环境、营造传统与使用方式。

综上所述，整个闽江流域空间覆盖范围广、涉及人口多，现存村落数量多、分布广，公共空间类型丰富，具有山地型流域的典型性，保留了大量乡土聚落的完整物质文化风貌和丰厚的历史文化信息。这些具体可操作的物质、非物质文化信息作为本研究的论据支撑，其完整的流域性人文地理环境有利于进行传统村落的公共空间体系研究。随着城乡快速发展，村落社会结构以及人口结构的改变，村落逐渐从“熟人社会”转向“半熟人社会”，面对新的社会交往活动和社会关系调和，传统村落公共空间在当代乡村社会、文化、生活中的作用显得日益重要。闽江流域传统村落公共空间是地域性自然、人文和空间历时性互动形成的，其适应自然环境的空间要素结构和地域性语境的内在人文规则，对现今南方山地丘陵地带流域村落公共空间的营造具有借鉴意义。

### 1.4.2 研究对象

从土地权属的角度，可以辩证地理解传统村落公共空间在不同层次表现出来的相对公共属性呈现一种圈层结构。村落外部公共空间，即村落所在的郊野环境，包括山林、水系等自然环境以及桥梁、道路、亭、水利等人工构筑物。在土地权属上为国有或村集体所有，除果林、农田等承包经营的土地外，是可供大众无限制进入的公共空间；村落内部公共空间，包括宗祠、庙宇、书院、戏台、广场、街巷、水系、（廊）桥、水井、节点等空间，这些建筑或场地的土地权属基本都是村集体所有，服务于本村落居民，而对外来者有一定条件限制；大型集合性民居中的公共空间，主要为建筑入口、庭院、厅堂、天井、园囿等空间，由于宅基地使用权是家庭或族群所有，对外为私密空间，对内部成员才具有公共空间的意义，这也是研究村落公共空间原型的最基本单元。因此，传统村落中公共空间的层次是社会关系的差序格局的空间投影。个体到氏族到集体的“差序”是不同影响力度“关系圈子”的叠加和向外扩散，圈子的中心点和影响力大小在空间上对应为区位选择和服务边界范围。空间公共属性的相对性，则是公共属性在圈子不同服务层次对该圈层内部的主体才成立（图 1-3）。

依上所述，本书讨论的传统村落公共空间范畴包括了社会属性和物质属性，以传统的空间“物质平台”承载乡村集体社会公共活动。传统村落公共空间较城市公共空间地理范围与辐射范围狭窄，从土地权属的角度看，其土地的所有权主要归村集体所有。因此，本书研究的对象是建立在土地所有权或使用权为公共属性基础上的传统村落公共空间，对涉及的共同所有者、使用者或权益者具有完整的公共属性，是提供乡村公共活动的地方场所，是相对狭义的公共空间[62]。

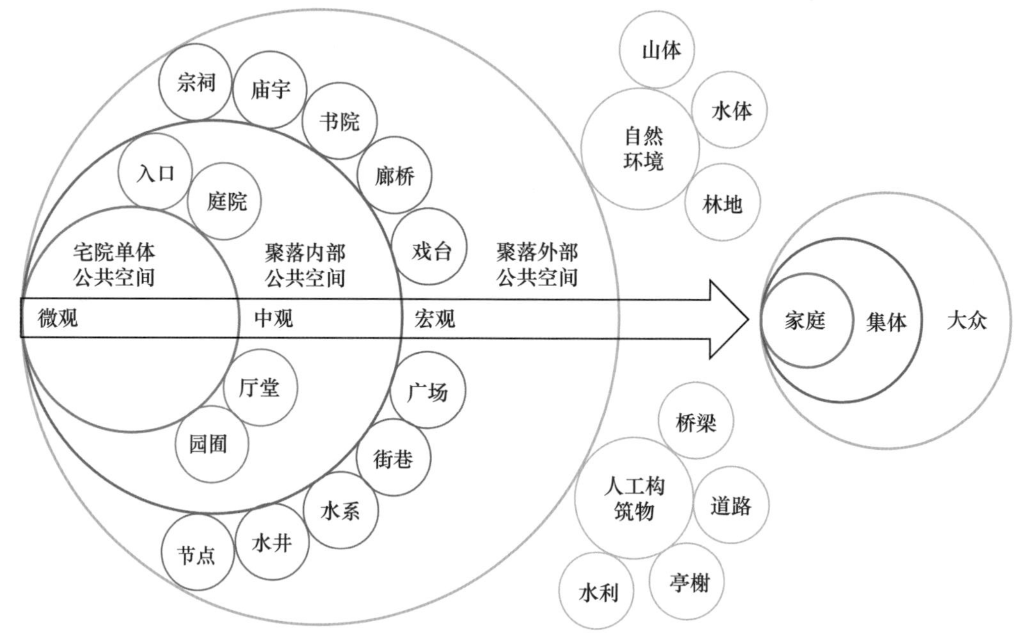


图 1-3 传统村落公共空间的辩证体系圈层结构

（资料来源：自绘）

## 1.5 研究内容与思路

### 1.5.1 研究内容

本书研究内容围绕传统空间营造智慧的认知解读和转译应用，分为“解码”和“译码”两大流程四个部分。“解码”是从语汇、语法和语义三个层面系统解释和认知闽江流域传统村落公共空间的组织模式和内在生成机制；“译码”是针对传统村落公共空间营造方式的传承和当代应用困境，建立当代适宜乡村语境的设计方法与应用模式。各研究内容之间的逻辑关系如图 1-4 所示。

### 1.5.2 研究目标

研究总体目标：通过建立图式语言分析方法，突破传统村落公共空间营造传承与转译重构的瓶颈，重新认识传统村落公共空间的营建智慧，推动其当代设计应用与创新发展，为传统村落品质提升和公共空间营造更新提供理论方法与技术支撑。具体目标包括：

（1）归纳传统村落公共空间的空间组织形式和空间意义表征互为表里的内在规律，建立闽江流域传统村落公共空间图式语言图谱。

（2）从图式“语汇—语法—语义”三个层次，系统构建传统村落公共空间的图式语言分析方法，形成适合传统村落复杂空间现象的认知逻辑和描述方法。

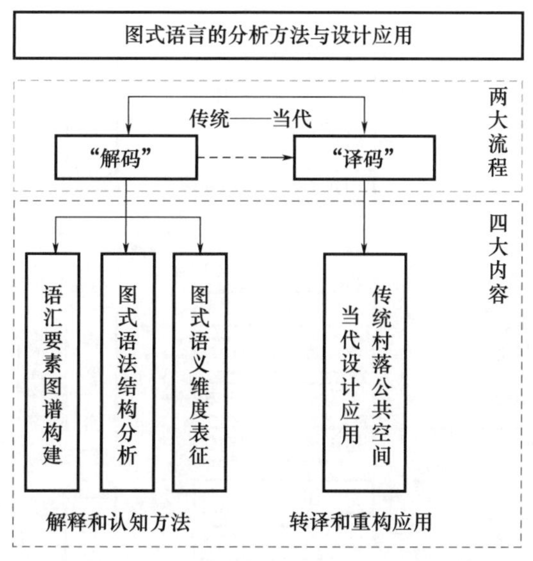


图 1-4　研究内容之间的逻辑关系

（3）建立应对乡村语境变化的传统村落公共空间设计方法，指导传统村落公共空间的营造传承与改造更新。

### 1.5.3　技术路线

本书按照基础研究—核心分析—应用研究的逻辑顺序展开。

首先，基础研究部分，基于研究背景、意义确定研究范畴与对象，梳理国内外空间图式语言的相关研究现状。基于图式与语言学的相关认知基础理论，以"转换生成"语法为方法论核心，结合图式与语言的嵌套认知方式，形成公共空间图式语言研究的逻辑体系。

其次，核心分析部分，按照传统村落公共空间图式语言体系分析框架的语汇、语法和语义三个递进层次展开分析。在 354 个闽江流域传统村落翔实调研的基础上，提取出典型传统村落公共空间语汇要素图谱。以乔氏转换生成语法将传统村落公共空间要素组织方式视作一个类似语言的离散组合系统，总结出作为表层结构的公共空间图式语法系统。进而结合空间图式作为空间意义构造手段，形成作为深层结构的空间图式语义表征框架。

最后，应用研究部分，以图式语言转换生成为路径逻辑，以设计语汇要素图式增益为基础，提出空间属性参数化转译和句法结构递归性重构两种设计路径，在单元层次和结构层次构建适应当代一般村落与传统村落公共空间更新的设计模式。具体技术路线如图 1-5 所示。

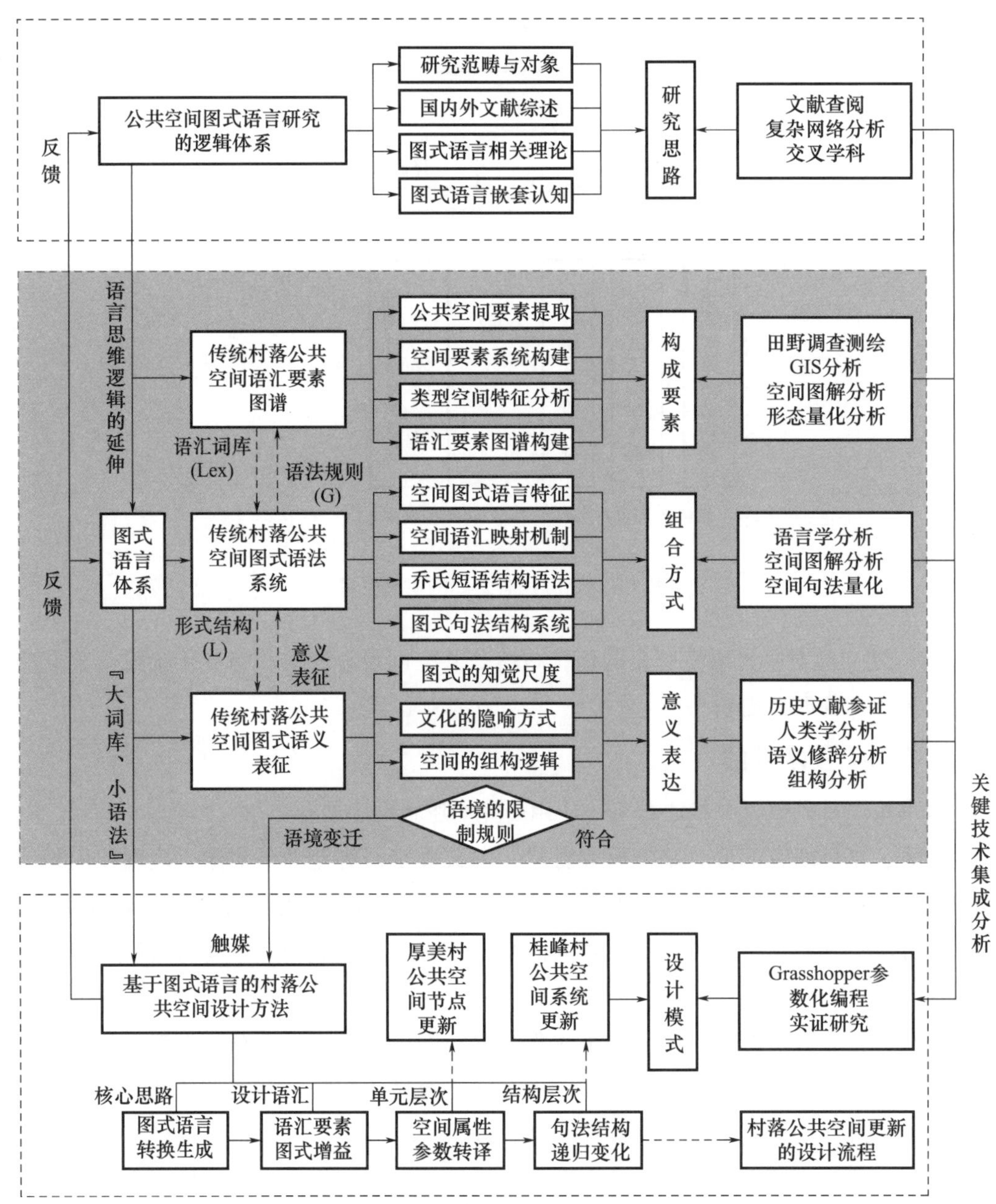


图 1-5　技术路线图

（资料来源：自绘）

# 2 身体-空间：图式语言的认知方式

“人类总是用某种如我们前面所一直试图指明的方式，将他们自己的建筑物，同宇宙的或超自然的原型结合在一起。”

——A. K. 库马拉斯瓦米（A. K. Coomaraswamy），论文集《辞藻或思想的表现方式》（Figures of Speech or Figures of Thought，1946）第一辑

以图式语言解析传统村落公共空间，遵循“现实-认知-语言”这一基本逻辑思路，并使之贯穿于人们对空间、身体和语言三者关系的认知。从现实物质空间的身体感知到对空间概念的心智认知是形成空间语言思维逻辑以及进行空间的语言类比研究的基础。本章从心智认知的哲学思辨、认知机制的心理学基础以及认知逻辑的语言学解释三个视角，以图示语言的认知方式，系统解析传统村落公共空间组织模式和内在生成机制的理论方法。

人们所处的现实空间环境是身体经验的外部物质基础。以互动性体验和认知作为空间语法的出发点，探讨物质空间与身体体验的参照关系、拓扑关系和运动动态。将空间认知体验的过程抽象为一般体验认知结构，即意象图式，作为一种心智空间和认知模式存储于记忆中。在空间认知过程中通过意象图式的融合和隐喻映射，以一定语序规则形成基本句法结构，表现为原型范畴化到图式范畴化的跃迁。这种句法构造同时与概念结构相对应，从空间抽象思维和推理的能力，扩展到其他认知范畴（空间背后的意义），进而通过结构隐喻、方位隐喻和本体隐喻三种隐喻方式，理解和拓展空间更为抽象的相关范畴、概念和意义。范畴、概念和意义三位一体的实现，以图式语言的形式将其意义固定下来（图 2-1）。

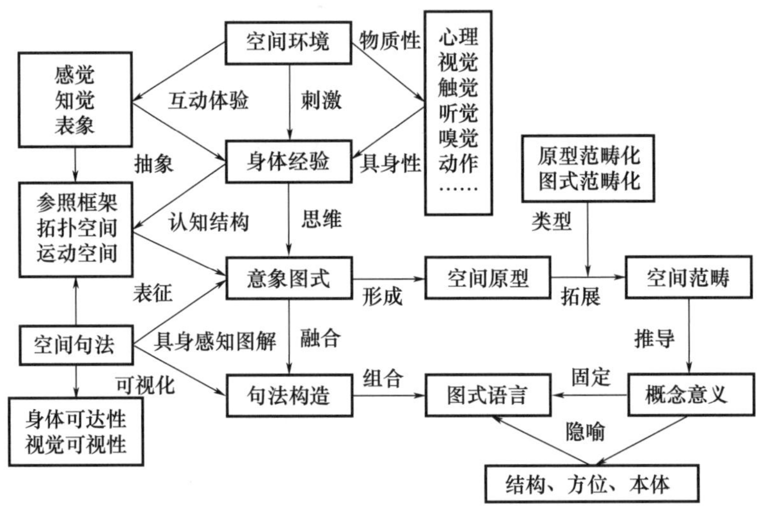


图 2-1　空间图式语言认知逻辑框架

（资料来源：自绘）

# 2.1　空间认知与空间语法

## 2.1.1　生理机理与表达差异

语言、认知和空间关系的研究意在打破“语言-认知”的界面，证明人类认知的共生观念。空间思维和空间认知是人类对于客观世界认知和推理的核心部分，人类对于空间的体验和认知先于通过语言描述的概念空间。空间认知包含了生理层面、心智层面和文化层面多个认知维度，是“身体体验-生理机理-心智结构”的复杂过程。

### 2.1.1.1　生理机理

对于空间的认知过程始于空间体验。2014 年诺贝尔生理和医学奖获得者挪威的爱德华·莫泽（Edvard Moser）、迈-布里特·莫泽（May-Britt Moser）夫妇与美国的约翰·奥基夫（John O′Keefe）共同揭示了大脑定位在细胞层面的机理：人体大脑中的海马体和附近的内嗅皮层两个区域与记忆存储、空间方向感密切相关，在这些区域发现了四种已知的与空间感知相关的神经元——位置细胞、网格细胞、边界细胞和头部方向细胞。

（1）位置细胞：每到一处位置该区域细胞被激活，机体能识别所在的空间位置，使人获得空间位置感，相当于一个内部的认知地图。

（2）网格细胞：类似经纬网络帮助机体在空间中的准确定位，处理当前空间与经历过的其他空间的关系，相当于我们大脑中的 GPS 系统。

（3）边界细胞：在特定的方向和距离上对环境边界的存在做出反应，并推算距离。

（4）头部方向细胞：其作用相当于大脑中的指南针，当我们的头部面对一个特定的方向时，将激活该细胞形成特定神经回路。

当我们进入熟悉的位置时，结合身体平衡相关的眼睛、关节和内耳等器官感知，头部方向细胞就会发出电脉冲，每一束细胞都和某个特定的位置相关[63]。物理锻炼会增加血液流动至大脑，然而心智上的锻炼，会刺激新的神经细胞和连接物的发展。以上各类与空间感知相关的细胞一起构成了一条完整的神经回路，形成人体内的生理定位系统，在获得相关空间位置、定位、边界和方向等信息时能结合海马区记忆存储功能长时间存储并进一步影响人的空间行为。

#### 2.1.1.2 西方空间认知

客观存在的物理空间在认知和语言表征之间是没有边界、虚无的。在哲学领域空间是无所不在的，在物理学领域对空间的距离测量是无所不在的，空间正是通过对其体验认知和语言表征的过程而变得具有现实性、多样性：古希腊哲人柏拉图（Plato）的“质料说”将空间视为三维的、实体的；亚里士多德（Aristotle）以“处所”的概念解释空间的绝对不均匀性；中世纪笛卡尔（Descartes）持“空间广延性”的观念；近代，牛顿（Newton）区分了“绝对空间”与“相对空间”的概念；直到 19 世纪末，康德的“空间心理分析法”把绝对空间归结为直观性，并对后期先天论的心理学研究起到重要的影响作用。

1978 年，托尔密（Talmy）在认知语言学的研究范畴引入了格式塔空间图式“图形（figure）与背景（ground）”原则。图形是被认知者识别注意的，具有高度结构化的，相对应的背景是模糊的、未分化的，二者在语言中很好地阐释了空间的相互关系和位移状态。格式塔空间图式将空间的“运动事件”拆解为图形—背景—路径—运动，进而形成拓扑空间关系[64]。这一空间“图-底”认知活动与语言表征形式形成空间“运动事件”的图式结构构建过程，对空间认知焦点进行定位，忽略无关特征[65]。格式塔空间图式“图形-背景”在现实空间的认知中也得到广泛应用。

如在 18 世纪，詹巴蒂斯塔·诺利（Giambattista Nolli）开创性的古罗马城市图底关系表现方式，以土地是否缴税作为判断城市公共空间与私密空间的依据，根据人在公共空间活动的场所，以黑白图底表现城市公共空间体系。如非缴税的土地表示为白色肌理，包括神庙、教堂、街道、剧场等，是市民可进入的公共空间；缴税的土地则表示为黑色肌理，为私人所有空间。黑白图底的表征不仅凸显了罗马城市空间形态关系，而且体现了城市空间公共性与土地经济的关系[66]。与之类似，罗杰·特兰西克（Roger Trancik）在《寻找失落空间——城市设计的理论》中阐述了以图底的虚实关系对城市环境中的建筑实体与开发空间虚体的组合方式进行二维抽象，以认知一个城市空间的结构与秩序，通过“公共”与“私密”的反差凸显出城市的公共空间，进而以“连接理论”说明城市空间形态的形成是依托动态的、关联的交通流线，“场所理论”则强调对于城市开放空间而言社会、历史、文脉的重要性[67]。罗杰·特兰西克的三个城市设计理论与托尔密的格式塔空间图式“图形-背景”原则一脉相承。

#### 2.1.1.3 中国传统空间认知

与西方空间认知相对，中国传统空间认知带有联想与隐喻的认知结构，将物理空间、哲学理念、时间观念、地理方位、文化寓意、社会伦理等相关概念通过联想和隐喻的方式结合在一起，形成丰富的空间图式。这一传统空间认知方式进一步影响了中国传统空间设计理念与营造方法，自先秦以来便形成成熟的理论体系，并进行大量实践，语言描述、文字记载、数理逻辑、符号图示、器物、绘画图像和地图绘制都是常用的图式表达途径。

（1）文字：是语言的书面表达形式，借鉴“语言”的组织逻辑和结构，将具象的景观客体和情景抽象化、概念化。利用“字”“词”“词组”以及“句法”的语汇组织结构，与空间“要素”“组合”“结构”以及“群组”的空间组织逻辑结合，进而将空间语言化和图式化，诸如《周礼·考工记》《史记》以及南宋朱熹《晦庵集》等典籍关于“明堂辟雍”的空间布局的描写。

（2）数理：将对空间的认知上升到数与哲学层面，以数理图式阐明空间逻辑关系、尺度模数与象征秩序，以表达知觉主体的世界观与哲学观。以“九数”最为典型，如汉末三国初赵爽在《玄图》中以九宫格来验证《周髀算经》中的勾股定理，以及“九宫格”的空间图式演化和历代王城规划。

（3）符号：以传达信息的普适记号表达对空间的认知，如河图、洛书、先天（伏羲）八卦方位图、五行相生等符号图示，都以抽象记号对空间的特性表征、空间结构与内在逻辑关系进行视觉表达[68]。

（4）器物：通过青铜器、铁器、玉器、金银器、陶瓷等礼仪性器物，作为传统神巫精灵、权力身份、礼仪以及祖先信仰等，藏礼于器或表达宇宙图式。如三千多年前的“太阳神鸟金箔”，以四只首尾相连的神鸟环绕太阳形成“金乌负日”的神话形象，四只神鸟首尾相连代表东南西北四个方位和春夏秋冬四季运转，太阳火球十二道光芒代表十二个月，这一器物集合了太阳崇拜、时间认知、空间方位、数理和自然运转的多维图式意义。

（5）绘画图像：通过在砖、石、木、金属、织物和纸张上，以雕刻、蚀刻或颜料绘制的方式，通过图像来表达空间图式。如武梁祠中的画像表现了神界、仙界、人界和冥界四者的宇宙空间图式，表达汉代的“天人合一”的思想。

（6）地图：绘制的内容是由所处环境诱发和观察者认知解读的结果，其环境的多义性和不同的决断选择产生多样化的地图。中国传统地图既有示意性的概念地图，也有基于平格网“计里画方”的精确地图。如东汉时期的城市地图“市井图”，于 39cm × 47cm 的石雕中，清晰表达了十字街道与沿街店铺、里坊以及街心阁楼形成对称的九宫格布局，四周围以坊墙，开设市门，图中人的公共活动也生动可见；以及 2300 年前战国中山王陵“兆域图”，作为最早的建筑群平面规划图，集有方位、比例尺、符号、图形地图的基本要素。各类形式的中国传统地图对空间认知的表达，正如美国著名的地理学教授马克·蒙莫尼尔（Mark Monnier）在《会说谎的地图》中对地图的定义：“地图并不是客观地理的再现物，它只是一种中介，人们运用它或通过它，引导或获得对世界的理解。”[69]

上述传统图式思想和空间观念，蕴含了人作为空间中的主体参与到空间现象的多样性、复杂性客观之中，人对外在的空间载体注入了对空间和身体的感性认知，包括伦理道德、寓意、秩序等。空间图式的形成是一个主体在空间认知中自我意识觉醒的过程，能动地将主体的感性与客观范畴联结起来，置于某种稳定的结构形式中。一方面，建立作为经验主体的人参与到空间中的真实体验和经验累积；另一方面，是作为认知主体的人对于空间方位、顺序、形式的意义附加，以及进一步地唯理推演得到空间的象征意义，正式以空间图式将客观空间与主观空间统一在这一特殊结构中。在这一过程中，人会将自身置于空间图式结构的“中心”位置，成为抽象空间自身认知锚固的原点，并以该原点出发，构建对空间认知的图式系统，从而辨别出空间的位置、方位、朝向和人文内涵。

### 2.1.2 空间的图式范畴化过程

#### 2.1.2.1 “家族相似性”

人们对客观事物的认知包括空间认知，首先是建立在一定范畴内反映某个领域最普遍的本质属性概念。范畴化对于人类对客观世界感知、思维以及语言和行为活动具有重要性，并在无意识、自动地完成这一过程。20 世纪 50 年代，维特根斯坦（Wittgenstein）基于经验研究提出“家族相似性”理论，认为人们认识和区别客观事物的能力是有限的，范畴内的所有要素并不存在共享所有二分特征的现象。范畴内的要素之间或要素与原型样本之间只是彼此相识，人们正是通过识别事物之间的属性是否具有“相似联系”以区分其他范畴。范畴这种要素共同属性的相似性决定了范畴的边界是模糊的，由于人们认知的偏差，范畴成员之间的地位也是不相等、非均一的，有中心和边缘之分。因此，要素成员通过“相似性”形成一个相互交错的复杂网络，形成一个类别，即模糊范畴。

“家族相似性”的认知机制不划定固定边界的模糊的“相似联系”，同样存在认知空间的范畴。客观存在的各类空间，无论是自组织生成的还是设计师设计的，在总体上空间的特征具有渐变性，是一个连续体。现有的空间分类是依据人们的感知与认知因素的影响，对此连续体进行分割得来的，不能在所有成员之间用二分法画出明确的界线，因为成员之间以及与经典几何原型（圆形、正方形、等边三角形、十字形……）之间共享一个或数个共同属性；每种空间的认知和语言概念描述，其语言的焦点区是相似的，即焦点空间是相似的，不受其他空间词汇数量的制约；空间焦点区的恒定性是以身体经验和周边环境为基础的；空间范畴边界的模糊性，从核心到边界差异越来越大；一个空间范畴的系统中，各个空间之间的地位受认知影响是不相同的，有中心与边缘的区别；人们在空间范畴中选用某种空间不是任意的，而是遵循某种蕴含的层级秩序，如具有中心对称性的空间更容易成为经典空间原型。

#### 2.1.2.2 原型范畴化到图式范畴化

原型范畴理论基于"家族相似性"原理形成，乔治·雷可夫（George Lakoff）与约翰·泰勒（John Taylor）指出与非语言结构的"原型效应"同样存在于语言结构中。此处的原型可指两个方面：一是典型的原型样本；二是抽象的图式表征[70]。

1. 原型样本

原型样本处于中心义项（相对的是边缘义项），具有最大的"相似性"，人们对其认知识别最容易、心智处理时间最短、复杂程度最低，围绕原型这个参照点向外推理扩展衍生形成该范畴。如将圆形、正方形、等边三角形等空间形式作为空间原型，最容易让人识别和表达。罗伯·克里尔（Rob Krier）在1975年的 *Urban Space* 中以类型学的视角研究欧洲城市传统城镇空间形态及其空间结构，并归纳其构成原则。克里尔将其看作是先验的"原型"，并发展了类型学方法和城市认知模型[71]。克里尔的空间"类型学"是原型范畴理论在空间认知上的应用，即掌握基本空间原型之后，以此作为空间形态分类的出发点，依据维氏"家族相似性"原理以相应的形态变化原则，推理出其他空间类型，从而建立起整个空间范畴。空间类型分类推演过程归纳如下：正方形、圆形、等边三角形三种基本形状，经过角度调整、分割、添加、合并、重叠、变形等调控因子影响，产生规则与不规则的空间几何形态；同时，大量围合空间的建（构）筑截面影响空间品质形成的所有阶段，所有截面形式都基本应用于以上空间类型；而封闭的和开放的空间关系也适用于目前所有的空间形态；通过以上空间类型和调控规则可以产生各种组合空间，在此过程中比例关系发挥着重要作用。

2. 图式表征

泰勒（Taylor）认为具体的典型样本不能作为原型，只是原型的典型示例之一，原型样本只存在于理想化思维中。范畴内的某一样本所具有的共同属性越多，则越接近原型样本。从认知的角度上进行解释，原型只是作为一种图式表征形式，是范畴的核心概念共同属性的集合，可以较好地解释难以定义原型样本的范畴（图 2-2）。朗奴·兰盖克（Lono Langeke）与泰勒持类似观点，但区分了原型和图式的概念，他认为前者为范畴中的典型样本，后者为某种抽样特性。范畴内的所有成员因与原型相似从中心到边缘表现出不同程度的地位差异性，而图式因排除差异性，描述共同的抽象特征而与所有成员兼容（图 2-3）。

因此，泰勒与朗奴·兰盖克认为原型和图式两种范畴化的方法在人们认知过程中会同时存在，是同一个现象的两个方面，图式基于原型可以构建层级化的认知范畴。原型样本在不同文化背景、社会习惯、社团群体以及代际群体中是因人而异、各有变化的。最初构建认知范畴时，是通过原型代表性样本对范畴内部分术语进行认知，通过去除差异点，抽象共同属性，得到初级图式表征；继而通过认知范畴内其他成员样本，抽象得到更高级的图式表征。此时，图式表征的建立就代替了原型范畴化的认知机能（图2-4）。

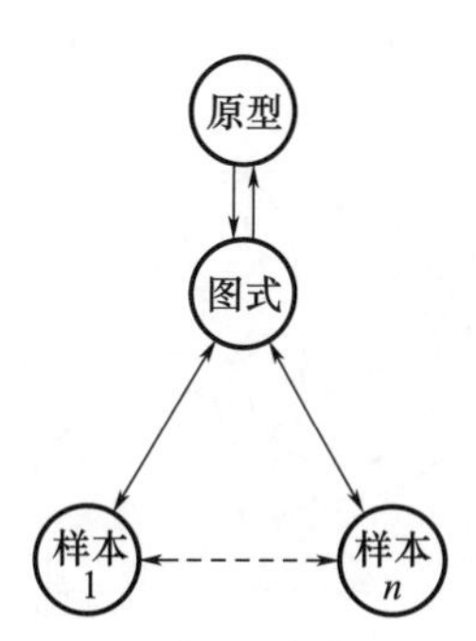


图2-2　原型与图式的关系

（资料来源：自绘）

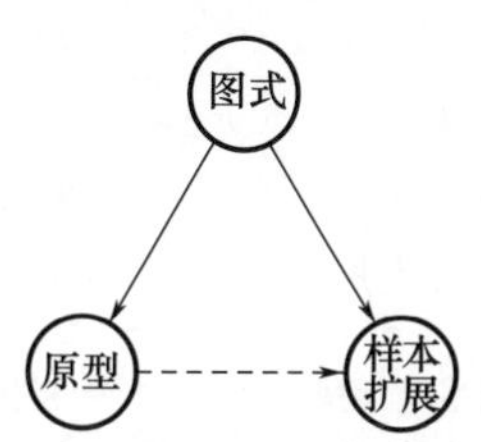


图2-3　原型与图式的关系

（资料来源：自绘）

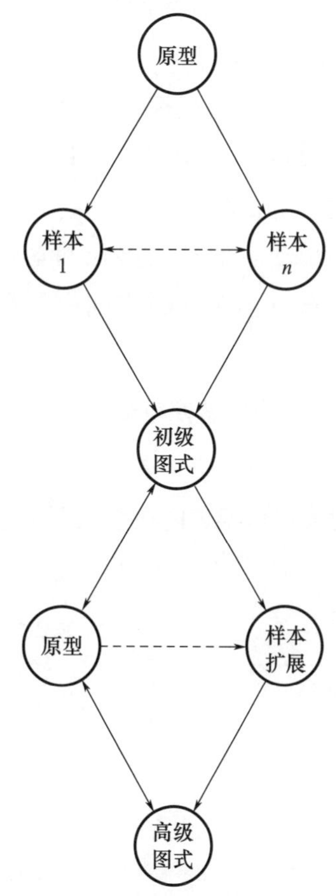


图2-4　原型与图式范畴化的层级认知

（资料来源：自绘）

### 2.1.3　空间语法的表征框架

莱文森（Levinson）在研究语言与空间、思维和认知关系中提出空间语法的概念，旨在探索人类对空间认知及其空间关系的语言表征，即多样性语言对空间域的不同编码方式，为阐释人类的空间认知搭建了一个基本研究框架与表征原则[72]。图形的空间通过作为背景的参照物，表征空间关系和空间动态，包含空间参照框架、拓扑空间和运动空间三个层面：

（1）参照框架，是空间的基本构架，具有定位性和包容性，人们通过理解和感知实体与空间的参照关系来感知本来虚无状态空间的存在，而空间实体的方位和状态是通过其所处环境其他参照物体的地域位置和方位关系进行判断感知的。参照的空间实体相当于名词和名词词组。

（2）拓扑空间，是空间构型，空间占据位置之间以及与实物之间的相互关系。空间构型的描述相当于介词词组。

（3）运动空间，描述的是空间动态概念，包括“放置（placement）”“锚固（anchoring）”和“路径（path）”等动作。空间动态的描述相当于动词和动词词组。

形成空间语法表征框架：通过参照框架构建空间与实体的基本构架，以此为背景形成拓扑空间描述静态的空间构型和空间关系的方位结构，进而以动态的空间路径和动作，演替空间自组织生长动力和人在空间中的运动感知过程[73]（图2-5）。

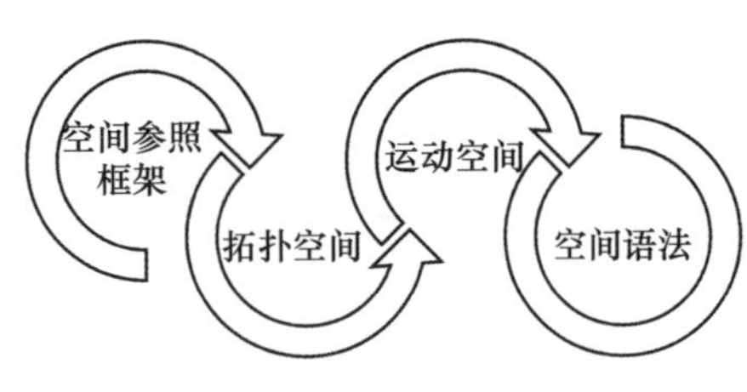


图2-5　空间语法的表征框架

（资料来源：自绘）

### 2.1.3.1　空间参照框架

参照框架是空间语言表征的基础，莱文森分别以环境、物体和观察者为参照中心，形成由绝对参照框架、内在参照框架与相对参照框架三种参照框架组成的空间系统[74]（表2-1）。

表2-1　空间参照框架系统

| 参照框架类型 | 参照中心 | 参照坐标 | 基本空间关系 | 特点 |
|---|---|---|---|---|
| 绝对参照框架 | 环境 | 地球固定方向 | $R=G\rightleftharpoons F$ | 二元性，客观的、稳定 |
| 内在参照框架 | 物体 | 物体内在方位 | $R=G\ (X)\ \rightarrow F$ | 二元性，物体固有特征 |
| 相对参照框架 | 观察者 | 观察者审视角度 | $R=V\ (X)\ \rightarrow G\rightarrow F$ | 三元性，身体经验介入 |

注：$R$ 指空间关系，$X$ 指参照起源，$F$ 指空间图形，$G$ 指空间背景，$V$ 指观察者审视角度，→、⇌指推算顺序。
资料来源：自制。

1. 绝对参照框架

不以人的意志和感知而转移的、客观的、稳定的参照系。通常以地球引力、天体方位以及固定的河流山脉作为空间地点的标准定位，仅需以此参照背景，通过固定的方向位置就能推算出空间图形的位置。如清道光十二年（公元1832年）编绘的《皇朝一统舆地全图》中以平格图和经纬线双重坐标确定地形、水系和居民地（县）的精确地理位置；或者语言中空间概念的表达，如《鸿门宴》中“将军战河南，臣战河北。”则以黄河为参照划分地理空间。

2. 内在参照框架

以作为空间背景的物体固有特征为参照中心，即以其内在方位和角度关系来确定空间图形的位置。如《周礼·考工记》中对周王城营建制度的描述："匠人营国，方九里，旁三门。国中九经九纬，经涂九轨。左祖右社，前朝后市。市朝一夫。"其中的城门、道路、祖庙、社稷、朝堂和市场的位置都是根据王城固有方位进行空间定位的。陶渊明的《归园田居》中"榆柳荫后檐，桃李罗堂前"的描述是以房屋自身的正面和背面这一固有方位特征来确定"榆柳"和"桃李"的空间位置。

3. 相对参照框架

通过观察者的审视角度对背景与图形的空间位置进行定位，而观察者的介入涉及两套空间协调系统：一是以观察者身体作为参照，介于背景与图形之间，形成三元空间关系，通过观察者的视觉感知与映射转换确定背景空间位置，进而通过"图形-背景"的空间关系推算出图形的空间位置与方位。二是直接将观察者的身体经验和坐标平面映射到背景之上，使背景具有坐标定位功能，从而推算出图形的空间位置与方位。如班固的《白虎通义》所说"左青龙、右白虎、前朱雀、后玄武"，都是将观察者为参照中心的坐标平面置于中心位置的聚落实体，进而辨别前后左右四个空间方位的环境实体，用以确定城市、村落或建筑所在的山水环境中山脉、水流的相对方位。

### 2.1.3.2 拓扑空间

拓扑空间在语言学中用以描述静态的"图形-背景"的空间关系，在空间参照框架的基础上，表征形式为基本的空间方位结构，其范畴包含了所有的介词对空间关系的描述。在汉语中回答的是实物是否在空间范围内，语言组织结构为：F（图形）在G（背景）+N（方位名词）；在英语中回答的是实物在空间中的点、线、面和体的位置关系，语言组织结构为：NP（图形名词词组）+Be（系动词）+PP（介词词组）+NP（背景名词词组）。而在物理空间中，拓扑空间表达的是空间与空间的关系，具有明确的空间结构关系、运动关系。同时，拓扑空间为多维语义空间，随着不同空间场景的变化，偏离典型空间场景，语义发生相应改变（表2-2）。

表2-2 拓扑空间的典型关系结构

| 空间方位关系 | 图形在背景上位 | 图形在背景下位 | 图形在背景前位 | 图形在背景后位 |
|---|---|---|---|---|
| 语言表征结构 | F + Be + above + G | F + Be + below + G | F + Be + in front of + G | F + Be + behind + G |
| 空间结构示意 | 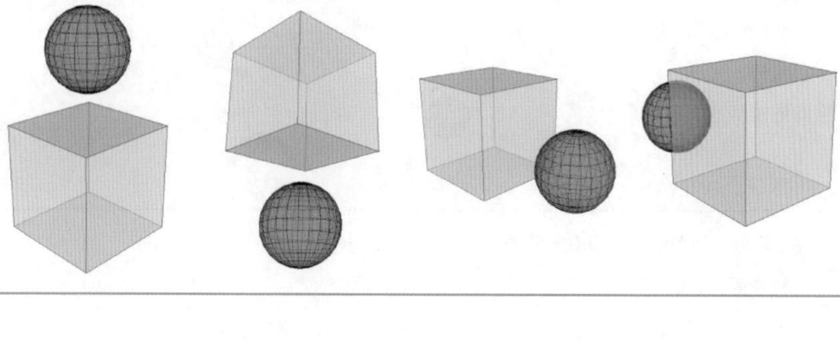 | | | |

续表

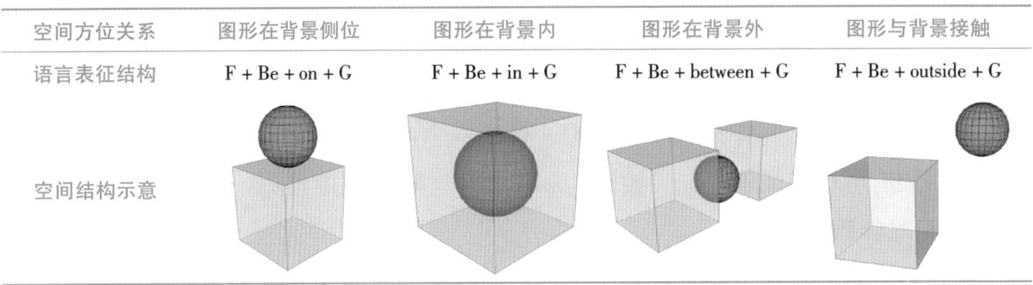

| 空间方位关系 | 图形在背景侧位 | 图形在背景内 | 图形在背景外 | 图形与背景接触 |
|---|---|---|---|---|
| 语言表征结构 | F + Be + on + G | F + Be + in + G | F + Be + between + G | F + Be + outside + G |
| 空间结构示意 | | | | |

注：F 指空间图形，G 指空间背景，Be 为系动词。
资料来源：自制。

### 2.1.3.3 运动空间

物体位置的变化或者空间中人的动态能产生运动空间，即物体方位和运动轨迹的改变。图形、背景、路径和运动组成运动空间的四要素，图形的运动与静止是以背景为参照的，运动是静止方位的延续，而运动发生后形成的拓扑空间形成新的静态空间。运动从起始到终止的轨迹和方位变化形成路径，通过背景的对比凸显路径自身所占有的场景。通过物体（或人）在空间中的相对运动动作改变空间关系构型。语言组织结构为跨界动词为核心的动宾结构：NP（图形名词词组）+VP（动词词组）+NP（背景名词词组）。在实际空间中，空间位置或方位的变化主要以两种形式发生：一是通过物体位置状态或方位的改变，包括空间中人的介入而改变图形或背景的原始状态，从而产生空间的动态变化；二是通过空间中人的观察路径和观察视角的变化，产生空间动觉认知，人在空间中的能动性赋予空间本身，让人意识到空间潜在的运动可达性和可视性，这与比尔·希列尔（Bill Hillier）提出的空间句法（space syntax）理论有相似之处（表2-3）。

**表2-3　运动空间的典型关系结构**

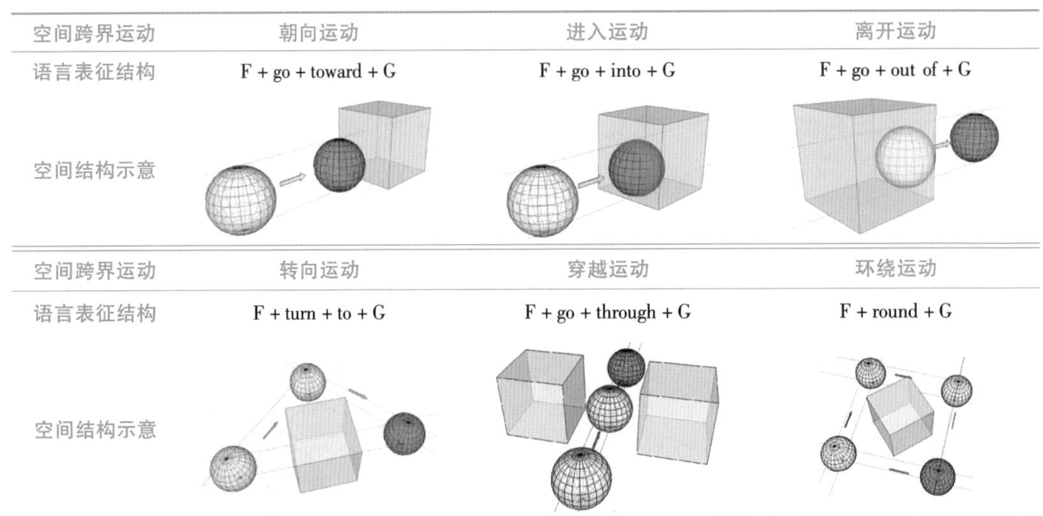

| 空间跨界运动 | 朝向运动 | 进入运动 | 离开运动 |
|---|---|---|---|
| 语言表征结构 | F + go + toward + G | F + go + into + G | F + go + out of + G |
| 空间结构示意 | | | |
| 空间跨界运动 | 转向运动 | 穿越运动 | 环绕运动 |
| 语言表征结构 | F + turn + to + G | F + go + through + G | F + round + G |
| 空间结构示意 | | | |

注：F 指空间图形，G 指空间背景。
资料来源：自制。

## 2.2 公共空间意象图式

人们对客观世界的认识最初始于对自身所处的空间环境位置与运动的认识，形成身体经验。空间认知体验的过程通过抽象为一般体验认知结构-动觉意象图式，作为了解更为复杂与抽象的语言结构基础。马克·约翰逊（Mark Johnson）等在其《思想中的身体》中，基于身体体验的认知（主要为视觉与触觉），认为人类具有对空间的经验、理解、意义和推理的能力，是因为在认知活动、知觉、实际行为中存在某种动态模式，以解释语言中的空间概念结构和大脑空间认知模块直接的关联性[75-76]。这种意象图式，是人们与外部客观世界的互动体验过程中反复出现的具有相似认知结构的一般性样式，使人们在空间中以非在场的形式，在没有外界客观事物刺激的情况下，在心智中还原该空间的结构形象和动觉感知印象。乔治·莱考夫（George Lakoff）等在约翰逊体验哲学的基础上，认为可以从身体经验、基本逻辑、结构成分、隐喻等方面界定空间图式[77]。

在对传统村落公共空间的身体体验和理性认知的基础上，通过对众多相似关系的空间反复感知与体验，经过意象、动觉和完形三种方式认知客观空间之间的关系，概括抽象形成“内-外”（容器）图式、“中”图式、“上-下”图式、“前-后”图式、连接图式、路径图式、“部分-整体”图式等典型的意象图式，它们代表着相应公共空间的身体经验和关系认知的基本逻辑。公共空间的意象图式是基于身体体验的，并且与人的理性相关联，每个图式类型都代表一种基本逻辑。这些具体的、基本的意象图式认知结构可以帮助人们理解和认知关于公共空间抽象复杂的概念以及范畴的基本结构。

### 2.2.1 “内-外”（容器）图式

老子在《道德经》第十一章中以“三十辐共一毂，当其无，有车之用。埏埴以为器，当其无，有器之用。凿户牖以为室，当其无，有室之用。故有之以为利，无之以为用”对于空间“有无”的描述，很好地阐释了空间内外与虚实的关系。“内-外”图式表述的身体经验，是将认知主体置于空间容器之中，如身体包裹于衣物之中，一种脱出或占据的活动意象。以容器作为隐喻，说明“内-外”图式具有容器的重要特征，一方面可以界定一个有限的空间（即具有边界、内部和外部），另一方面可以容纳一定物质（具有数量变化或核心物质）。在语言概念上能区分空间的“内（in）”与“外（out）”的关系。以空间“容器”的内外有别隐喻社会归属或亲疏关系。

“内-外”（容器）图式的结构成分为“内部-边界-外部”，实体边界区分出内外空间，边界的形式和材质则影响着空间的性质。这种实体内部的公共空间主要有四种形式：

（1）封闭式：一种营造全部浸入式的身体体验或在实体中掏空的动觉意象活动。如古人类洞穴、各类佛窟寺等实体（山体、岩石等）内部公共空间。

（2）围合式：一种通过四周实体（建筑、墙体、植物等）围合出内部空间，顶部露空，一种身处“容器”中的身体和视觉感知。

（3）连通式：为天井、内院等外部空间与建筑内部空间贯通，一种“明暗”空间的过渡体验。

（4）嵌套式：一种在实体内部的公共空间中存在核心区域或焦点区域，形成空间的嵌套，往往与其他空间具有功能上的区分，符合 $A \in X$，$B \in A \rightarrow B \in X$ 的基本逻辑。

对于体验主体，进入并在以上空间内部进行集体活动的人群，往往具有某一共同社会属性或身份认同，如具有血缘关系、共同利益、共同信仰或者地缘性的防御需求（表 2-4）。

**表 2-4　传统村落公共空间“内外”图式类型**

| 形式 | 封闭式 | 围合式 | 连通式 | 嵌套式 |
|---|---|---|---|---|
| 空间图解 | 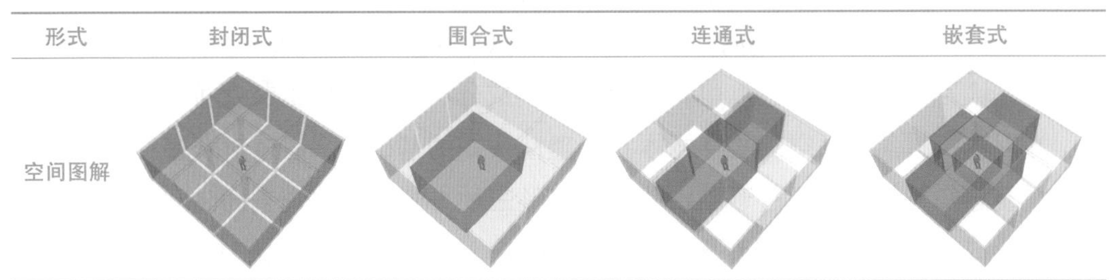 | | | |

资料来源：自制。

## 2.2.2　“中”图式

“中”图式表述的身体经验，是将认知主体置于线性空间中间，或整体空间中央或中轴，如躯干之于四肢，一种识别空间主次的活动意象。在语言概念上能区分空间的“center”“middle”与“among”“between”的关系。其中：

（1）“中间”的隐喻，是指人在线性公共空间两端之间的位置，即“中间-两端”的空间关系，所处位置和两端、上下或四方距离相等，以“中”为参考，区分出了水平方向和垂直方向的线性相邻极端，包括了“上-中-下”“左-中-右”相对自身的相对参考框架以及“南-中-北”“东-中-西”地理位置上的绝对参考框架。

（2）“中轴”的隐喻，是指人在公共空间对称轴心部分，有“中轴-两侧”的空间对称关系，突出中轴空间和轴线朝向的重要性，两侧为从属部分，进而延伸到“对称”和“平衡”的动觉意象。这种对偶性和对称性经常出现在重要公共建筑和群组空间布局中。

（3）“中心”的隐喻，是指人在公共空间的“四方之中”的核心位置，即“中心”位置与四周的距离相等。以“中心-边缘”位置为参照，进而区分出“上下左右前后中”七个相对自身的相对参考框架，或者是“上下东南西北中”七个地理上的绝对参考框架。

（4）九宫格方位图式，则是上述三种“中”图式的综合，也是最具有丰富空间形式变化和文化隐喻的图式（表 2-5）。

表 2-5 传统村落公共空间“中”图式类型

| 形式 | 中间-两端 | 中轴-两侧 | 中心-边缘 | 九宫格 |
|---|---|---|---|---|
| 空间图解 | 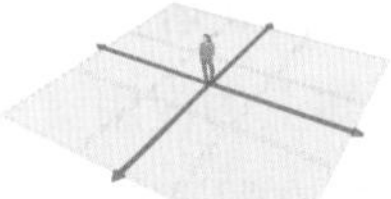 | 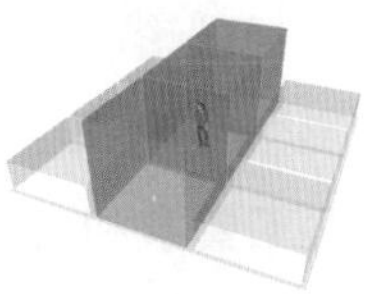 | 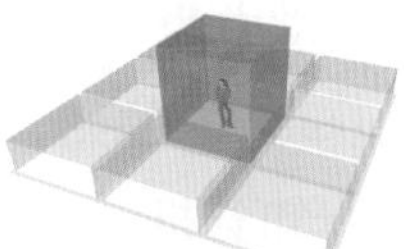 | 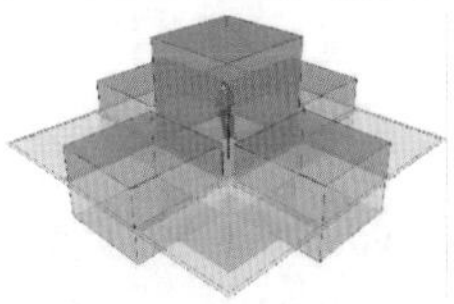 |

资料来源：自制。

### 2.2.3 “上-下”图式

“上-下”图式表述的身体经验，是将认知主体置于垂直于水平面的竖向空间中，一种需要身体克服重力作用跨越不同高度的两个空间的活动意象。受地球引力影响，“上-下”也是人们最早感知到的方位之一，如人的直立行走、植物的向上生长以及果实的成熟落地等，进一步延伸到“重力”和“垂直”等动觉意象。在语言概念上能区分空间的“up”“down”和“on”“under”的关系，空间的隐喻即人在不同高度的公共空间中，表达的是一种空间的上下关系，同时隐喻一种社会等级关系。这种“上-下”意象图式的映射机制同样表现在传统村落中，“上-下”图式多存在于多层建筑空间或具有地形高差的外部公共空间中。“上-下”空间意象图式主要包括递进式、垂直式和线性式三种类型：

（1）递进式，多随着自然地形变化，因地制宜，在垂直和水平方向上发生位移错动，呈现递进式有序的高差空间。

（2）垂直式，在垂直方向上发生位移形成上下多层空间，多见于塔、楼、阁、亭等多层建筑。这种层状垂直型互动关系结构形成了空间的层次秩序和差序格局。

（3）线性式，主要是因为运动路径过程中的高差变化引起的身体重心的变化。一般为地形地势高差较大的岭道、阶梯、街巷等线性空间（表 2-6）。

表 2-6 传统村落公共空间“上-下”图式类型

| 形式 | 递进式 | 垂直式 | 线性式 |
|---|---|---|---|
| 空间图解 | 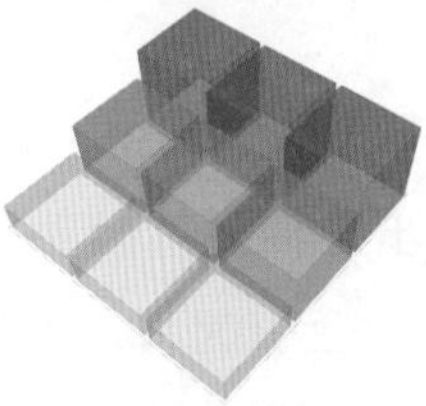 |  |  |

资料来源：自制。

### 2.2.4 “前-后”图式

“前-后”图式表述的身体经验，是将认知主体置于前景和背景的空间中，如身体自身的正反面，因为眼睛在面部自然识别出“前-后”方位，进一步延伸到“距离”

“远近”“均衡”和“层次”等动觉意象。在语言概念上能区分空间的“前（front）”和“后（back）”的关系，空间的隐喻即人在公共空间中存在前景和背景关系，背景衬托前景，符合格式塔心理学中的“图-底”转换理论。这得益于格式塔空间图式的“图形（figure）与背景（ground）”原则，“完形”心理在空间认知上的应用。一方面，在视觉层面，轮廓（边界）知觉机制，通过人工要素和自然要素在肌理、色彩和材质上进行识别，自觉将人工聚落环境视为一个整体空间体系；另一方面，在视觉感知的基础上，图形知觉机制，主观的认识机能快速区分出空间“图-底”关系，相似的元素将组合在一起，空间元素以相似性、对称性、连续性、闭合性、简洁性等特征进行有序组织。

空间与实体互为图底进行认知上的转换，作为“图形”的部分在认知上往往是重要的、清晰的，而作为“背景”的部分在认知上往往是次要的、模糊的，通过“背景”衬托和凸显“图形”或者是达到二者的均衡，如我国传统的太极八卦中的阴阳均衡相生。在公共空间中，“前-后”图式在平面空间上表现为空间与实体的虚实转换，在转换中凸显作为实体的建（构）筑物实体空间或作为虚空的外部公共空间，表现为空间上的均衡性；在立体空间上表现为前后位置空间的层次性，体现空间轮廓（边界）知觉的前景与背景，往往可以影响整体空间的特征识别和引导空间在高度、体量和标志等形态的设置（表 2-7）。

**表 2-7　传统村落公共空间“前-后”图式类型**

| 形式 | 均衡性 | 层次性 |
| --- | --- | --- |
| 空间图解 |   |   |

资料来源：自制。

## 2. 2. 5　连接图式

连接图式表述的身体经验，是将认知主体置于互相连接的空间中，如脐带之于胎儿与母体，一种识别对称性联动空间的活动意象，进一步延伸到“接触”动觉意象。空间 A 与空间 B 通过某种过渡方式进行连接，一方的变动会引起另一方相应的变动。在语言概念上能区分空间之间的“link”的关系，空间的隐喻即人在公共空间中（里），表达的是一种空间之间的因果关联关系，同时隐喻一种社会人际关系。在公共空间中，这种母婴连接图式包含三个要素，两个空间（实体）和一个连接方式，连接图式的性质与空间 A 和空间 B 的内部因素作用机制取决于连接关系[78]。

内外公共空间的连接，往往以内外边界上的开闭连接方式进行关联，开闭的动作直接影响人们对内外空间的使用。如祠堂、土堡或宫庙这类内部公共空间往往与外部"前埕"或街巷空间连接使用，呈现公共活动的不同使用功能和阶段，内外界面以门户作为连接媒介，而开闭的方式、数量、深度以及连接过渡方式直接影响内外空间的连接强度和空间使用方式。外部公共空间的连接，因为连接媒介形式变化导致外部空间连接方式的不同，进而引发空间与空间之间界面过渡衔接、空间使用功能、仪式性等社会关系的不同。如通过台阶在连接不同高差的外部空间的同时保持了视线上的连贯；通过门楼墙洞分割和连通形成不同空间序列，强调了空间的仪式关系；通过山门或门亭作为公私空间的过渡；通过街亭强化街巷交叉口节点空间的社会功能（宗教信仰、休闲、监察、观景等）；抑或通过廊桥连接克服自然条件（河流）分隔的两个外部空间（表2-8）。

表2-8 传统村落公共空间"连接图式"类型

| 形式 | 内外空间连接 | 连接数量变化 | 连接深度变化 | 连接过渡变化 |
|---|---|---|---|---|
| 空间图解 | 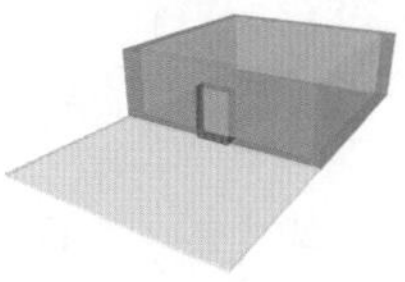 | 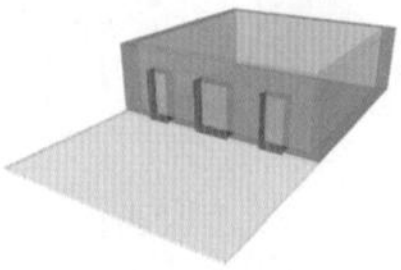 | 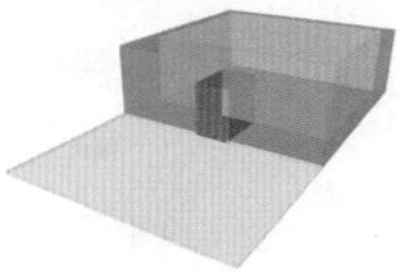 | 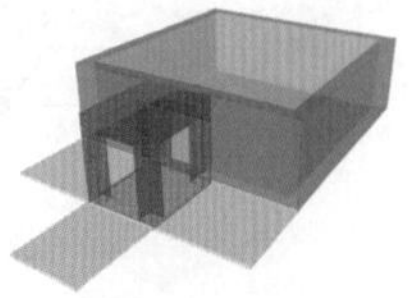 |
| 形式 | 连接高差变化 | 连接序列变化 | 连接节点变化 | 连接形式变化 |
| 空间图解 | 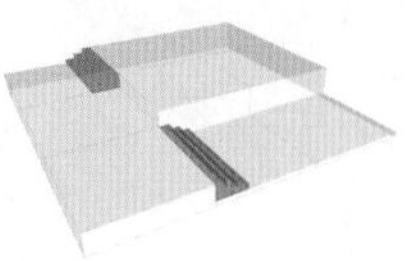 | 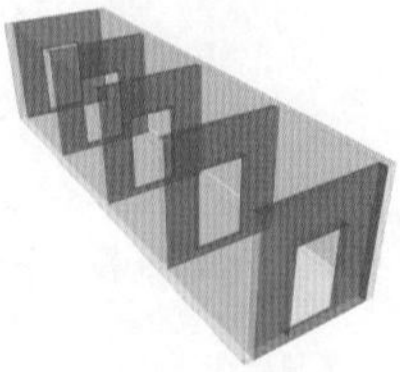 |  |  |

资料来源：自制。

### 2.2.6 路径图式

路径图式表述的身体经验，是体验主体从起始点遵循一定的路线与方向到目的地，形成完整空间运动的活动意象，进一步延伸到"线性顺序"动觉意象。在语言概念上与介词的空间方位语义紧密相关，包括了"始点-路线-方向-终点"等语义成分，后接"to do sth""so as to do sth""in order to do sth""so that""in order that"等目的状语从句的表达。空间的隐喻，即人在公共空间中按一定线路和方向运动，表达的是一种空间运动过程以达到某一目的，同时隐喻一种有计划和目标的复杂社会活动。依据兰盖克（Langacker）的认知语法相关理论，射体（TR）、界标（LM）与路径（PATH）构成了路径意象图式。其中，界标为运动主体即射体提供参照，标明运动主体在空间中的相对位置，二者构成非对称关系。以在空间经过的运动轨迹为路径，路径包含了运动路线与方向，当射体与界标相对关系保持静态时，路径单位为零。加上原因、方式构成托尔密（Talmy）的运动事件理论[79]，即运动事件 = 框架事件（运动主体、运动、路径、参照物）+次事件（原因、方式等）。在公共空间中体验主体人作为运动主体，物质空间为界标参照物，以体验主体在空间中的行为轨迹为路径，运动方向具有可逆性，基本符合表2-3中运动空间的关系结构。路径图式中包含了上述“内-外”“中心-边缘”“上-下”“前-后”以及连接的动觉意象，表达的是运动事件的完整性。路径图式进一步延伸到“线性序列”范畴时，则是单向非对称的意象图式，可以隐喻时间流逝、事件发生等连续线性关系。

体验主体在公共空间中依据框架事件的不同，主要分为外部空间、内部空间、内外空间和垂直空间四种路径图式（表2-9）。

**表2-9　传统村落公共空间“路径图式”类型**

<table>
<tr><th>路径图式</th><th>逻辑示意图</th><th>路径图式</th><th>逻辑示意图</th></tr>
<tr><td>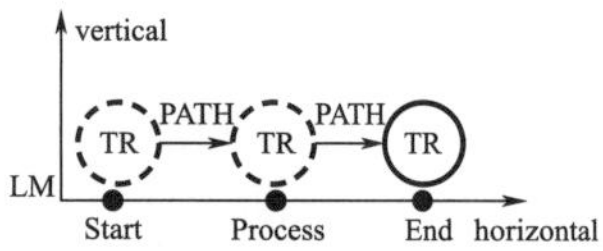</td><td>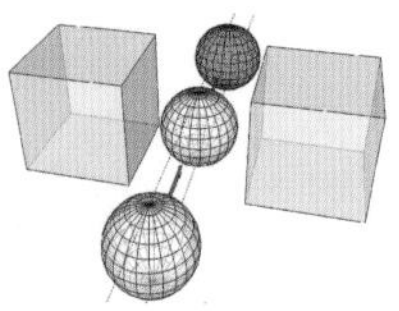</td><td>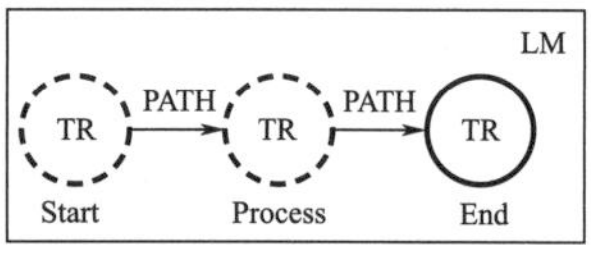</td><td>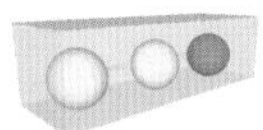</td></tr>
<tr><td>外部空间路径图式</td><td>位于参照物外部</td><td>内部空间路径图式</td><td>位于参照物内部</td></tr>
<tr><td>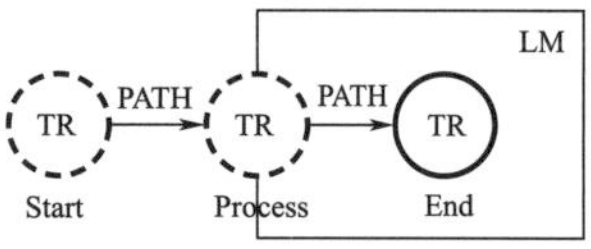</td><td>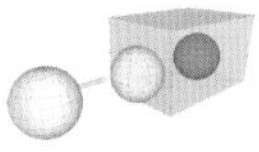</td><td>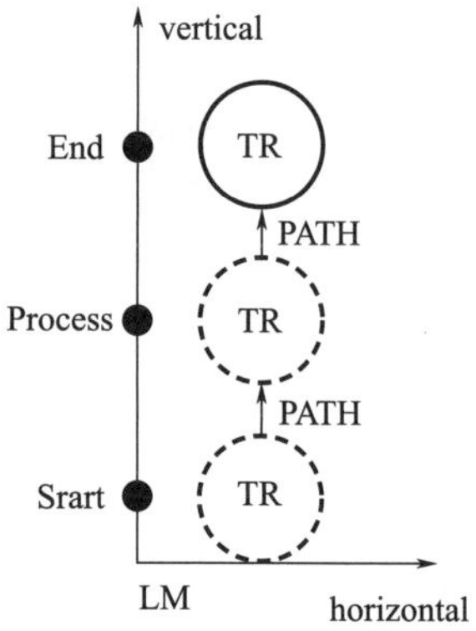</td><td>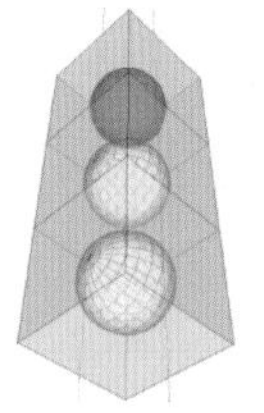</td></tr>
<tr><td>内外空间路径图式</td><td>跨越参照物内外</td><td>垂直空间路径图式</td><td>跨越参照物上下</td></tr>
</table>

注：TR代表射体，LM代表界标，PATH代表路径，→代表路线和方向，Start（始点），Process（运动过程），End（终点），vertical（垂直），horizontal（水平）。

资料来源：自制。

1. 公共空间的外部空间路径图式

体验主体在外部公共空间运动，位于参照物外部，表达“through”“over”和“along”等路径动作。以街巷、广场、建筑界面以及自然环境要素等作为主要参照物，始点、路径过程和方向以及终点根据事件原因和物质空间条件而变化。

2. 公共空间的内部空间路径图式

体验主体在公共空间内部运动，位于参照物内部，表达“aroud”和“through”等路径动作。以建（构）筑物内部空间和界面作为主要参照物，始点、路径过程和方向以及终点根据伦理功能和内部空间结构而变化。

3. 公共空间的内外空间路径图式

体验主体由外部公共空间向内部公共空间运动或者由内向外，表达“in”和“out”等路径动作。内外空间界线作为参照物，始点、路径过程和方向以及终点存在三种运动状态，即参照物外、参照物界线上、参照物内，除了表达内外公共空间的体验认识，还可以表达跨越公共空间与私密空间的体验认识。不同空间点作为不同路径图式的起点或终点，将不同路径图式串联成更加复杂的公共空间路径图式。

4. 公共空间的垂直空间路径图式

体验主体在公共空间垂直方向的运动，由上到下或由下到上，表达“up”“down”和“on”“under”等路径动作。以外部空间高差以及建筑楼层上下空间作为参照物，始点、路径过程和方向以及终点根据克服空间重力条件和社会等级关系而变化。

### 2.2.7 “部分-整体”图式

在人类的基本认知中，将各组成部分构成的群集视为一个完形（即整体），比组成这个整体的各部分更基本，而经验的完形是结构化的整体。“部分-整体”图式表述的身体经验是将认知主体置于具有层级特征的整体空间中，人们能快速辨别出哪些部分属于某一整体。完形心理学的试验验证了部分要素的表象，依赖于所处的整体情境，其在整体形式中的相对位置和发挥的效用，此外，“整体”结构也会因为“部分”的改变而被修正[80]。在语言概念上能区分“part-whole”的关系，识别整体与部分非对称、非自返的空间关系。空间的隐喻即人在公共空间体系中，表达的是一种空间对于整体空间的归属关系，同时隐喻一种社会甚至一种社会群属关系，就像个体之于家庭、家庭之于氏族、氏族之于村落，一种血缘或地缘上的群体层级社会关系。

对应在村落公共空间中，村民的各自头脑中都存在某一整体印象，也清楚地知道某一空间如何与其他空间联系。在体验上，我们将其作为完形的一个整体进行体验，其整体属性的出现比部分单独出现更频繁、更基本。这种“部分-整体”图式体现在集合住宅中的公共空间体系和村落范围内的公共空间体系，都由点、线、面各部分各类型的空间单元组成。而公共空间“部分-整体”图式形成的规则除了受身体运动体征以及自然地势环境影响，更为重要的是公共空间系统营造的文化影响，将上述各类空间图式意象统筹在一定空间范围内（图2-6）。

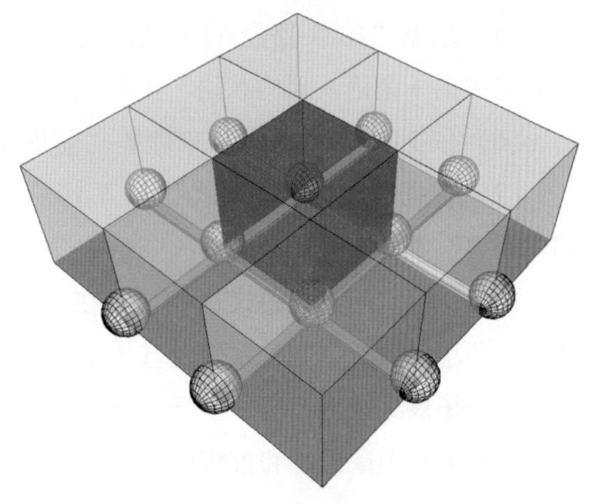

图2-6 传统村落公共空间“部分-整体”图式

（资料来源：自绘）

## 2.3 公共空间的句法构造方式

### 2.3.1 形式空间化假设

表征空间结构与知觉运动的各类意象图式，是人们认识客观事物的基础，包含了空间体验的身体经验（视觉、嗅觉、听觉、触觉等感官）以及与其他事物的相对空间位置关系，经过一系列隐喻映射后以理解更加抽象的概念，从而扩展到其他认知范畴（文化、社会、情感、状态等）。乔治·莱考夫提出“形式空间化假设（spatialization of form hypothesis）”，指出空间意象图式是理解其他概念和范畴的基础，即从物理空间到概念空间的隐喻映射后得到概念结构。此时，空间与语言的内在“纽结”为时间，语言的逐句表述不可避免地按照时间的线性顺序，而时间又是通过空间的隐喻概念化而来的。如天体、日晷、滴漏、钟表等时间测量工具，均是依靠光影等实物在空间中位置的变动隐喻形成时间的概念，依此类推可知空间可以对语言进行同样的隐喻概念化。乔治·莱考夫进一步用“容器图式”“部分-整体图式”“连接图式”“中心-边缘图式”“始源-路径-目的地图式”“前-后图式”“线性顺序图式”7 种意象图式来理解概念结构和句法结构的空间特征以及句法构造：

（1）依据“容器图式”来理解一般范畴和句法范畴；

（2）依据“部分-整体图式”与“上-下图式”来理解层级结构，对应层级性句法构造，“部分”和“下”代表子节，“整体”和“上”代表母节；

（3）依据“连接图式”来理解语法关系结构和句法衔接方式；

（4）依据“中心-边缘图式”来理解“中心词 + 修饰语”代表空间主次的偏正句法结构；

（5）依据“始源-路径-目的地图式”来理解关于空间的“运动事件”结构和过程，对应“主语 + 谓语 + 目的状语”的句法结构；

（6）依据“前-后图式”来理解“前景-背景”互为区分的图底结构；

（7）依据“线性顺序图式”与“上下图式”来理解线性的数量级阶，对应句法上的“距离”概念。

因此，以空间意象图式这一形式在人们的大脑中存储关于身体运动、视觉及触觉感知、环境体验、空间关系以及基本逻辑，从而从具象的空间实物到抽象的概念，从空间范畴拓展到其他范畴，基于空间意象图式发展出更多抽象的、复杂的其他意象图式，逐渐形成抽象思维和推理的能力。

### 2.3.2 意象图式融合与隐喻映射

基于“形式空间化假设”原则以及句法结构的空间特征，我们在通过语言进行思维的同时，空间的隐喻已经自主地、直接地将形式与内容连接起来，进一步经过意象图式融合和隐喻映射形成基本句法结构，这种句法构造同时与概念结构相对应。此时，句法结构的意义与采取的逻辑形式之间存在精准的对应关系，以此我们可以用来解释许多空间形式与空间表达的其他范畴意义之间的内在关联性。因此，结合公共空间意象图式的分析、“形式空间化假设”、相应概念隐喻分析对应的基本句法结构。此时，公共空间意象图式将人在空间中的身体经验、概念意义和抽象的故事结构与基本句法结构对应，而不同空间意象图式的动态融合连接，产生连贯的空间体验和连续的空间活动事件（表2-10）。

**表2-10　公共空间意象图式的句法结构**

| 图式类型 | 身体经验 | 结构成分 | 基本逻辑 | 概念隐喻 | 句法结构 |
|---|---|---|---|---|---|
| “内-外”图式 | 脱出、占据动作 | 内部-边界-外部 | A∈X，B∈<br>A→B∈X | 归属关系 | S+V+D<br>（介短） |
| “中”图式 | 躯干与四肢 | 中间-两端<br>中轴-两侧<br>中心-边缘 | 边缘依靠中心 | 辐射性关系 | A+S |
| “上-下”图式 | 克服重力 | 上-下 | Up > Down | 等级关系 | S+V+O+S’ |
| “前-后”图式 | 正面反面 | 前-后 | 背景衬托前景 | 秩序关系 | S+V+D<br>（介短） |
| “连接”图式 | 母婴连接 | 空间（实体）-连接-空间（实体） | A link B | 因果关联关系 | S+V+O |
| “路径”图式 | 身体运动 | 始源-路线-方向-目的地 | TR-LM-PATH | 运动事件 | S+V+D<br>（目的）+（C） |
| “部分-整体”图式 | 完形知觉 | 部分-整体 | 部分从属整体 | 系统层级关系 | S+V+O+S’ |

注：S代表主语，V代表谓语，O代表宾语，C代表补语，A代表定语，D代表状语，S’代表从句。
资料来源：自制。

### 2.3.3　空间句法的图式解析

#### 2.3.3.1　空间的语序法

传统村落公共空间的形成一般经历了漫长时间的自组织式演替积累，村落空间构造在进化发展的同时也反映了乡土社会结构，达到了物质空间结构与社会结构的和谐统一，在公共空间中形成不同的人与人交流的联系方式，涉及公共性、私密性、礼仪性与监督性。空间的句法结构以语言的方式在我们的大脑中进行思维，自主地、直接地通过隐喻将空间的形式、内容以及概念结构连接起来。典型的空间语言已经发展成为一种分析形式，英国伦敦大学教授比尔·希列尔（Bill Hillier）与朱列涅·汉森（Juraine Hanson）基于语法结构作为重要背景，发展了空间句法理论即空间的语序法，这是一种场所的理性度量法，采用定量化、普遍性的空间使用理论，有效地应用到跨时段、跨文化的语境中[81]。空间句法（space syntax）理论对空间的理解与伊曼努尔·康德（Immanuel Kant）对空间的界定一脉相承，即“待在一起的可能性”，社会中不同在场主体的相互作用通过空间这一媒介成为可能。比尔·希列尔曾声称自己有与乔氏转换生成语法对句法相同的理解，其空间句法理论关注公共空间之间的组构关系，及其背后的社会、人文和经济意义，并且关注“语法”对语汇的规范作用与空间组构规则对空间或构筑物作用机制的相似性。

一方面，从句法结构抽象的思维构造方式，转换为空间句法中具体空间与空间拓扑学的实际应用；另一方面，从句法结构空间的概念隐喻，转换为空间句法中身体与视线的“可达性”量化表征。因为公共空间的双层属性，社会性和空间性涉及意识认知层面和物质实体层面。在意识认知层面，以“集体性”划定使用主体的性质和范围，意在形成集体意识；在物质实体层面，以“可见性”标明公共空间作为公开、透明权益的特征。“可达性”则是空间作为实现载体的权益门槛判定标准，在身体、视线和意义层次的可获得程度。从建筑、街巷和聚落不同空间尺度分析传统村落公共空间整体性的空间元素之间的复杂关系，通过轴线（axis）分析模型和视域（isovist）分析模型量化分析公共空间的“可达性”和“可视性”，这包括身体行为和视线感官的空间可达性，原则上以一条最长的直线应用于所有的传统村落公共空间。

#### 2.3.3.2　空间组构与身体体验

在空间句法理论中，人们对空间系统的认知是从组构的角度进行理解的，即空间之间的关联性，局部空间的变动会对整体空间造成影响。空间的真实客观存在通过关联性获得，并且被赋予其内涵，在体验过程中空间感知与认知形成是同步的，这种同步转化形成组构的关键作用机制，通过空间已知的体验对未知结构潜在可能性和感知做出可靠判断。空间组构的关联性、内涵与信息这些机制特性，与基于意象图式的空间句法结构本质上是相通的，都承认了空间作为建构人们认知系统的基本构件具有首要性。茹斯·康罗伊·戴尔顿（Ruth Conroy Dalton）等提出以“具身感知图解”（embodied diagram）重新诠释空间句法图式表征，以简化的图式进行头脑中对空间认知的具体化表达，不仅是对真实空间存在的表达，也是对同一空间系统中认知主体的真实体验的表达，而且包括对空间内涵的内敛认知解读[82]。空间的“可达性”“可视性”和人流活动特征的认知理解都是基于梅洛-庞蒂（Merleau-Ponty）在知觉现象学提到的具身（embodied）的哲学概念，置身于空间中的体验主体，思维与身体共存，在空间运动中认知空间组构，而在本质上是关于文化与体验的[83]。

#### 2.3.3.3　具身感知图解

空间句法以凸空间、轴线和视域简化具象的图式表达人们大脑中对空间的认知。

1. 凸空间（convex spaces）

凸空间定义了任意两点之间不能存在与外围相交的线。这意味着任何两个潜在的占据位置对彼此都是可见的。对于同在一个凸空间中的两个人来说，二者之间意味着

“共存的”“可见的”“相互意识”与“潜在的社会交往”；而对于不在同一个凸空间中的两个人来说，二者之间意味着“孤立的”“隐蔽的”“排斥的”与“潜在的社会交流障碍”。简而言之，凸空间可以包含社会和认知意义。可以将复杂的公共空间分解为多个凸空间，进而可以研究凸空间之间的拓扑关系。

2. 轴线（axis）

轴线作为精准捕捉空间认知的“空间骨架”，具有获得环境最大视觉信息潜能的路径[84]。不仅可以代表视线的可达，还可以代表身体在空间中一段时间内潜在的运动、路径、转移和移动等概念，并通过轴线整合度①（integration）进行可达性度量。此时，视线可见性与身体可达性与轴线形式形成动态关联。

3. 视域（isovist）

空间感知的基本方面与视域中多边形的形状直接相关。通过可见性分析（visibility graph analyse），以一股人流的宽度为500～550mm基准，根据此比例将公共空间细分为单元网格，每个网格可以理解为一个生成视域的“点”，即从某一“点”位置进行360°环视在空间中能看多远和多大范围，可以用转角深度（angular stepdepth）②量化表达。在空间中生成一个550mm×550mm的视点矩阵，对每个视点的视域以及每两个视点的可见关系进行测量和生成视线整合度（visual integration）③值，进行视线可达性度量。

随着身体在空间中运动，视觉可达性与视域范围重叠，在大脑中对空间整体可达性、可见性和潜在公共活动场所形成较为稳定的感知和记忆结构。在传统村落中，公共空间为了服务日常交流、仪式活动或公共事务，一般在空间形态上满足较好的可达性和可见性。群体对公共空间的日常和仪式性的感知与文化体验，则建立在个体与空间环境反复体验和活动中形成的相同认知结构，地域中某一群体对空间认识所共有的部分，即具有地域性（表2-11）。

① 整合度（integration）衡量了一个空间吸引到达的潜力，是一个关于$\frac{1}{\text{Total Depth}}$的函数，即全局拓扑深度越低的空间，整合度的值越高，空间可达性越高，图示颜色越暖。

② 转角深度（angular stepdepth）表示从某一视点出发，看到某一元素需要转折的角度大小，转折越大，图示颜色越暖。

③ 视线整合度（visual integration）：计算从所有空间到其他所有空间的视觉距离，visual integration［HH］的值越高，表示这个元素只需要较少的转折，就能看到全系统中的其他元素。彩图中元素越是偏暖，视线整合度的值越高。

**表 2-11　空间句法具身感知图解**

| 概念 | 空间句法具身感知图解 |
|---|---|
| 凸空间 | |
| 身体感知 | 同一凸空间中的体验者是“共存的”“可见的”“相互意识”与有“潜在的社会交往” |
| 轴线 | |
| 身体感知 | 轴线代表身体在空间中潜在的运动、路径、转移和移动，空间越复杂，移动路径选择越多 |
| 视域 | 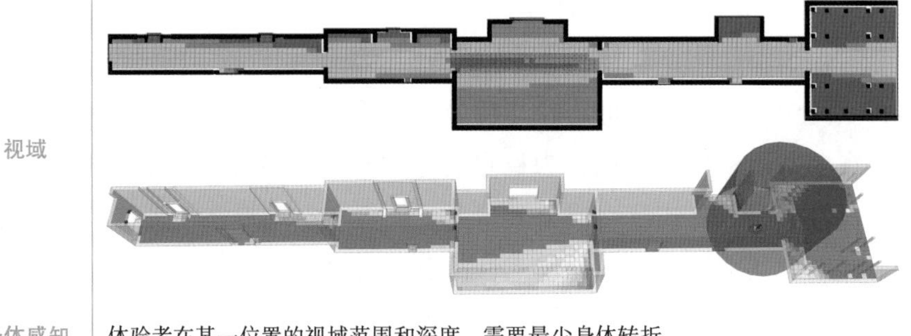 |
| 身体感知 | 体验者在某一位置的视域范围和深度，需要最少身体转折 |

资料来源：自摄、自制。

## 2.4　本章小结

本章基于空间与语言之间具有启发性的结构逻辑，在理论层面探讨空间认知与语言表征的图式化过程。哲学、心理学和语言学的相关概念作为空间图式语言的理论基础。其中知觉现象学、图式发展理论、转换生成语言学、体验哲学以及认知语言学，都在不同程度上继承了康德的“图式说”核心思想。从格式塔空间图式“图形-背景-路径-运动”的拓扑空间关系描述空间的“运动事件”，到“家族相似性”的空间原型范畴化与图式范畴化都如此。对空间原型从物理形态到认知结构的厘清，得出空间语法“参照框架-拓扑关系-空间运动”的基本表征形式。进而加入人们在空间认知体验的身体经验，抽象为动觉意象图式。本书结合建筑学图示化的表达方式，总结出“内-

外”（容器）图式、“中”图式、“上-下”图式、“前-后”图式、连接图式、路径图式、“部分-整体”图式等一般体验认知结构，作为了解更为复杂与抽象概念的基础。基于“形式空间化假设”原则，经过意象图式的融合和隐喻映射形成基本句法结构，逐渐形成对空间现象进行抽象思维和推理的能力。最后，借用空间句法分析，以身体可达性和视觉可视性的可视化定量描述方式表征空间的主要公共属性。

# 3　类比体系：空间的图式语言研究逻辑

"一个国家的建筑只有在像语言一样被普遍确立时才变得伟大。"

——约翰·拉斯金（John Ruskin）《建筑的七盏明灯》

空间的图式心智认知方式与内在机制、空间图式作为具体空间场景经抽象后形成的构型体现为具体语言表征形式的过程。本章节主要探讨"图式"与"语言"核心概念整合为"图式语言"复合概念的可能性及其方式与过程，从而系统构建传统村落公共空间图式语言研究的逻辑体系。该部分是展开本研究的核心，从而为后续图式语言的语汇、语法和语义实证分析搭建理论方法，形成传统村落公共空间现象的描述解释框架。

## 3.1　空间的图式认知嵌入

### 3.1.1　空间作为语言表征

#### 3.1.1.1　空间的语言共性

广义的语言，是生物同类之间制定的一套统一编码解码标准的沟通指令系统，包括听觉、视觉和触觉三种感官传递方式。狭义的语言，是以含义为意指、声音（图像）等物质符号为"意符"的人类沟通表达的指令系统。在心理学领域，布莱恩·劳森（Bryan Lawson）在《空间的语言》中准确地定义了空间传递信息的语言作用[85]。亨利·列斐伏尔（Henri Lefebvre）在《空间的产生》一书中指出在阅读之前已经产生了空间，它的产生也不是为了阅读和掌握，而是为了让身体和生活在特定城市环境中的人们生活[86]。马丁·普兹（M Pütz）与迪文（R Dirven）于1996年合编的题为《语言和思维中的空间解析》的论文集，收录了当时全球30篇认知语言学家的论文，就不同语言和角度论述了空间是人类其他认知领域形成的基础[87]。

费尔迪南·德·索绪尔（Ferdinand De Saussure）为代表的结构主义语言学和诺姆·乔姆斯基（Noam Chomsky）为代表的转换生成（TG）语言学都同意“其他的人工产物包括物质空间，皆是人们思考自身语言思维逻辑的延伸”的前提假设。我们的思维活动通过语言和逻辑学符号转换已是不争的事实。列夫·维果茨基（Lev Vygotsky）在《思维与语言》一书中对思维和语言相互关系的“中介性”的观点，认为语言作为人类的一种特殊结构，使其运用在思维中作为一种逻辑的、分析的工具成为可能。可见，思维与语言互相作用，思维活动主要借助语言符号的凝化作用进行概念识别等心智活动。列夫·维果茨基则对此认为“一种思维如果不通过词来体现也不过是一个影子”，采用一种“单位分析法”分析思维与语言的关系，以词义作为言语思维单位，保留了整体的所有基本特征。词义作为一种思维活动，通过对外在客观世界的概括反映，本质上区别于感觉。作为词的不可分割部分，词义既属于思维范畴又属于语言范畴，因此概括反映空间的语汇则以语言形式逻辑表达了空间思维。通过对描述空间的语汇进行语义分析，研究空间语汇单位的功能结构、发展规律以及包含的空间认知思维和语言描述之间的关联性。在语言形式中发现表达空间的共同概念，有利于在语言和现实事件的结合面上获得跨语言共性。

#### 3.1.1.2 空间语言类比的局限

在关于空间语言类比研究的国内外文献综述中，已经证明了将空间作为类似语言符号交流媒介的有效性，是个体与集体通过可塑形式进行自我或集体意识表达的产物。但需要警惕两者在符号形式和媒介效应上的差异，避免对此类比的过分强调。因为空间形式并不能像语言活动那样直接、实时、双向、完整地阐释信息和情感。空间形式更多的是一种静态和单向的“交流”，且感知因人而异。正如黑格尔（Hegel）在《美学》（第二卷）中强调的：“尽管语言纯粹使用一种符号、单词来交流，但艺术（包括建筑）的最特殊和最不同的特点是它对思想的交流依赖于相应的感知经验。”[88]此外，亨利·列斐伏尔从空间意义的描述角度，指出空间物体的产生无法通过符号语言学进行考虑，也无法描述空间的意义如何在生活经验中被建构。

因此，在借鉴语言结构性语法逻辑的基础上，加入具有空间感知和身体经验的心智认知结构，即图式，形成图式语言的复合概念。综合运用语言学的系统逻辑结构和图式的心智认知方式探索传统村落公共空间的空间逻辑。此时，空间作为人们体验和交流的直接载体，空间与语言一样具有作为传情达意和信息传输的媒介符号、作为认知和描述事物的表达工具、作为文化储存和传播的容器载体三大功能，其认知方式和组织的逻辑结构与语言同属于基本图式认知体系。图式用以描述一种思维或行为类型，用来组织信息的类别，以及信息之间的关系[89]。

### 3.1.2 图式概念的引入

具体空间场景经过意象化和抽象化处理后形成的构型，即空间图式，具体语言的表达形式与拓扑性特征[90]。语言学家伦纳德·塔尔米（Leonard Talmy）提出基本空间图式系统（the fundamental system of spatial schemas），认为物质空间域属于语言表达的基本域，语言空间图式体系类似拓扑系统，体现着语言共性[91]。空间的图式化是一种表征过程，选择指场景某些方面，而忽视其余方面，以表征整体。空间图式系统由成员部分（the componential）、复合部分（the compositional）和增益部分（the augmentive）三部分构成。成员部分为空间建构提供基本范畴和元素（语汇），复合部分阐释空间元素如何构成空间图式（句法），增益部分描述一个基本图式产出各种图式的现象（词法）[92]。而在汉语语境下，《康熙字典》解释图式中“图”所表达的“谋”“度”“计”和“式”所表达的“用”“度”“制”的本义，也是对传统建筑或聚落空间营造的共同结构特征和营造思想策略的研究[93]。而“空间图式”用以表征传统空间的结构特征，其中包含着社会文化心理、身体感知以及营造空间的目的需求和居住理想。本研究对于传统聚落公共空间的空间图式研究，除了对于空间形式和特征的研究，更加关注空间的生成原则和内在规律，在空间研究中引入“图式”的概念，一方面表征空间的外在特征，一方面表征空间形成的内在动力。

本研究将图式语言作为一种虚实兼顾的规律表征路径，将图式的概念引入传统村落公共空间中，意在从具体的、直观的村落空间意象中抽取出地域性空间组织构成法则和共性的认知结构。反之，以图式程序逻辑使隐藏在传统村落公共空间中的营建思想或空间现象比其他表征形式更容易理解，在物理和社会环境中嵌入认知线索。传统村落公共空间的图式认知结构构建过程，也是身体在空间中实现理性认知和感性认知联结的过程，以实现主客体的统一。而图式作用于现象的机理，是通过经验再生的想象力在特定的时间范畴内获得印象感性联结，并通过一定法则形成认知结构，而其表征方式是以形象表达现象、以抽象图案表达概念。

因此，现象的感性质料在范畴逻辑规则下联结统一，范畴形式的图式通过想象力获得，质料与范畴在以时间为内核的图式中感性化、综合统一，得以在现象界运用。传统村落公共空间的图式形成是将空间的宇宙秩序、运行规律、场景感官以及附加意义概念化的过程，也是人类对居住环境主观、能动的构想过程，以此解析空间形成的内在机理。空间营建的集体记忆以空间图式的方式积淀为传统，以建筑、场所、园林、聚落的物化形式呈现场景。

### 3.1.3 空间图式的特性

基于人们对空间的体验，从主客体互动出发，对公共空间以及感知体验进行主观概括与类属划分，经过此心智过程赋予客观空间以一定图式认知结构。在范畴化过程中，从时间、尺度和图式三个维度对空间意义进行构造，共同构成了公共空间多尺度辩证逻辑体系[94]。在时间范畴内人们日常和仪式生活中体验的传统村落公共空间情景，通过集体心智体验和空间意义共享而构想出秩序化的空间图式。随着空间尺度“十尺—百尺—千尺”的形势转化，对应空间感知表达为“情景—逻辑—构造”的图式跃迁，随着时间维度从“过去—当下—未来”的传播和共享，空间的意义纳入具有解释和共享能力的空间图式中，并约束在一定概念范畴内。

#### 3.1.3.1 时间性

在纵向时间维度上，时间是图式的构成中心，而空间结构是作为时间隐喻映射的支持。时间的一维性与言语行为的一维性相同，即我们体验空间的过程（正如语言表达和信息阅读的线性顺序）是建立在时间的一维性上。因而形成的图式也是以时间作为构成中心，而时间能统摄体验主体的内在感知形式和外部客观的现象表象形式，从而使范畴与现象的联结成为可能。此外，我们对于空间意义得以理解和传达也归因于时间的连续性，共享从过去到现在相类似的空间图式，承载人类的共同空间构想与文化信息延续成传统，也是沿着“过去—当下—未来”的时间轴演替，并在不同范围内共享和传播影响人类的空间营造行为，让人们对空间的使用和意义有判断的能力。过去的空间图式、当下体验感知的现实场景以及未来潜在的空间营造意象在时间的延续过程中得以传承、演替、积淀和创造。

#### 3.1.3.2 尺度性

在竖向尺度维度上，从“十尺—百尺—千尺”的大小尺度空间依次嵌套，对应“人居单体—人居格局—人居风景”不同尺度层级的村落公共空间和聚落环境。在“行—止”的空间运动过程中，在具身性体验变化中进行“形—势”的空间转换。合于人体尺度的“丈”即“十尺”，这一尺度接近建筑柱网开间宽度，形成宜人亲切交流的“方丈”“丈室”的居住空间单元，即约3.3×3.3（平方米）的范围内。在该空间单元内，空间内普遍装饰花架、水缸、园圃、盆景、水井等景观要素，人们可以近距离地观察到这些景物的细节，并感受具体的生活情境。“百尺”与“千尺”的中大型建筑单体、群体的外部空间尺度概念，是以“十尺”为基础。“百尺”尺度的空间一般限制在村落范围内，具有一定的格局和空间秩序，人们在此能感知体验到空间的结构和功能等空间逻辑关系。“千尺”及以上的尺度范围，一般涵盖了案山、坐山、护山以及田地溪流等景观环境要素，“千尺”之外的四望则为多重朝山、护山及主山等大的山水环境。村落环境与周边山水、田地、古木的多层次景观空间方位具有宇宙图式的性质，承袭了传统民居和聚落营建智慧并形成广泛影响。

#### 3.1.3.3 转换性

在横向图式维度上，图式认知结构在不同尺度下，在空间体验和认知过程中是从身体到空间、从场景到构想、从具体到抽象进行发展的。形成的情景、逻辑和构造图式从场景的身体空间感知向抽象逻辑和普适构造过渡，对应不同尺度空间提供图式表现倾向。

1. 情景图式

将人们体验到的重复场景直接进行图式化，与身体直接相关，图式中的内容更接近日常生活场景内容，细节更多、个体差异更大，因而能够共享的范围更小，时间更加不持久。但在相同的地域环境和生活场景中，人们日常生活和交流更加依赖其发挥作用，以理解他人行为方式，并对未来生活场景进行预判。

2. 逻辑图式

建立在情景图式之上，对其进行场景的简化抽象和身体体验的抽离，以情景之外的“观察者”身份建立起对空间逻辑性的构建，进而获得空间的结构秩序和象征意义。逻辑图式的这种特性是对现实空间身体性经验的逻辑归纳，更加具有普遍意义，能以语言化的图式结构在更广泛群体间进行传递。

3. 构造图式

这是建立在前二者基础之上的，以单纯化的情景图式加之逻辑性的构造，形成具有普适性和结构性的图式要素，作为代际的、更大影响范围的共同空间构想，具有更高的解释性和共享性。

空间图式对空间意义的构造起到实际作用是基于空间图式的多重性和多层性，空间尺度的多层性和空间构想图式的多层性体现为图式的空间性。人们对空间的体验、意义解释和意义共享，就是在图式的空间性和转化之间实现。《管氏地理指蒙》等典籍对传统外部空间“千尺为势，百尺为形”的尺度界限辩证和时空转换进行了详细解析。

在竖向尺度轴上进行“形—势”转换：不同尺度层级的空间要素的组织构成及其视觉感受效果，具有同构相因、相类相生的逻辑关系。下一层级景观尺度作为组成上一层的空间单元，而大尺度景观空间作为小尺度景观空间的环境背景和形式依据。对于“势”与“形”，传统的观景方式为远观近察，而不同尺度景观空间图式则以情景图式（即身体图式）为基本图式，通过脱离身体性的程度，以图式“褪色”的方式即随着尺度逐渐变大和时间的历史演替，不断抽象和提纯的过程，进而形成逻辑图式和构成图式，也说明了景观空间图式具有多层性。作为共同构想的图式，其表达由具体场景模式到共同遵守的伦理秩序过渡至具有共同世界观的宇宙图式。想象构建的秩序存在于人与人之间思想的连接，其认知受众与影响范围随褪色程度传播更为广泛，在时间轴上则表现为延续的可能性更大，但离身体性与实体存在也越远[95]。表征具有动态性，是随着身体和空间环境的体验互动而发生变化的，而非固定的图式。横向轴上的三种图式表达也并非绝对与尺度一一对应，只是一种表现倾向极，存在不同尺度间图式的跃迁（图 3-1）。

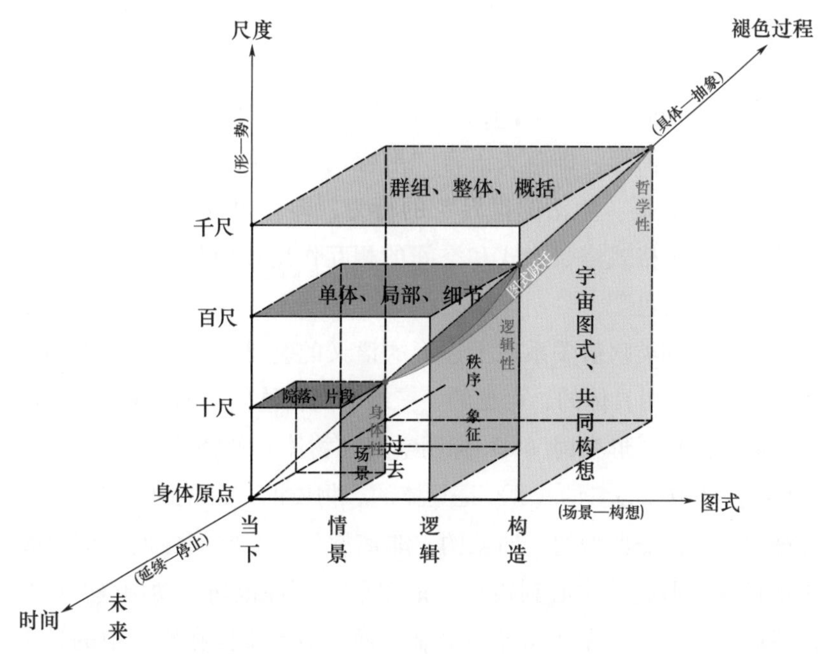


图 3-1　空间认知的多尺度辩证逻辑

（资料来源：自绘）

## 3.2　空间的语言类比映射

在对空间的认识和思维过程中，语言这一逻辑分析的工具，同样发挥着重要作用，借助语言的凝化作用，用区分空间观念进行有效的空间思维。基于空间的结构性与语言学的系统逻辑结构的相似性，传统村落公共空间图式语言规则同样可以视为一种离散组合系统，即从一组有限的空间元素之中，根据生成语法规则创建出无限的特定空间语汇组合，通过横向组合和纵向聚合系统性耦合关联，进而形成空间句法结构体系。

### 3.2.1　语汇词类映射

#### 3.2.1.1　词类映射机制

在传统语法中一般通过定义描写和句法描写两种标准进行词性划分，前者为名词、动词、形容词以及副词等的定义描述，后者则是性、数、格作为句子的主语、谓语、宾语和定语等。鉴于以上方式一般限定在原型成员的描写，约翰·泰勒主张以原型范畴理论描写词性，这一原型语义值与词性相关的描述方式符合空间图式的语汇词类描述。这与哲学家戴维森（Davidson）和塔尔斯基（Tarski）认为的“语言成分是映射在客观世界”，名词与“事体”形成映射关系，谓语与“事体间关系”形成映射关系的“真值条件论”相似。这与柏拉图（Plato）指出的词（words）与物体（objects）自然且必要关联的语言观一脉相承。诺伯格-舒尔茨则进一步从类型学、形态学和拓扑学角度探讨“口头语言”与“建筑语言”类比一致性的内在逻辑，将建筑语言实体化（substantiates）建立在图形的关联性之上，即与内在的格式塔相关。例如“名词”与“事物”一致，名词通过形容词修饰而变化，类似建筑中的“空间组织”，通过不同的格式塔方法限定有形的图形，即口头语言“形容词+名词”的偏正结构与空间建成形式相关，而动词刻画的是“生活的世界”的行为，即“事件发生”。因此，可视化的建筑语言让我们理解了格式塔、形式和空间的相互作用如何与口头语中的名词、形容词和动词扮演相同的角色[96]。

空间图式的语汇词类映射关系在上述形式语义的基础上加入了主观心智体验和互动性，即名词（N）标明具体的、可见的、三维空间实体；动词（V）标明空间过程和状态变化，带有时间性；形容词（A）标明空间（物体）的特性；介词（P）标明空间（事物）的关系。其中核心名词（N）是具体的、物质的、可见的、可触摸的、占有三维空间的离散实体，而非典型的、抽象的、非离散的、非空间性的名词范畴运用隐喻和转喻等手法扩展，形成“中心到边缘”的辐射性词性范畴。动词（V）则与人在空间中的身体经验紧密联系，在认知神经机制层面，体验主体在空间中的日常身体相应部位（指、手、肘、臂、足、躯干、首、眼等）的动作与体验主体进行动词语义加工时，在人类大脑运动和前运动皮层中动词的激活区域体象表征具有某种一致性[97]。而不同空间词性在实际使用中存在交叉范畴，也可以转变词性表达。

#### 3.2.1.2　空间实体语言化

将传统村落公共空间的基本空间构成要素看作空间的语汇语素，一类空间构成要素由于地域性营建材料、营造工艺与结构体系的传承，往往在类型上相似，具有原型范畴的相似性特征。而对应的空间语汇语素则因为空间的功能和形态分类而表现出词性的变化以及因在空间序列中的语法地位不同而产生的词形变化，每个词作为最小的空间语汇单位，构成了丰富庞杂的公共空间图式语汇“词库”。其中：

（1）名词（N），即具有功能和构架的空间实体，相当于“内-外（容器）”图式中的实体“边界”的作用，划分出内部和外部公共空间。在传统村落中，如祠堂、民居、宫庙、粮仓、书院、阁和塔等实体空间，是具体可见的三维空间实体。

（2）形容词（A），即装饰性和附属性要素，属于“边缘性”空间要素。在传统村落中，如旗杆、墙体、铺装、水井、小品和植物等历史环境要素，修饰丰富实体空间。往往与核心名词（N）构成具有“中心-边缘”图式结构的偏正词汇，突出被修饰空间（物体）的某种特性。

（3）动词（V），即具有动感的路径空间，是与体验主体身体经验最密切的公共活动场所，相当于“路径”图式中“路径”的作用，组织其他空间要素的动态空间。在传统村落中，如道路、阶岭、街巷、甬道、广场、入口、埕、坪、天井、庭院和花台等承载人群穿越、游走、停留、攀爬、遮蔽、瞭望等行为活动的外部公共空间。

（4）副词（D），即限制性空间要素，分别在公共空间起始、节点、转折、目的地等重要空间位置，相当于“路径”图式中“界标”的作用。在传统村落中，如门楼、亭、廊、牌坊、桥等建（构）筑物修饰或限制外部公共空间和历史环境要素，表达公共空间的范围和关系程度。

（5）介词（P），即主要为自然环境要素，相当于空间语法认知框架中的空间参照框架与拓扑空间。在传统村落中，如山、水、田、林、地貌、光线、风、植被等作为公共空间的空间参照框架，以表示公共空间所处环境、状态、时间、目的、方式、比较对象等拓扑空间状态。

每种类型空间要素单元对应的词性定义描写也不是绝对固定的，主要依据是该空间要素在空间认知图式中扮演的角色和功能，在不同尺度范围内存在图式的跃迁和空间要素的语汇词性变化。由于形式、位置、材料和功能的差异，表现出语义的变化，因而表现出不同地域的空间特色。

### 3.2.2 系统结构映射

#### 3.2.2.1 模块化的图式系统

传统村落公共空间表现出空间结构的序列性，其生长过程是动态的，各个空间有机结合在一起，形成一个有机的整体，以满足村落居民日常公共生活的各类功能需求。其在空间的营建过程和演替过程中，遵循自组织营建、历时性积累的特征，各部分空间亦可以作为独立空间组织进行更新和改变。因此，传统村落公共空间图式句法结构的构造方式具有一般系统模块理论的特征，即有序性、动态性、有机关联性、整体性与目的性[98]。公共空间图式句法结构作为整体的图式语言系统，各类空间语汇要素词库（Lex）则作为基本要素集合，而一般系统模块理论在二者之间插入模块的概念，作为系统与要素的中间层级，构成“系统⇌模块⇌要素”的系统结构和衔接关系。

此时，空间系统的结构理解为由各类不同规模的空间模块和要素单元有机组成，以解释传统村落公共空间系统的复杂性。而每个空间模块包含数量不等的空间要素，具有一定的图式结构、行为路径和身体经验。每种空间意象图式则作为空间语言词库中那些独立模块图式或非独立模块图式。独立模块图式，类似完整的句子（S），具有交互耦合性、封装集成性、继承扩展性、多态性和移植复用性。而与整个空间系统或与其他空间模块耦合关联较强的、不能与系统其他模块或要素分离的空间模块则为非独立模块图式，类似于从句（S′），在特殊条件下两种模块图式可相互转换。模块化的这一规则和特性，在词组结构转化中是在一个语汇符号中嵌入一个与之相似的语汇符号，在句法结构中是在一个句子（S）中嵌入其他从句（S′），从而生成各种复杂程度不一的结构，逻辑学家称之为“递归（recursion）”。句子中不同的片段代表一个模块井然有序地组织成一个复杂整体，如不同分支从同一个节点生长出来，通过连词（C）连接起来。如：if either the girl eats an apple or the girl eats the pie than the boy eats a hamburger. 其句法结构可以表达为模块化的树形结构（图 3-2）。

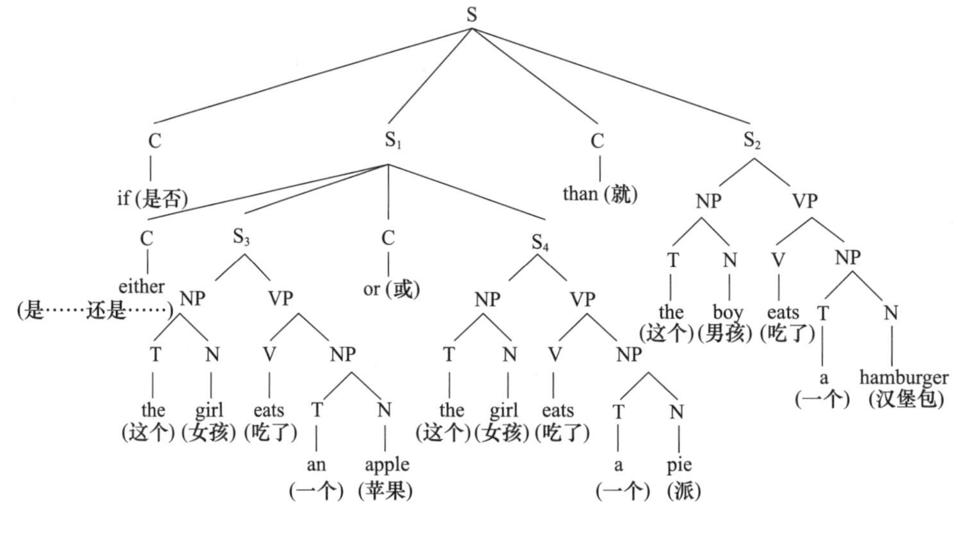


图 3-2　句法结构模块化的树形结构

（资料来源：自绘）

#### 3.2.2.2　独立模块化图式特征

1. 交互耦合性

系统与模块、模块与模块以及模块与要素之间彼此联系的紧密程度，交互耦合的连接方式、数量、距离、程度决定了空间模块的独立性强弱。如在传统村落中，防御性乡土建筑，如土堡和庄寨建筑，往往与村落其他空间只有单一道路衔接、单个出入口交通，因此表现出较低的交互耦合性和较高的独立性，而传统街巷中的各类空间单元则相反，紧密联系成整体。

2. 封装集成性

表现为空间模块集成了一组空间语汇要素，具有一定的空间组织逻辑和行为活动规律，独立封装成一个空间模块单元，不轻易受整体空间系统的改变而改变，具有较高的独立性。如传统村落中的宗教建筑群、大型集合性民居、宗祠建筑等均根据一定功能和组织逻辑进行空间形态布局。

3. 继承扩展性

“递归性”适用于独立模块图式。整体空间系统在进行调整扩展时，不必进行全局性的调整，只需对局部空间模块进行递归性扩展即可。而新的模块增加在一定地域环境和空间使用约束下，往往能继承原有相同功能空间模块的属性，而不至于完全脱离原有的空间形式、材料风格和营建方式。

4. 多态性

表现为空间形态的多样性。同一种空间图式结构下，在实际空间营造中具有变化无穷的空间形式，而同一种空间形式下具有多种地域风格造型。如传统村落中同一个村落中的街亭在层数、结构方式、屋顶形式、装饰方面表现出多样性。

5. 移植复用性

独立模块图式可以完整地移植或复制到其他空间系统中，或在同一空间系统中反复调用。如传统村落中一定地域范围内的家祠建筑、防御性乡土建筑，在空间形式和布局上大同小异，具有类似的营建规则，存在工匠传承和彼此借鉴的现象（图 3-3）。

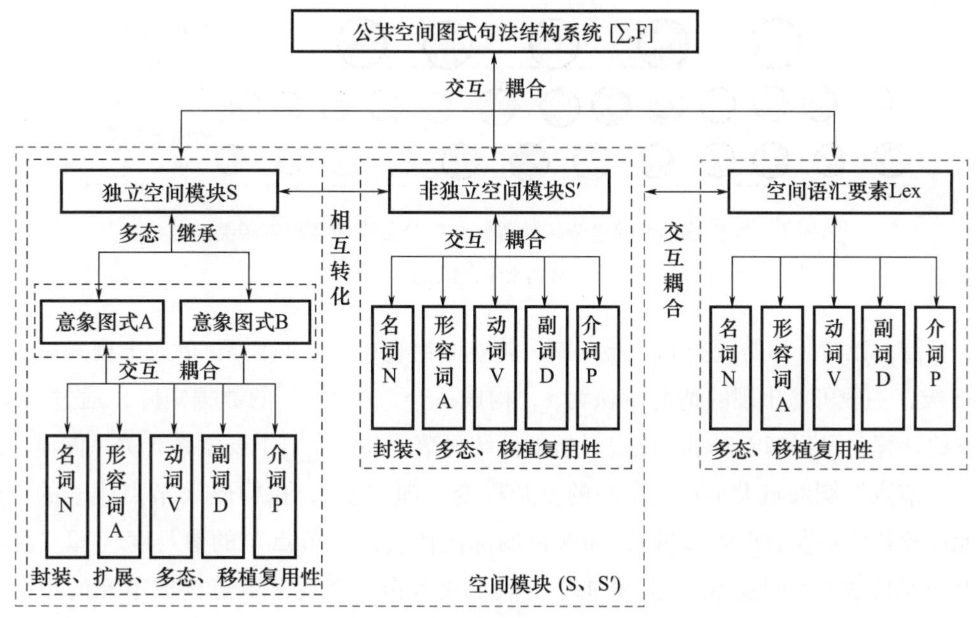


图 3-3 模块化图式系统结构模式

（资料来源：自绘）

## 3.2.3 语汇系统的关联结构

### 3.2.3.1 要素关联分析

传统村落公共空间的离散组合体系特征符合语言学符号分析的素材对象特征。基于空间的结构性与语言学的系统逻辑结构的相似性，进一步分析不同空间尺度和层级单元的系统关联程度。统计福建闽江流域 21 个典型传统村落空间要素类型中要素出现的频率，以及不同公共空间构成的要素参与程度，尝试运用 Gephi 图谱分析方法，建立语汇要素系统关联结构。通过 Gephi 的图形可视化复杂网络分析处理各类关系网络或复杂系统。通过 Gephi 软件将传统村落公共空间语汇要素系统每个层级的要素作为空间系统关系网络中的“节点”，要素之间的组合构成关联性作为“边”，构建传统村落公共空间语汇要素系统的关联结构（图 3-4）。

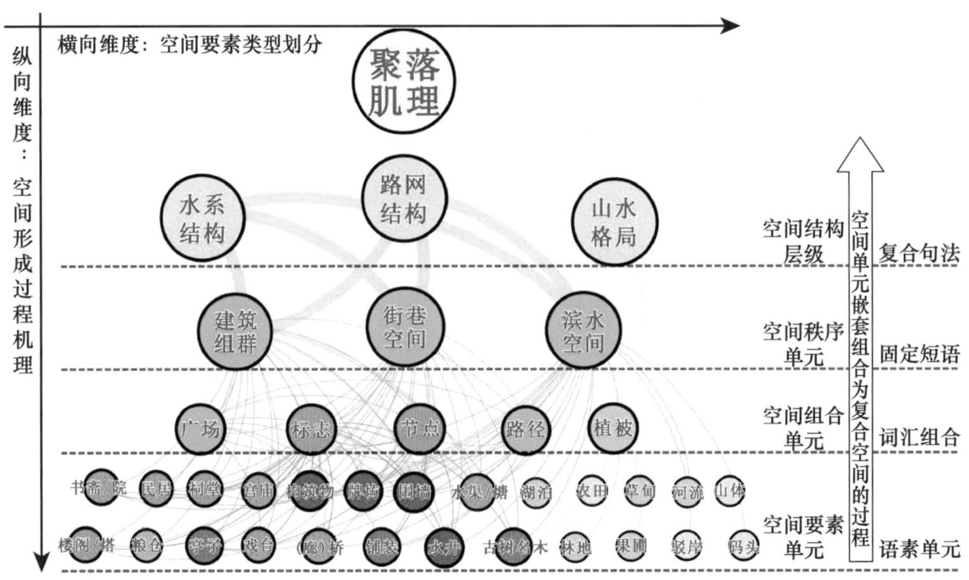


图 3-4　基于 Gephi 图谱分析的传统村落公共空间要素系统关联结构

（资料来源：自绘）

目前，以实际田野调查和经验判断，将空间组合中的空间要素/单元出现频率分为 1～5 级，一般可能出现的情况默认为 1，构成一个“$N \times N$”的数据矩阵，通过 Gephi 软件的计算，得到基于 Gephi 图谱分析的传统村落公共空间语汇要素系统关系图谱。图谱中“节点”圆圈点大小对应空间的复杂程度（即“度”，指构成 A 节点代表的空间单元涉及其他要素节点的数量），而颜色的深浅代表该“节点”的参与度（即“度”，指 B 节点代表的空间要素/单元可能作为其他更复杂空间要素节点构成单元的频率）。“节点”之间存在空间构成关系则以“边”的连接表示二者的关联性，可以空间要素/单元出现的频率作为“边”的权重，以边的粗细进行表达。

在横向维度是空间要素的类型划分，而在纵向维度是空间形成的过程机理，从而形成了类似语言“递归”组合方式的树形结构。根据系统的层级关系，设定上一层级空间单元与下一层级空间要素/单元之间为单向联系，即表示复杂的空间是由多个简单的空间单元构成，下一层级的空间要素/单元可以越级参与构成更为复杂的空间组合，即一个复合空间单元可能由若干空间组合单元和若干空间要素单元共同构成，类似一个固定短语一般由若干个词组和语素构成。不同层次的空间组合单元映射不同复杂程度的语言单元，即“空间要素单元—空间组合单元—空间秩序单元—空间结构层级”对应“语素单元—词汇组合—固定短语—复合句法”。

#### 3.2.3.2　语汇系统特征

从图 3-4 基于 Gephi 图谱分析的传统村落公共空间要素系统关联结构可以看出：

（1）从空间的复杂程度构成了“空间要素单元—空间组合单元—空间秩序单元—

空间结构层级”的结构，表现出层级性和系统性。

（2）从空间要素/单元的“度”及要素参与构成空间单元的频率上看，作为空间要素单元的建（构）筑物和历史环境要素是构成传统村落公共空间的基础空间要素。

（3）广场、标志、节点空间、路径和植物配植则是从空间形态和空间行为“点—线—面”层面考虑，其形成的空间单元形成具有一定空间组织规律和空间形态结构。

（4）建筑组群、街巷空间和滨水空间等形成具有明显的空间秩序和组织逻辑，作为传统村落中的核心公共空间。山水格局、路网结构、水系结构以及聚落肌理，则是在整体尺度上对村落空间的把握，已经不属于要素层面而属于复合句法层面。

## 3.3　图式语言研究框架构建

### 3.3.1　“转换生成”语法为方法论核心

诺姆·乔姆斯基（Noam Chomsky）依据人类语言在结构上的相似性，认为语言的一个重要特性就是生成能力，从形式与结构上探讨该问题，通过语法这一“抽象装置”能产生许多所研究对象语言的句子。其借鉴数学的演绎方法，制定许多转换规则，将语法公式化。每个句子由一套完整的符号链组成，依据成分分析法制定一套有限数的“指令公式”F：

$$S \rightarrow NP + VP \tag{3-1}$$

$$NP \rightarrow T + N \tag{3-2}$$

$$VP \rightarrow V + NP \tag{3-3}$$

$$T \rightarrow the \tag{3-4}$$

$$N \rightarrow girl，boy，ball 等 \tag{3-5}$$

$$V \rightarrow hit，take 等 \tag{3-6}$$

其中，S 为句子，→代表改写，NP 为名词词组，VP 为动词词组，T 为限定词，N 为名词，V 为动词。

例如 the girl suggest the boy hit the ball 可以通过上述生成语法进行语法推导（图3-5）。

这种树状分支的短语结构能为整个句子的记忆与设计提供一个模块化的总体架构，这一功能强大的设计能在恰当的位置安排合适的单词。每个句法呈现树形层级结构，包含了深层结构与表层结构，其中意义通过深层结构表达，语音通过表层结构表达。浅层结构以深层结构为根据，深层结构则通过浅层结构表征。乔氏概括的语法形式［Σ，F］，语法规则定为：有一套有限数的开始符号链Σ与“指令公式”F，后者包含了（3-1）~（3-6）六条语法转换规则，通过“指令公式”的推导形式 $X \rightarrow Y$，每个符号链在前一个符号链基础上选择相应指令 F 生成，根据符号链生成规则依次递推得到无限数可能的短语结构 Sentence（S）[99]。而句子的产生是句法动态过程，以短语结构语法为转换生成语法的基础形式，然后通过移位、选取、合并、删略、插入、改变特征、复制、被动化等转换规则，由同一个基础结构生成不同的句子形式。最后，通过生成语法的概括性、还原、约束、领属和最短距离等限制原则得出符合语法和语义的句子。

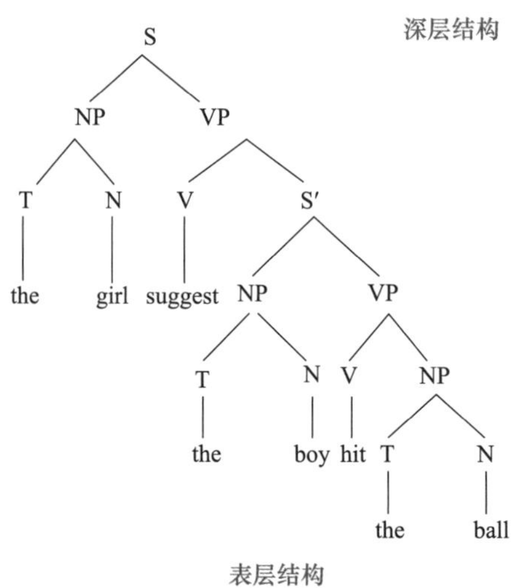


图 3-5　乔氏转换生成语法推导式

（资料来源：根据《句法结构》绘制）

乔氏“转换生成”句法结构，作为一种物质空间描述与解释方法论的可能性，是因为从“语法”转换规则与递归性出发，映射了一种联系，建立起空间营造活动规律（空间形式生成）和空间实践意义（空间体验认知）的内在机制。在空间的体验认知实践中，建立某种结构性“语言平面（linguistic layer）”承托人们共享的某种“语言”形式的心智认知结构与相应事件，包括了语素、词组、短语结构等平面构成“语料”。需要注意的是，空间语言与语言的本质区别在于形式背后的社会关联和文化观念，并不是一个无限可能的发生“装置”，它受社会性想象力的制约（即语境的制约）。

## 3. 3. 2　图式与语法的嵌套认知

### 3. 3. 2. 1　图式构造单元

不同认知尺度的图式，类似于语言中词组、短语结构等句法切分单元，具有意义构造和认知功能的形式要素。空间图式具有拓扑性，即每一个图式都是一个要素，包含了一定的空间组织规律和认知结构，在不同空间尺度上可以共享同一套规律，但对空间的身体经验和感知方式会随着尺度转换而变化。同时，图式在描述自身时也可能是其他图式的组成要素，即图式的融合。这意味着图式作为“一般构造单元”，传统村落公共空间句法结构包含了空间伦理功能认知的深层结构和空间形态组织逻辑的表层结构，一套完整的空间营造过程和乡土社会性关联。

图式作为“一般构造单元”的强大转换生成能力在于图式的增益部分，即由某个基本图式扩展产生一系列非基本图式的现象。这种较高的图式生成能力能适应不同尺度和数量的空间场景表征需求。表现在空间设计的创造性上，即有限的空间原型及其图式能构建无限的空间形式。这与阿尔多·罗西（Aldo Rossi）在《城市建筑学》中将类型视作一种“永久性的元素”具有一定相似性。其强调：“永久性的元素在城市研究中的意义，可以类比作语言学中的固定结构。”[100]这一空间形态与语言形态的相似性，体现在随着时间的变化，某种空间形态的固定结构容纳了不同的功能用途。其适应空间发展的生成潜力体现为在保持自身形式不变的情况下，容纳无限变化的用途与意义，其内核是类型形式的永恒性。但对于类型和模式的归纳并不是图式语言系统的最终目标，而是由空间原型范畴化到图式范畴化的中间过程，实现从类型形式永久性向图式认知结构创造性的跃迁。

#### 3.3.2.2 “语义链”的生成

乔氏转换生成语法的符号链是一种先验性的结构形式，而句法产生的意义需要体验者在不同组合要素的含混中阅读出结构关系。这意味着，现实公共空间的意义不是简单、机械性的阅读空间要素的组织，而是一种生产性的阅读，在不同语境下由不同体验者生成相应的空间意义。空间使用功能与空间形态并不是严格地一一对应，这意味着空间符号的“能指”在现实中对应的“所指”，需要通过语境的线索进行智能的生成转换。空间的营造者并不能照顾到所有使用者的空间感知，而是当体验者通过身体和视觉等感官，以非理性的认知逻辑切分传统村落公共空间时，分类为一个个图式认知单元，现实空间总图将褪色为类似古罗马诺利地图一般的黑白分明图底关系。每个同质分割、关联并置的图式语言单元，通过体验者身体或视觉的运动可体验感知，串联生成一条条“语义链”，再通过无数“语义链”的编织形成完整的空间认知网络。

#### 3.3.2.3 认知模型结构

从上述图式作为“一般构造单元”和空间“语义链”生成过程分析可知，这种空间意义的构造是通过无数不同空间认知尺度的图式，嵌套进入空间语言的形式结构中。通过体验者在空间中的身体与视线移动，生成一条条“语义链”连接各个图式认知单元，再以相同的方式连接其他单元形成句法结构，最后编织为对空间体验感知的完整认知网络。而每个图式单元也有一套相似的、完整的认知逻辑和形式组织规则，体现了图式表征层级的拓扑性。不同个体之间的空间认知结构越相近，空间图式语言的共享能力越强，构造的空间意义越具有集体性和普适性。反之，则说明具体空间情景感知的个体差异或地域性越强，这往往是由相似的地域文化语境决定的（图3-6）。

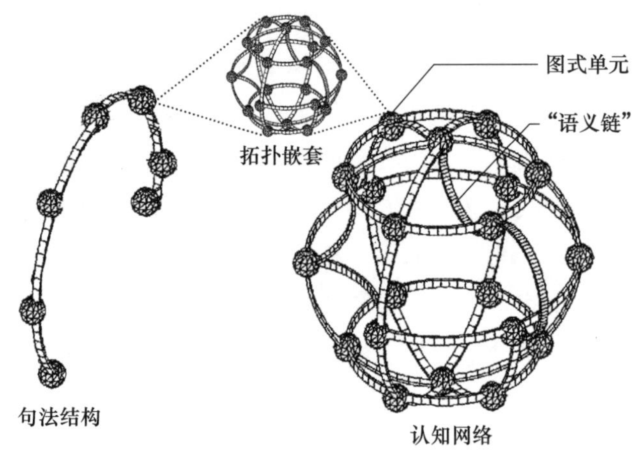


图 3-6 图式与语法的嵌套认知模型

（图片来源：自绘）

### 3.3.3 研究思路框架

图式语言的研究思路取决于传统村落公共空间本质特征和乡土社会现实语境。一方面，围绕作为研究对象与载体的传统村落公共空间，针对“社会性”与“空间性”双层属性，以图式语言的复合研究方法剖析其作为表层结构的空间形式和深层结构的伦理功能。通过空间图式与语言的结构逻辑一致性映射机制，结构主义的系统性以结构性方法得以适用于同为离散组合系统的空间现象。空间要素单元的层级嵌套，表现为横向维度的要素单元类型划分和纵向维度的组合方式的过程机理。这一空间逻辑推理类似语言“递归性”树形结构。这种组合逻辑结构相对应的是传统村落公共空间历时性的自组织生长过程。另一方面，村落的空间现象是乡土社会集体心智认知和社会风俗文化的外在表征，这种深层结构具有的社会性想象力通过图式这一空间意义构造手段实现。空间图式的拓扑性，让其具有解释不同层级结构内在一致性规律的能力。图式尺度的转换能适应语言要素单元的层级嵌套逻辑推理。

图式语言的研究方法，并不停留在语言学系统逻辑结构和图式心智认知方式对传统村落公共空间的解释和描述，“转换生成”语法规律才是图式语言的方法论核心。诺姆·乔姆斯基（Noam Chomsky）的转换生成（TG）语言学将关注点从语素、词组、短语等“语料”的语法转向语法本身的修辞性，即一种语义可以通过多少种句法的转换变化进行表达。乔氏语言学对传统空间的创造性启发就是这种生成性语法特性，通过有限的空间建构元素，根据传统营造基因指定有限数的空间组合规则和转换方式，以获得空间生产的无限潜力。随着乡村语境的变迁，这种创造力运用于传统村落公共空间的重构更新，将提供一条实践与思考能有迹可循的平行路径（图 3-7）。

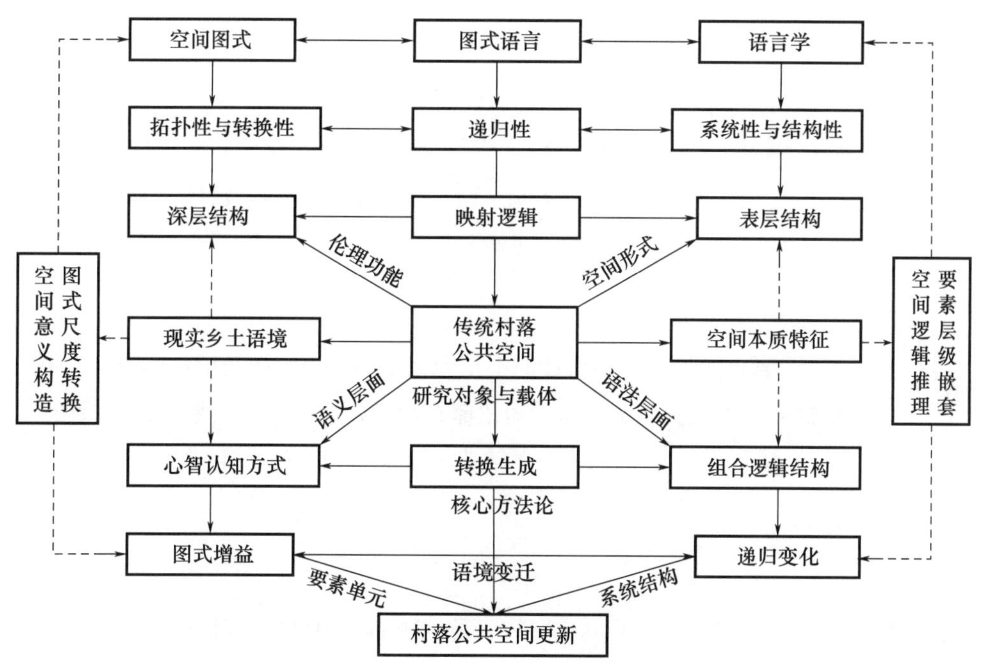


图 3-7　传统村落公共空间图式语言的研究思路框架

（资料来源：自绘）

## 3.4　本章小结

本章节主要在整合图式和语言的空间认知和表达方法基础上，系统构建公共空间图式语言研究的逻辑体系，探讨其构建方式与过程。首先，从信息传递媒介的共同特征，将空间视作与自然语言相同的指令系统，空间作为语言表征形式之一。空间的语言类比法，基于空间是人们思考自身语言思维逻辑延伸的普遍共识。出于语言符号无法解释空间交流依赖于体验者相应感知经验的局限性，在借鉴语言结构性语法逻辑的基础上，引入具有感知经验的图式概念，形成图式语言的复合概念。其次，在语言形式中发现表达空间的共同概念，有利于在语言和现实事件的结合面上寻得跨语言共性。就语汇词类与系统结构的映射关系，本书创新性地提出空间图式与语言的结构逻辑一致性规律，形成符合传统村落的图式语言表达方法。最后，以乔氏“转换生成”语法为方法论核心，结合图式与语法的嵌套认知，对传统村落公共空间本质特征和乡土社会现实语境的回应，形成传统村落公共空间的图式语言研究逻辑框架，作为本研究重要理论方法的突破。

# 4　图式语汇：闽江流域传统村落公共空间的要素图谱

“真正困扰人类剖析器的不是记忆量的大小，而是记忆的方式：我们的记忆需要将某一特定类型的短语储存起来，以便回过头来进行分析……”

——史蒂芬·平克（Steven Pinker）《语言本能》[101]

正如史蒂芬·平克（Steven Pinker）在《语言本能》中对语言记忆方式的阐述，类似地，对于空间构成要素进行分类可以帮助人们加强对空间的认知和记忆，此时空间的要素类型成为了一种分析方法和工具。而传统村落公共空间的地域特色在于其特殊的区域语境。一方面，是自然地理环境和地形地貌特征决定的“在地性”特征；另一方面，由于公共空间各层级各类型要素分布于具体的传统村落，受村落整体空间形态的直接影响。本章节是对闽江流域传统村落公共空间要素的类型归纳和特征分析，通过对公共空间语汇要素的系统分析，实现对空间认知从原型范畴化到图式范畴化的第一步。首先，依据传统村落形态特征和地形地貌、水文特征以及村落形态特征与密度，对闽江流域354个传统村落进行典型样本筛选和类型划分；其次，对典型村落的公共空间要素进行实地调研和测绘，对典型公共空间要素类型特征进行统计分析；最后，构建传统村落公共空间图式语言的语汇要素图谱（图4-1）。

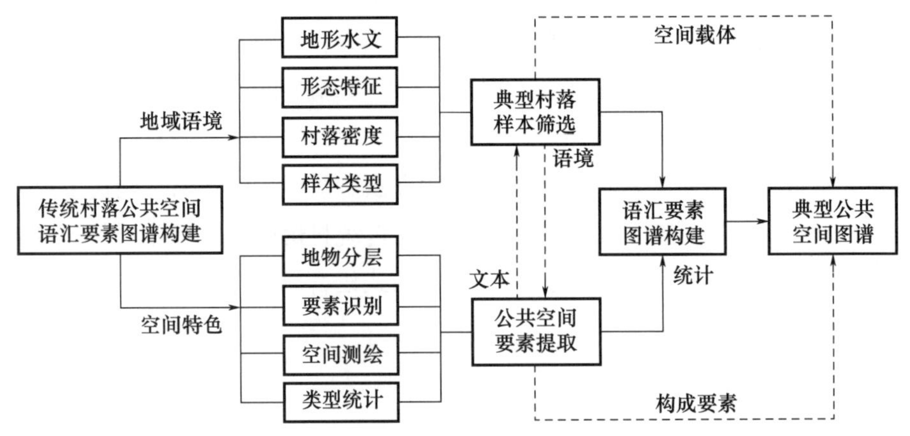


图4-1　传统村落公共空间语汇要素图谱构建图

（资料来源：自绘）

# 4.1 典型传统村落调研样本筛选

## 4.1.1 自然环境影响因素

### 4.1.1.1 地形水文影响分析

闽江流域内以山地地形为主，闽江水系汇集于山脉间的盆谷、河谷、峡谷，最后流经河漫滩汇入东海。东北部为海拔在1000 ~1500米之间的洞宫山脉和平均海拔超过500米的鹫峰山脉南北连绵，西北部为海拔1000米左右的武夷山脉环抱，南部为主峰海拔超1800米的戴云山脉和平均海拔超1000米的玳瑁山脉耸立，闽江流域传统村落明显受到地形和水系等自然地理因素影响[102]。其中，闽江上游为山地型河流，岸两侧高山峡谷众多，山间盆地与宽谷串珠状相间展布，区间主要为中低山和丘陵，流经闽西北三明市各县市；闽江中游为峡谷河段，低山丘陵广布，沿河交替分布山间盆谷地，主要流经南平市延平区、古田县、闽清县；闽江下游为河漫滩曲流型河流，主要在福州市域内，为典型的河口盆地。较低海拔的村落主要聚集在闽江干流和南浦溪、松溪支流区域，较高海拔的村落聚集在政和县、大田县和峨眉峰区域；而坡度较缓的村落主要聚集在闽江下游福州地区，坡度较陡的村落主要聚集在永泰县、政和县和尤溪县等山地区域；流域内传统村落总体与水系较近尤其是闽江干流、沙溪与大樟溪支流区域，而政和县、大田县以及邵武市与三明北部交界地区离主要水系较远。由此可知，在海拔较低、地势较缓的河谷平原或河漫滩平原区域较易形成大型村镇，但由于城乡发展过程开发难度相对较低，反而不利于早期建设过程传统村落的保存。相比多山地区环境封闭保留数量众多的传统村落，东部闽江下游平缓开阔地区保留较少。传统村落一般近邻河流水系，传统择水而居和依赖水路生产运输对传统村落分布同样起到直接影响作用[103]。

### 4.1.1.2 山水形态与剖面特征

福建“八山一水一分田”的地理条件，使闽江流域内传统村落的选址对自然山水关系和形势判断尤为重视，出于利于居住安全、农业生产、水陆运输和水源便捷等人居要素的综合考虑，往往位于依山傍水的山谷、河谷、河流台地之上。清代的《阳宅十书》开篇即指出一般人居环境选址原则：“人之居处宜以大地山河为主，其来脉气势最大，关系人祸福最为切要。”

1. 高山谷地型村落

该类型村落高居海拔500米以上的山地地形，地势起伏大、坡度陡，离主干河流较远，一般只有山涧溪流或人工水库水塘满足生活生产用水。建筑和街巷依山势平行和斜交于山体阳面等高线分布，建筑以横向开间扩展为主，常见吊脚楼形式，从山脚到山腰，建筑成层状竖向错落立体分布，形成居高临下便于眺望的视野，或分散于各个山坳成零散建筑组团。

2. 丘陵盆地型村落

该类型村落位于海拔 200 ~ 500 米丘陵之间的盆地，地势起伏较小，坡度较平缓，四周为高出的山体，中间为低洼盆地，多为农田，盆地之间有山溪穿过，建筑主要沿阳面山脚分布或平缓丘陵坡地分散分布，尽量不占用稀缺的农田，整体形态较为分散，山地与平地皆有，剖面呈锅底状，视野受四周山体阻挡较为闭塞。

3. 河谷盆地型村落

该类型村落较丘陵盆地型村落更加平缓开阔，一般在海拔 250 米以下，支流上游有河流流经，水系较为发达，四周为平缓山体，村落在绵绵青山与水系下形成“背山面水”的空间格局。建筑和街巷受河流影响较大，多沿溪两岸平缓的台地分布，田地、水系与村落肌理交错，多桥梁横卧形成丰富的滨水空间。

4. 峡谷河滩型村落

该类型村落与河漫滩平地型村落的建筑选址承袭殷商建立的聚落营建法则——“攻位于汭”，出自《尚书·召诰篇》：“庶殷，攻位于洛汭。”位于闽江中下游区域，河曲蜿蜒，村落一般选址于河水内湾环抱处，在不易侵蚀土壤养分、容易堆积的凸岸形成大型村镇聚落，构成“负阴抱阳”的典型山水格局。由于地势较为平坦，村落整体形态和天际线较为平缓，街巷布局工整，建筑水平延伸。峡谷河滩型村落一般在海拔 200 米以下，所在河岸两侧山体断面高度大于河床宽度，用地较为紧凑，依山傍水呈条带状密集排布，山水视线受到一定程度遮挡。

5. 河漫滩平地型村落

该类型村落则在海拔 100 米以下邻近下游干流，地势平坦或只有局部小丘陵，村落往往连绵成片铺展开来，滨水空间与村落相邻，之间多为水田等平整农业生产用地，村落整体视野开阔（表 4-1）。

**表 4-1　闽江流域传统村落的山水形态与剖面特征**

| 类型 | 典型村落 | 剖面关系 |
| --- | --- | --- |
| 高山谷地型 | 良地村、桂峰村、邹洋村、长坑村、东坑村、紫山村、山寨村 | 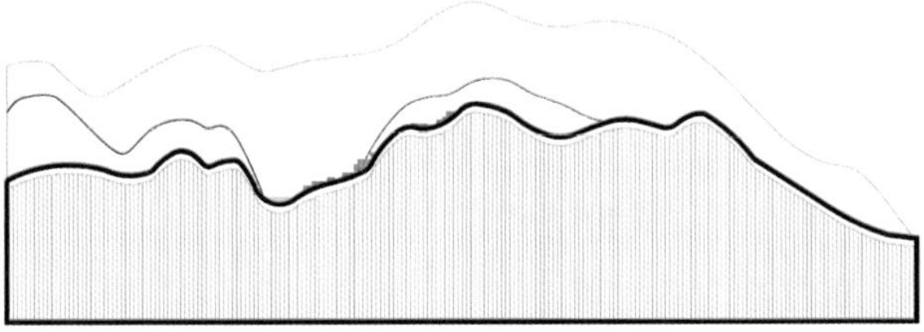 |
| 丘陵盆地型 | 水美村、御帘村、井后岩村、厚丰村、忠山村 | 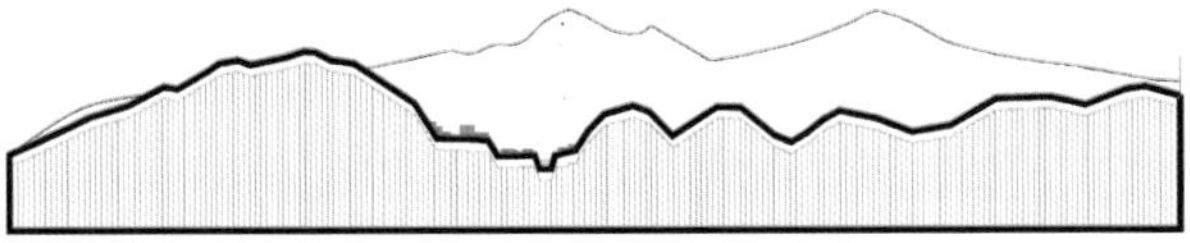 |

续表

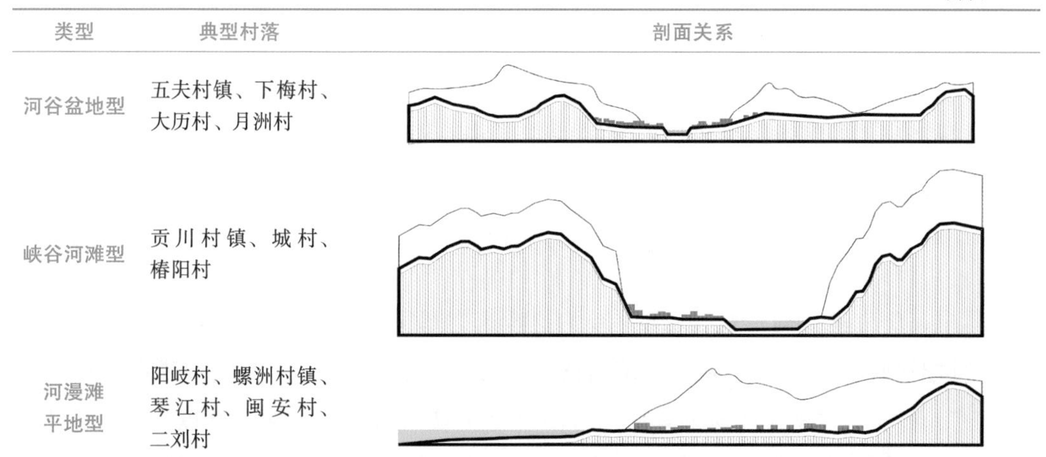

| 类型 | 典型村落 | 剖面关系 |
|---|---|---|
| 河谷盆地型 | 五夫村镇、下梅村、大历村、月洲村 | |
| 峡谷河滩型 | 贡川村镇、城村、椿阳村 | |
| 河漫滩平地型 | 阳岐村、螺洲村镇、琴江村、闽安村、二刘村 | |

注：红色标记为村落形态。
资料来源：自制。

### 4.1.2 形状指数与密度

借鉴景观生态学中广泛运用的斑块形状指数（patch shape index）的计算方法，即用斑块周长除以同面积圆周长的值作为传统村落形状指数（shape index）[104]。

$$A = A_0 \tag{4-1}$$

$$C_0 = 2\sqrt{\pi A} \tag{4-2}$$

$$S = \frac{C}{C_0} = \frac{C}{2\sqrt{\pi A}} \tag{4-3}$$

其中，$S$ 为形状指数，$A$ 为斑块面积，$A_0$为圆形面积，$C$ 为斑块周长，$C_0$为圆形周长。

该指数反映其与等面积圆形在形状上的“形状偏离度”，圆形 $S=1$，形状数值越大，则与圆形偏离越大，形状越不规则，而与实际度量单位无关。考虑到实际传统村落形态，通过长短轴比值就能快速区分团状和带状，进而通过将等长短轴比与等面积的椭圆形代替圆形以减少长短轴比值对形状指数的影响。此时，形状数值是关于传统村落形态长短轴比值、面积和周长的函数，椭圆形的形状指数的修正，能在形态上与实际情况更加吻合[105]。

$$\lambda = \frac{a}{b} \tag{4-4}$$

$$A = A' = \pi ab = \pi\lambda b^2 \tag{4-5}$$

$$b = \sqrt{\frac{A}{\pi\lambda}};\ a = \lambda b = \sqrt{\frac{\lambda A}{\pi}} \tag{4-6}$$

$$C' = \pi\ [1.5\ (a+b)\ - \sqrt{ab}]\ = \sqrt{\frac{\pi A}{\lambda}}\ (1.5\lambda - \sqrt{\lambda} + 1.5) \tag{4-7}$$

$$S = \frac{C}{C'} = \frac{C}{(1.5\lambda - \sqrt{\lambda} + 1.5)}\sqrt{\frac{\lambda}{\pi A}} \tag{4-8}$$

其中，$a$ 为椭圆长半轴，$b$ 为椭圆短半轴，$\lambda$ 为长短轴比，$S$ 为形状指数，$A$ 为斑块面积，$A'$为椭圆形面积，$C$ 为斑块周长，$C'$为椭圆形周长。

通过形状指数能在整体形态上对村落进行团块型、带状型、分支型以及离散型等类型进行划分，进而通过村落研究范围内建（构）筑物密度判断其离散程度，以区分集聚型村落和离散型村落。

$$D = \frac{A^{\hat{}}}{A^{*}} \tag{4-9}$$

其中，$D$ 为建（构）筑物密度，$A^{\hat{}}$为建构筑物基底面积，$A^{*}$为村落研究范围面积。

通过对闽江流域 17 个典型传统村落的形状指数进行分析，当村落建筑密度 $D>20\%$ 时，密度越大建筑排列越紧密，村落整体呈现聚集状态，而当密度 $D<20\%$ 时，密度越小建筑排列越松散，受地形影响越大，村落整体呈现离散状态。当村落斑块的长短轴比 $\lambda>1.618$（黄金比例）时，轮廓形态明显沿某一方向呈条带状。随着村落斑块的形状指数 $S$ 从小到大，聚落形态越发复杂，轮廓形态从规整变模糊，逐渐从团块、枝状、组团、条带状向自由类型变化。当 $1.6<S<3.0$ 时，村落形态整体呈规整的团块状，或开始沿某一轴向呈团块发展；当 $3.0<S<5.5$ 时，村落形态边缘形态越发不规整，开始沿多个方向呈枝状发展；当 $5.5<S<7.5$ 时，村落整体形态变得不规则，开始呈现某一轴向不规则团块状或条带状形态；当 $7.5<S<7.8$ 时，村落形态开始呈现带状或分散组团等不规则自由形态。结合村落密度、长短轴比和形状指数，将传统村落形态进行划分（表 4-2）。

**表 4-2　典型传统村落形状指数分析**

| 序号 | 村落 | $A$（$m^2$） | $A^{\hat{}}$（$m^2$） | $A^{*}$（$m^2$） | $D$（%） | $\lambda$ | $C$（m） | $S$ | 形态 |
|---|---|---|---|---|---|---|---|---|---|
| 1 | 良地村 | 25466 | 13588 | 68000 | 20.0 | 2.07 | 3599 | 5.78 | 条带离散 |
| 2 | 桂峰村 | 86692 | 33874 | 105500 | 32.1 | 1.48 | 4529 | 6.15 | 团块聚集 |
| 3 | 邹洋村 | 63754 | 30625 | 94573 | 32.4 | 1.03 | 2887 | 5.63 | 团块聚集 |
| 4 | 长坑村 | 10940 | 5072 | 28660 | 17.7 | 1.92 | 1443 | 3.15 | 枝状离散 |
| 5 | 水美村 | 32437 | 16827 | 197875 | 8.5 | 1.64 | 5156 | 7.72 | 自由离散 |
| 6 | 御帘村 | 68047 | 25805 | 81000 | 31.9 | 1.23 | 2227 | 3.83 | 枝状聚集 |
| 7 | 井后岩村 | 24702 | 12899 | 42529 | 30.3 | 1.86 | 2130 | 4.64 | 组团离散 |
| 8 | 厚丰村 | 94776 | 37895 | 320657 | 11.8 | 1.14 | 6950 | 7.57 | 组团离散 |
| 9 | 五夫村镇 | 267579 | 122290 | 275862 | 43.3 | 2.06 | 5333 | 3.27 | 条带聚集 |
| 10 | 下梅村 | 155437 | 75067 | 241321 | 31.1 | 1.15 | 4302 | 2.33 | 团块聚集 |
| 11 | 大历村 | 115484 | 36553 | 122113 | 30.0 | 1.44 | 2426 | 2.90 | 团块聚集 |
| 12 | 月洲村 | 98411 | 27816 | 269800 | 10.3 | 1.24 | 8713 | 7.77 | 自由离散 |
| 13 | 贡川村镇 | 169225 | 96192 | 169225 | 56.8 | 1.79 | 2552 | 1.64 | 条块聚集 |
| 14 | 城村 | 294083 | 137688 | 345886 | 39.8 | 1.43 | 4447 | 3.34 | 团块聚集 |
| 15 | 阳岐村 | 169107 | 50059 | 210974 | 23.7 | 1.17 | 3654 | 4.08 | 团块聚集 |

续表

| 序号 | 村落 | $A$（$m^2$） | $\hat{A}$（$m^2$） | $A^*$（$m^2$） | $D$（%） | $\lambda$ | $C$（m） | $S$ | 形态 |
|---|---|---|---|---|---|---|---|---|---|
| 16 | 螺洲村镇 | 922446 | 312785 | 922446 | 33.9 | 3.11 | 6103 | 1.65 | 条带聚集 |
| 17 | 琴江村 | 96449 | 26935 | 132943 | 20.3 | 1.04 | 1838 | 2.90 | 团块聚集 |

注：$A$ 为斑块面积，$\hat{A}$ 为建构筑物基底面积，$A^*$ 为村落研究范围面积，$D$ 为密度，$\lambda$ 为长短轴比，$C$ 为斑块周长，$S$ 为形状指数。

资料来源：自制。

### 4.1.3 典型传统村落的类型选择

闽江流域各传统村落所处地理位置的空间分布特征和各类地形地貌、水文等地理特征，为村落整体空间形态特色奠定了基调。闽江流域多山地丘陵和水系发达的形态学逻辑形成山、水、村落和谐共生、天人合一的山水聚落环境和形态特征。而传统村落的形态类型特征直接影响村落内部建筑和公共空间分布，确定了村落的整体形态框架和边界条件。依据闽江流域地形环境要素，将传统村落划分为高山谷地型、丘陵盆地型、河谷盆地型、峡谷河滩型和河漫滩平地型五大类型，结合上小节所述形态指数和密度划分而分为若干亚类型[106]（表 4-3）。

**表 4-3　闽江流域典型传统村落的类型**

| 大类 | 亚类 | 典型特征 | 分布范围 | 典型村落平面形态 | 三维环境 |
|---|---|---|---|---|---|
| 高山谷地型 | 中密度条带离散型 | 位于闽江流域内支流上游的高山山地，高海拔高山谷地、台地，地势较陡，一般距主要水系较远，村域范围内一般为细小溪流，建筑依据谷地地形沿等高线平行分布，村落形态沿高山谷地地形呈枝状、团状、组团或条带状自由分布。山地型聚落一般距主要干道较远，交通较不便，经济发展水平较低 | 闽江上游金溪流域，海拔 410 ~ 502 米 | | 1 三明将乐良地村 |
| | 中密度团块聚集型 | | 闽江中游尤溪流域山区，海拔 581 ~ 647 米 | | 2 三明尤溪桂峰村 |
| | 高密度团块聚集型 | | 闽江中游古田溪流域，海拔 574 ~ 632 米 | | 3 宁德古田邹洋村 |
| | 低密度枝状离散型 | | 闽江下游支流大樟溪流域山区，海拔 906 ~ 955 米 | | 4 福州永泰长坑村 |

续表

| 大类 | 亚类 | 典型特征 | 分布范围 | 典型村落平面形态 | 三维环境 |
|---|---|---|---|---|---|
| 丘陵盆地型 | 低密度条带离散型 | 闽江中上游或支流上游的低山丘陵盆地，一般有小股溪流汇水流经，盆地范围地势较为平缓，多为农田，建筑则选择丘陵低山阳面沿山脚或沿水系两侧呈条带状或组图分散布局。低山丘陵盆地型聚落一般距主要干道较远，交通较不便，经济发展水平较低 | 闽江上游沙溪流域，海拔 201 ~ 218 米 |  | 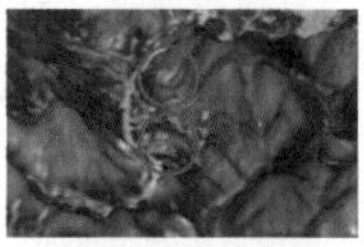 5 三明沙县水美村 |
| | 中密度枝状聚集型 | | 闽江上游鱼塘溪流域，海拔 460 ~ 470 米 |  |  6 三明明溪御帘村 |
| | 中密度组团离散型 | | 闽江上游南浦溪流域，海拔 295 ~ 340 米 |  |  7 南平浦城井后岩村 |
| | 低密度组团离散型 | | 闽江中游尤溪流域，海拔 211 ~ 275 米 |  | 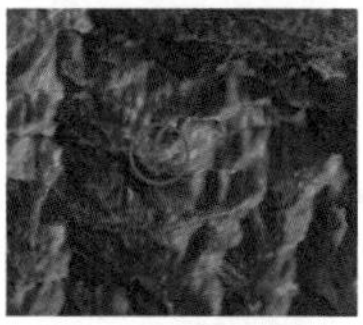 8 三明尤溪厚丰村 |
| 河谷盆地型 | 高密度条带聚集型 | 位于闽江流域内各支流河谷地带，山区型河流，两岸多丘陵河谷，流经山间盆地则形成宽谷，呈串珠状展布，建筑受地形和水流因地制宜分布。聚落形态呈团块状、分支状或自由状，通过乡道或县道较方便与对外交通衔接，较易连片形成多个村落聚集的中心村镇 | 闽江上游支流崇阳溪流域，海拔 206 ~ 220 米 | 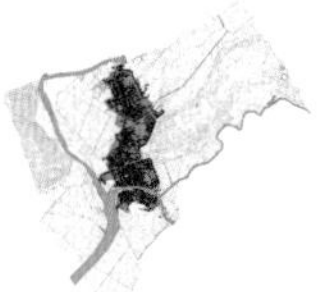 |  9 南平武夷山五夫村镇 |
| | 中密度团块聚集型 | | 闽江上游支流崇阳溪流域，海拔 207 ~ 214 米 | 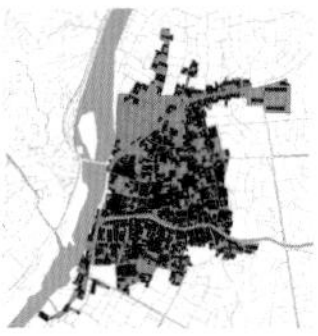 |  10 南平武夷山下梅村 |
| | 中密度团块聚集型 | | 闽江上游富屯溪流域，海拔 162 ~ 191 米 |  | 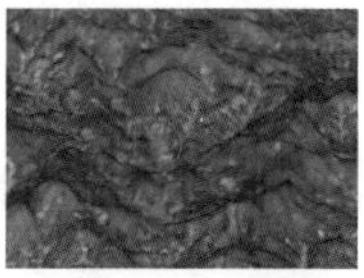 11 南平顺昌大历村 |
| | 低密度自由离散型 | | 闽江下游支流大樟溪流域，海拔 138 ~ 159 米 |  | 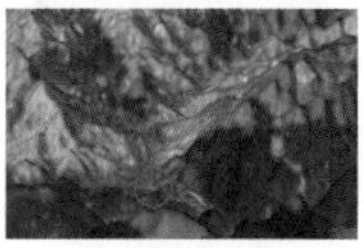 12 福州永泰月洲村 |

续表

| 大类 | 亚类 | 典型特征 | 分布范围 | 典型村落平面形态 | 三维环境 |
|---|---|---|---|---|---|
| 峡谷河滩型 | 高密度条块聚集型 | 位于闽江中上游支流峡谷河滩地带，河曲深切大峡谷两岸河滩，凸岸地势较为平缓开阔，平畴开阔，建筑街巷布局规整，村镇整体呈团块聚集，过境主干道经过，水陆交通较为便捷，一般作为传统商贸集散节点 | 闽江上游沙溪流域，海拔152~160米 | | 13 三明永安贡川村镇 |
| | 高密度团块聚集型 | | 闽江上游支流崇阳溪流域，海拔161~176米 | | 14 南平武夷山城村 |
| 河漫滩平地型 | 中密度团块聚集型 | 位于闽江下游河漫滩曲流型河流平原或下游临近入海口处江州，海拔较低，地势平坦，河床宽度一般400~2000米。村镇整体呈团块聚集，建筑街巷形态较为规整，路网密度大，城镇化水平较高 | 闽江下游乌龙江北岸，海拔6.5~15米 | | 15 福州仓山阳岐村 |
| | 中密度条带聚集型 | | 闽江下游乌龙江北岸，海拔5.8~7.7米 | | 16 福州仓山螺洲村镇 |
| | 中密度团块聚集型 | | 闽江下游南岸，海拔2.5~9.3米 | | 17 福州长乐琴江村 |

资料来源：自制，三维环境图来自 http://barankahyaoglu.com/map/。

# 4.2 公共空间要素提取与处理方法

## 4.2.1 选取标准

闽江流域354个传统村落，存在数量众多、形态各异的空间要素，选取典型村落的公共空间类型要素作为基础研究素材。主要选取标准：（1）依据“闽江流域传统村落的类型”（表4-3），选取能代表一定地域范围或地形条件下的典型村落，村落空间结构和肌理能反映所处自然环境特征，包括地形、水文以及气候；（2）选取的空间类型或村落具有悠久历史和深厚的人文底蕴，村落选址布局或空间组织模式能反映区域内居民的日常生活方式、人文取向、景观审美以及乡土风俗；（3）公共空间类型丰富，选取涵盖祠堂、宫庙、街巷、桥梁、门/牌楼、亭阁、广场、塔、水塘、驳岸、井台、植物、路径以及溪流等公共空间要素，能反映地方空间环境营造传统与使用方式；（4）选取的具体公共空间要素要具有典型性，在空间造型、结构、组织方式等方面具有典型性，能作为原型空间，即具有典型的空间形态、巧妙的空间组织方式、特色的地方材料肌理以及适宜的空间功能等。标准（1）和（2）主要聚焦于村落整体空间层面，前者偏重村落与自然环境的关联性，后者偏重地方的人文环境，意在有限的时间和精力前提下选出与本研究吻合的研究对象，避免进行海量的、地毯式的对象覆盖。标准（3）和（4）直接针对具体公共空间，在要素层面对空间类型和空间特质进行筛选，避免选取内容代表性不全面或遗漏的情况。

### 4.2.2 提取方法与步骤

传统村落公共空间要素提取方法和步骤如下。

1. 卫星遥感影像获取

对于典型传统村落的数据来源，主要通过两个途径进行获取：一是通过勘测设计院、土地管理局测量队或测绘单位提供 1：500～1：1000 精度的地形绘制图，电子版或纸质版；二是通过全能电子地图下载器软件，下载适当地图级别的 Google Earth 地图，分辨率在 0.6～0.3 米/像素的卫星遥感影像，选取村落范围进行下载和地图拼接。该层面的操作方式主要是为了基本研究数据的获取和把握宏观尺度的村落整体自然环境与聚落环境的关联性。

2. 图像矢量化处理

对纸质地形绘制图或卫星遥感影像进行矢量化处理，通过 AutoCAD 软件，依据空间要素属性分层处理。

3. 公共空间要素识别提取

对地形地貌、植被、农田、水系、建（构）筑物、历史环境要素、街巷道路、广场等重要公共空间要素进行识别提取。该层面的操作方式主要是进行空间类型要素分类提取和分析空间要素在中观尺度的结构布局和空间关系。

4. 重要公共空间调研测绘

结合传统村落实地田野调查，在现场观察和体验以及访谈调研的基础上，确定村落中重要公共建筑和外部公共场所的位置、形态和空间要素构成，通过照片和现场测绘的形式对重点公共空间进行记录。该层面的操作方式主要是在微观层面详细获取公共空间的空间组织方式（图 4-2）。

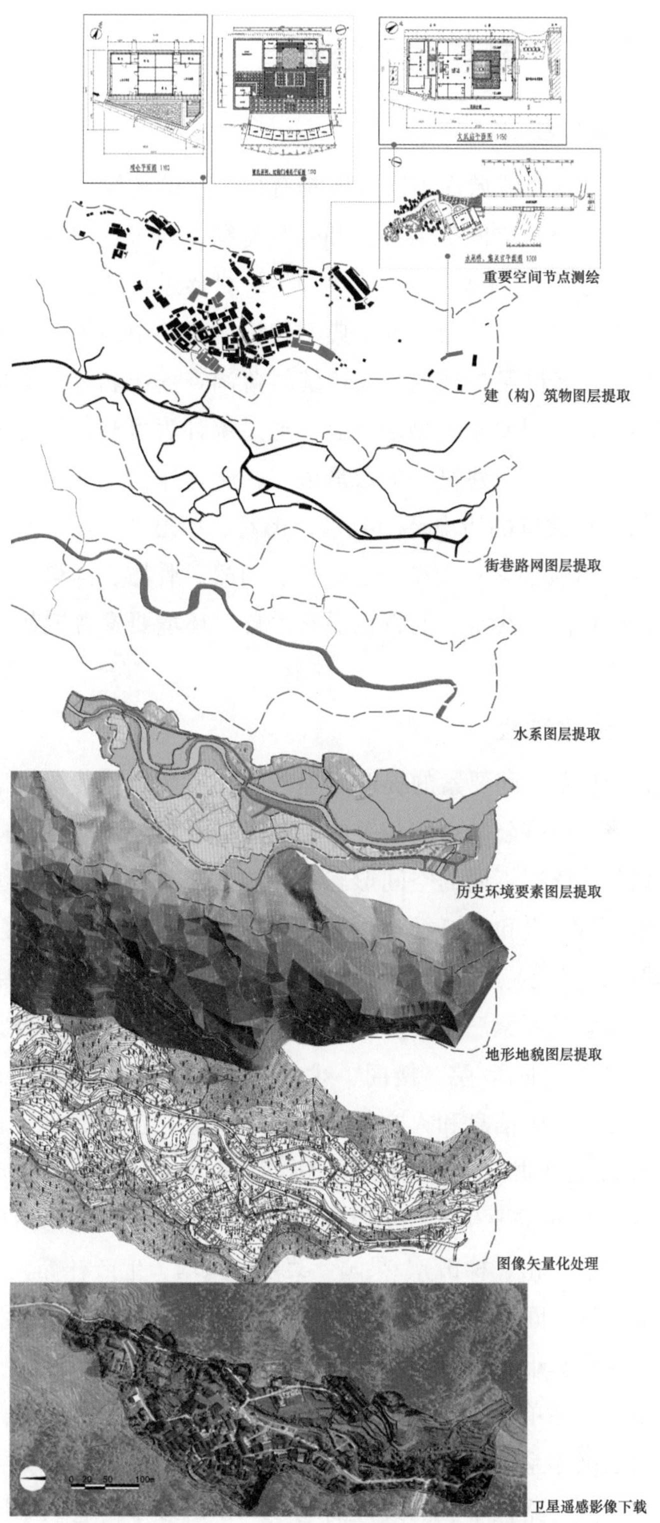


图 4-2　空间要素提取方法以良地村为例

（资料来源：自制）

## 4.3 公共空间语汇要素系统结构

### 4.3.1 要素类型统计

通过上述方式选取闽江流域内不同地区具有代表性的传统村落，进一步需要了解不同地域传统村落中的公共空间类型种类和数量特征，通过选取福州市、三明市、南平市以及宁德市四个地区 14 个县市 21 个典型传统村落进行统计。对各类公共空间要素进行实地调研和现场记录，并结合各个典型传统村落的中国传统村落档案、传统村落保护规划、历史文化名村保护规划以及传统村落调查登记表等档案信息，整理形成闽江流域典型村落公共空间要素类型统计表。通过统计表可知，祠堂、宫庙等公共建筑一般为核心空间要素，民居建筑一般数量最多，肌理作为主要的空间限制要素；不同村落具有不同种类和数量的历史环境要素，街巷、岭道、广场、空坪、桥梁、道路等为主要的公共空间承载要素；而亭子、廊桥、门楼、牌坊、沟渠、铺装等其他构筑物和装饰要素为构成村落公共空间的特色要素。自然环境要素普遍作为村落整体公共空间的自然生态基底。

### 4.3.2 系统构建过程

基于上述对典型村落空间要素的提取处理与闽江流域典型传统村落空间要素类型统计，需要进一步将与村落公共空间相关的要素进行系统处理。在横向维度上依据空间要素类型进行划分，依据不同的空间形态和功能性质对公共空间类型进行划分。空间要素单元主要由自然要素和人工要素构成，自然要素包括山体（丘陵、盆地）、水体（河流、溪流、湖泊、湿地）、植被（林地、草甸）等，人工要素主要为建（构）筑物、历史环境要素和生产要素三大类。其中，建（构）筑物主要为公共建筑，包括祠堂、亭子、宫庙、粮仓、书斋/院、楼阁、戏台、廊桥和塔等。历史环境要素为除建（构）筑物以外的具有历史信息和人文价值的人工要素，包括旗杆、牌坊/楼、墙体、铺装、水渠、水塘/池、水井、驳岸、码头、桥梁和古树名木等。而生产要素主要是维持村民生存和村落运行的重要生产要素，在特定时间作为村民重要的公共聚集场所，主要包括农田（水田、旱田、梯田）、果园、菜圃、鱼塘、生产林等。

在纵向维度上依据空间形成过程机理，根据传统村落不同空间层级和空间组合复杂程度，由简单空间嵌套组合转变为复合空间的空间组合方式，即“空间要素单元—空间组合单元—空间秩序单元”，对应语汇指涉的范围“语素—词组—固定短语”。在传统村落公共空间层级体系中具体表现为单体公共建筑、点状的公共空间节点、多个空间要素形成组合空间、路径串联的线性街巷空间，由多条街巷以不同交织形式形成村落骨架和肌理。基于公共空间要素系统层级和要素类型划分，进而提取传统村落中典型公共空间语汇要素图谱，具体分析不同要素的空间形态特征和组合方式（图 4-3）。

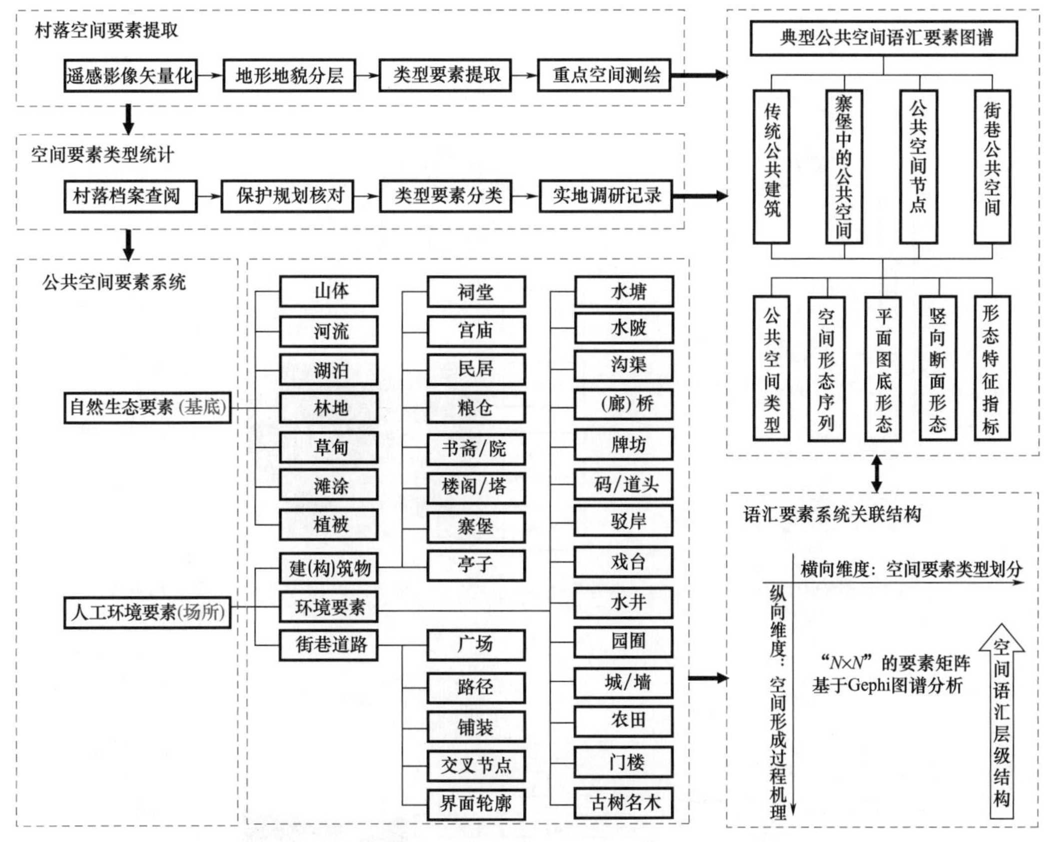


图 4-3　公共空间语汇要素系统构建方法路线图

（资料来源：自绘）

## 4.4　典型公共空间语汇要素图谱

传统村落公共空间若按室内外空间进行类型划分，除了街巷、广场、滨水等室外公共空间，公共建筑与大型集合式民居中的公共空间无疑为重要的组成部分。前者的形式多为空间包围实体建（构）筑物的外部开敞空间，而后者的形式则为实体建（构）筑物围合的内部空间。通过选取和对比闽江流域传统村落中的典型公共空间语汇要素，形成典型公共空间语汇要素图谱。

### 4.4.1　传统公共建筑

闽江流域传统村落中的公共建筑类型主要包括祖厝、家祠、宗祠等祠堂建筑，寺、庙、宫、观等宗教和民间信仰建筑（儒、释、道），书院、书楼、书庄、书斋等不同类型乡土教育性建筑，不同类型的廊桥、茶楼、亭子等休闲娱乐建筑，公共粮仓、磨坊、榨油坊、碓房等公共作坊以及以上多种公共建筑的变体和组合建筑（表4-4）。

**表 4-4　闽江流域典型公共建筑图谱**

| 类型 | 建筑平面 | 建筑剖面 | 公共空间序列 | 空间类型演替 |
| --- | --- | --- | --- | --- |
| 祠堂（家祠/宗祠） | 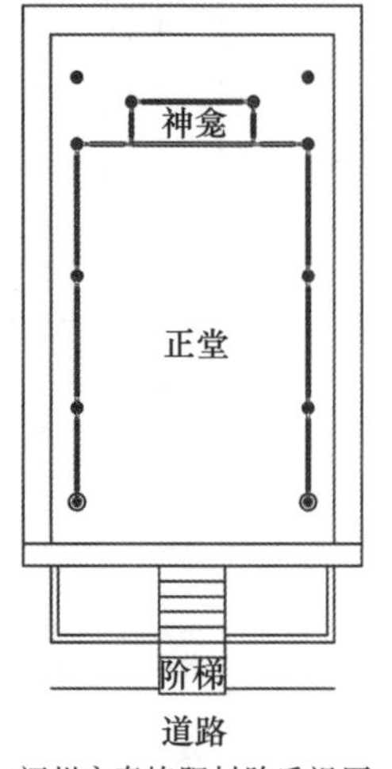  福州永泰椿阳村陈氏祖厝<br>福州永泰椿阳村尧木祖厝<br>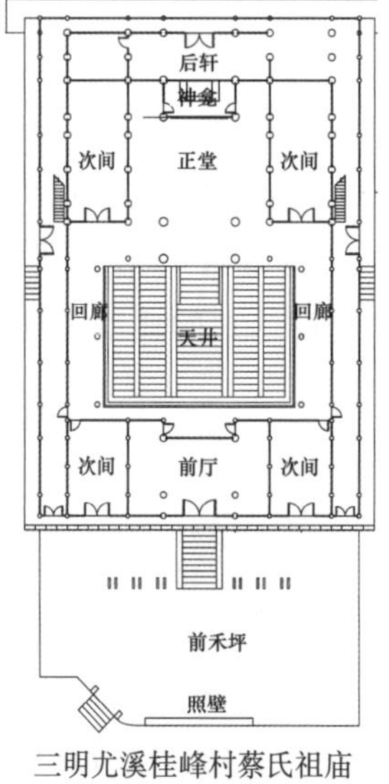  三明尤溪桂峰村蔡氏祖庙 | 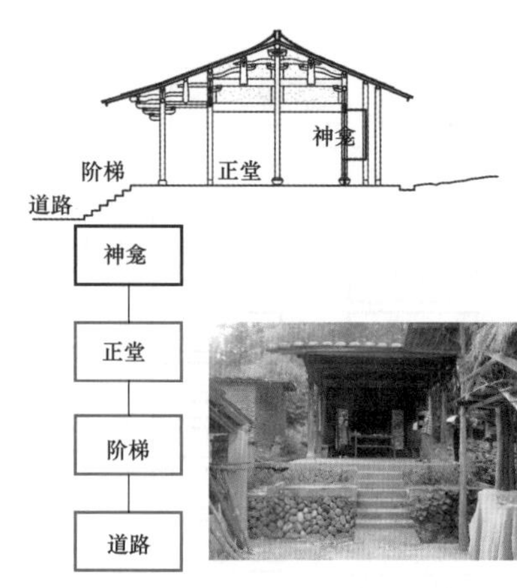 <br>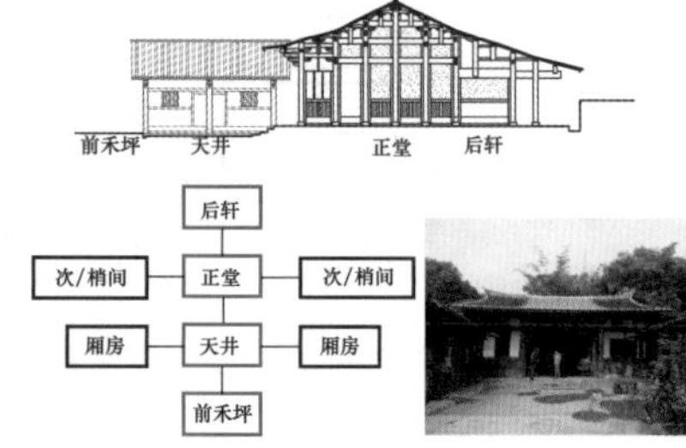 <br>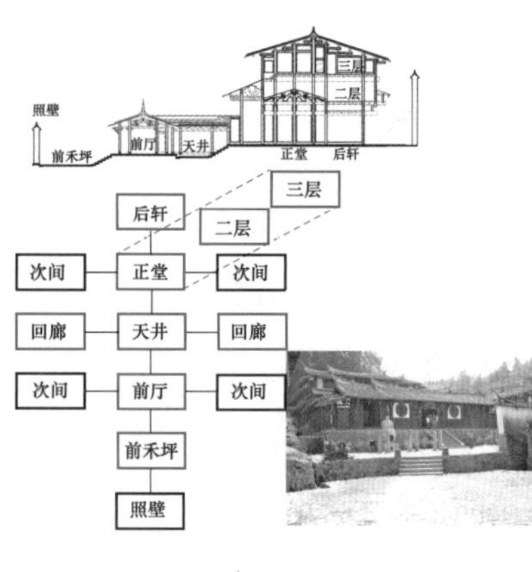  | <br><br> | 家祠和宗祠是以厅堂空间为核心的公共建筑空间。其中，家祠一般祭祀和供奉五服（五代）以内的直系祖先，遵循五服以内为亲、五服以外亲近的原则，家祭范围在家庭亲属内，一般表现为居祠合一的形式。而宗祠则是祭祀本氏族全部祖先、先祖和始祖的公共祭祀场所，一般范围涵盖整个村落以及搬迁村外的同姓氏族，多以祠堂和族长主持祭祖的形式出现。宗祠建筑空间形式一般为一进“仪门”、二进“享堂”、三进“寝”，但在实际调研中一般为单独厅堂空间，或加两侧厢房构成三合院，或一进完整四合院落，或纵向延伸至两进院落单元，或受地形和空间影响平行主轴线横向扩建侧厅，以供“五世则迁”的祖先牌位，抑或与公共粮仓、街道、门楼等形成复合式祠堂空间组合 |

续表

| 类型 | 建筑平面 | 建筑剖面 | 公共空间序列 | 空间类型演替 |
|---|---|---|---|---|

祠堂（家祠/宗祠）

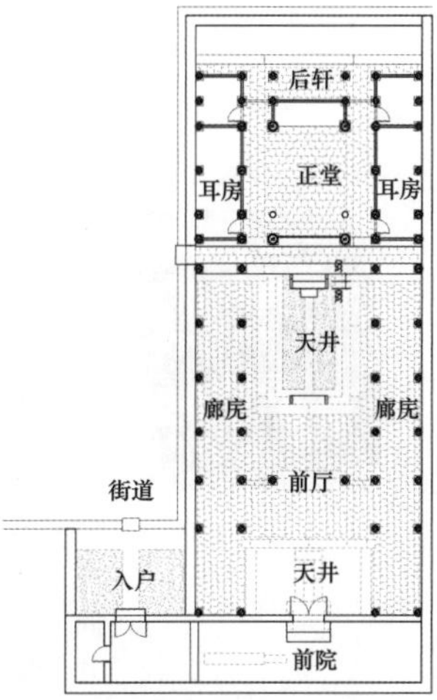
后轩
耳房
正堂
耳房
天井
廊庑
廊庑
街道
前厅
入户
天井
前院

南平武夷山城村赵氏宗祠

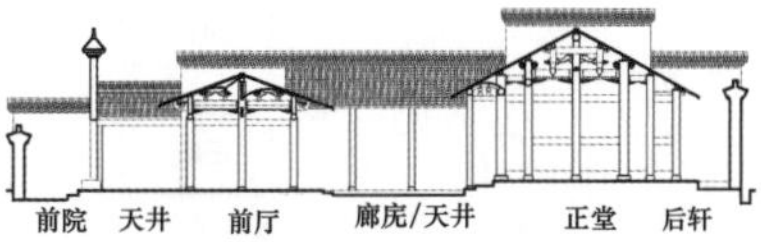
前院
天井
前厅
廊庑/天井
正堂
后轩

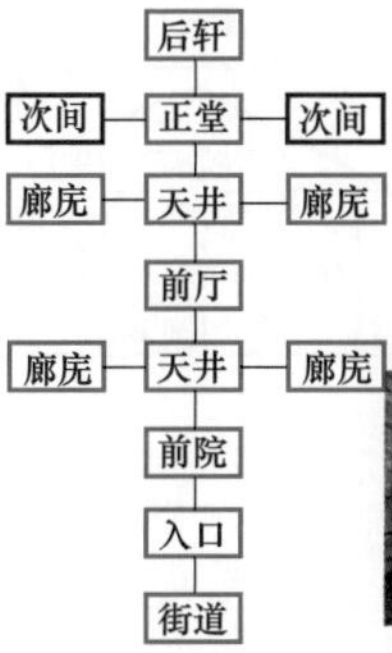
后轩
次间
正堂
次间
廊庑
天井
廊庑
前厅
廊庑
天井
廊庑
前院
入口
街道

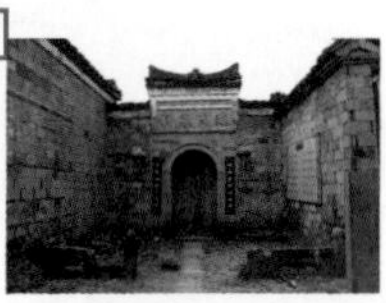

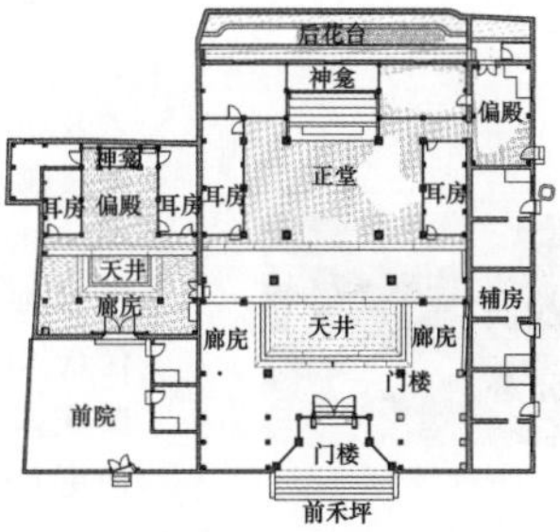
后花台
神龛
偏殿
神龛
耳房
偏殿
耳房
耳房
正堂
耳房
天井
廊庑
辅房
廊庑
天井
廊庑
门楼
前院
门楼
前禾坪

三明宁化小溪村谢氏家庙

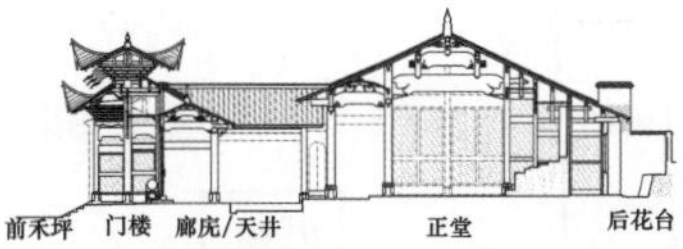
前禾坪
门楼
廊庑/天井
正堂
后花台

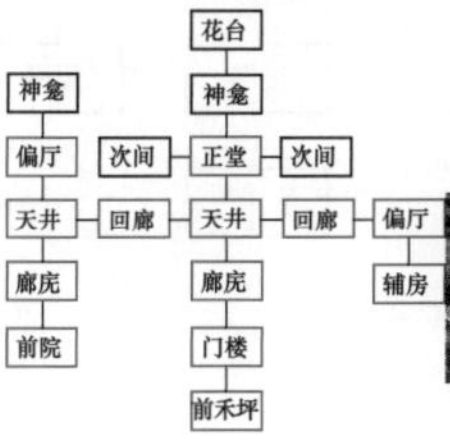
花台
神龛
神龛
偏厅
次间
正堂
次间
天井
回廊
天井
回廊
偏厅
廊庑
廊庑
辅房
前院
门楼
前禾坪

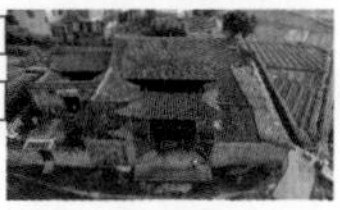

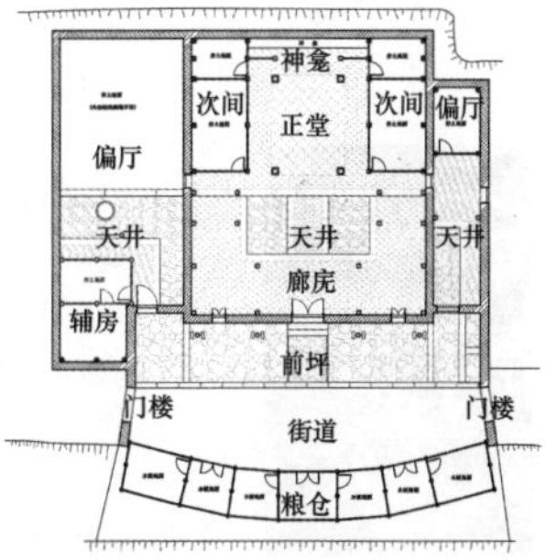
神龛
次间
正堂
次间
偏厅
偏厅
天井
天井
天井
廊庑
辅房
前坪
门楼
街道
门楼
粮仓

三明将乐良地村梁氏宗祠

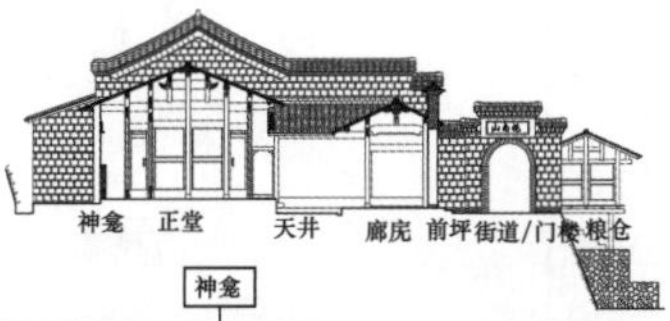
神龛
正堂
天井
廊庑
前坪
街道/门楼
粮仓

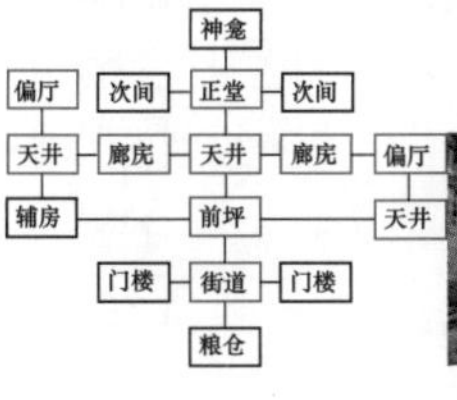
神龛
偏厅
次间
正堂
次间
天井
廊庑
天井
廊庑
偏厅
辅房
前坪
天井
门楼
街道
门楼
粮仓

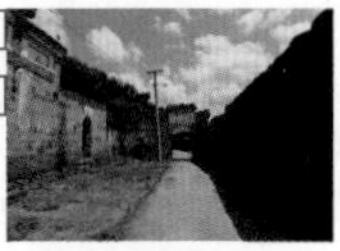

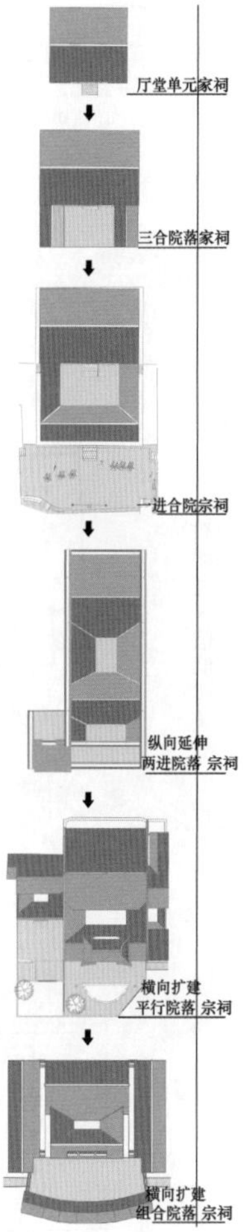
厅堂单元家祠
三合院落家祠
一进合院宗祠
纵向延伸
两进院落 宗祠
横向扩建
平行院落 宗祠
横向扩建
组合院落 宗祠

续表

| 类型 | 建筑平面 | 建筑剖面 | 公共空间序列 | 空间类型演替 |
|---|---|---|---|---|

宗教和民间信仰建筑

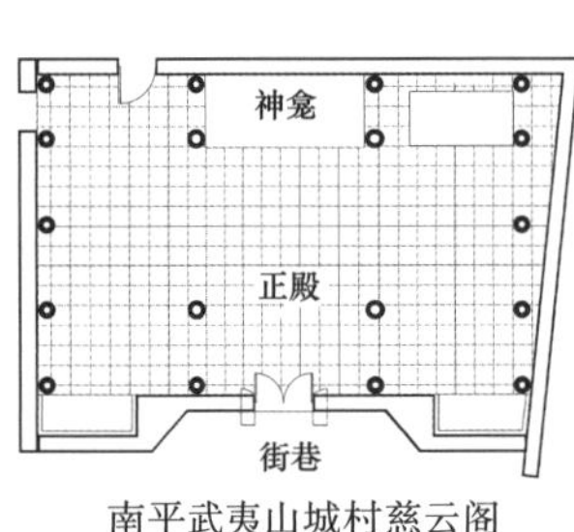

南平武夷山城村慈云阁

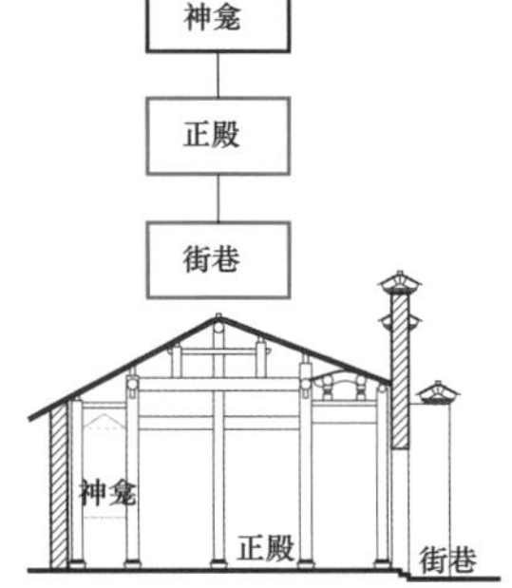

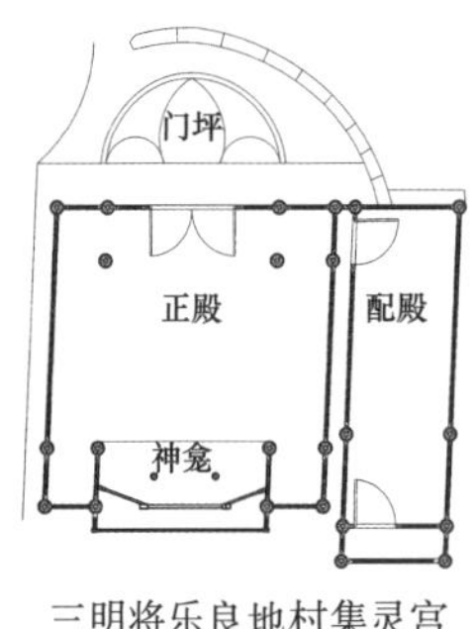

三明将乐良地村集灵宫

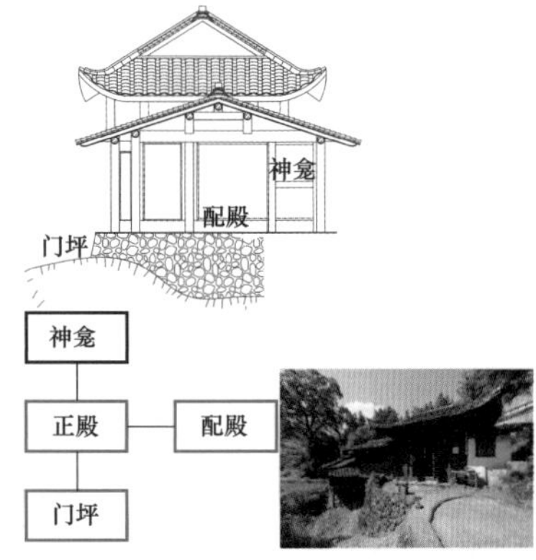


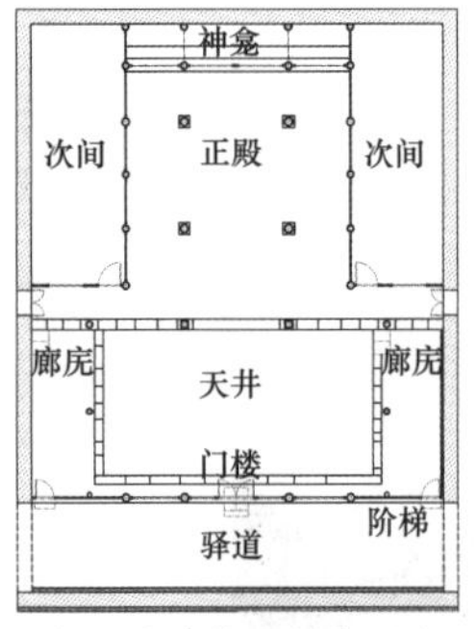

福州永泰蒲边村将军堂

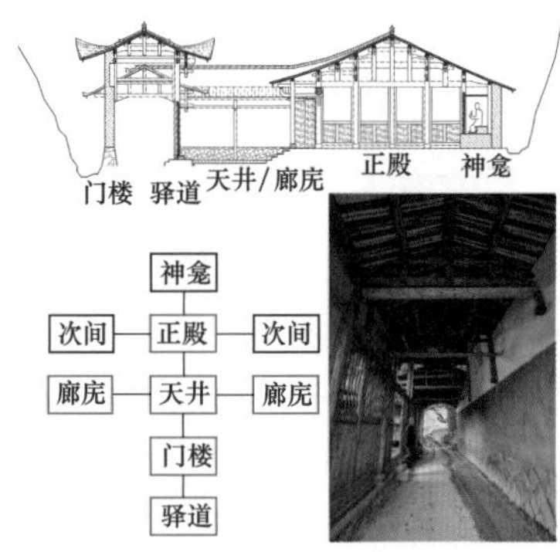


传统村落中一般为泛神论者，各类宗教建筑和民间信仰建筑并存，殿内同时供奉儒、释、道及地方神，多教合一。一般最简单的空间形式只有大殿空间单元，或加一配殿空间。往往一进天井合院单元较为常见，也存在由民居改建作宫庙的情况。在一进院落的基础上，通过在前部设二层戏台空间或在天井加建拜亭抑或大殿为二层楼阁，以增添更多神位供奉空间、信众休闲空间和节庆娱神空间。而更大型的宫庙建筑除了横向两侧增设偏殿以外，通过平行主殿轴线布置配殿、横屋、斋堂、僧舍等其他辅助空间，通过横向回廊进行连接，往往前低后高随地形迭落布局。抑或巧借地形地势，围绕主殿向心散点自由布局，不同阁楼屋宇随上下地形错落有致

续表

| 类型 | 建筑平面 | 建筑剖面 | 公共空间序列 | 空间类型演替 |
| --- | --- | --- | --- | --- |
| 宗教和民间信仰建筑 | 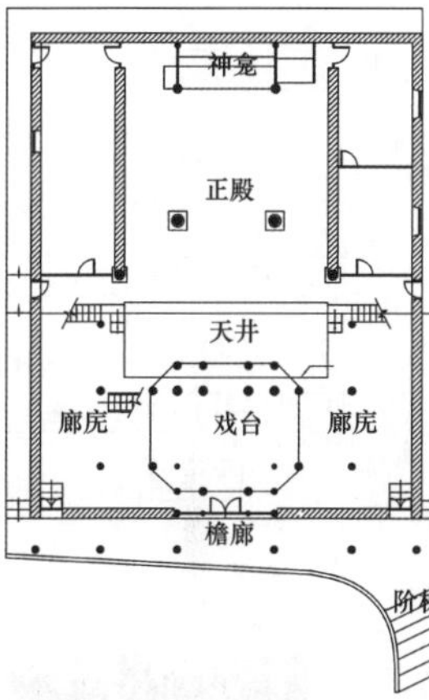 福州永泰蒲边村桃源宫 | 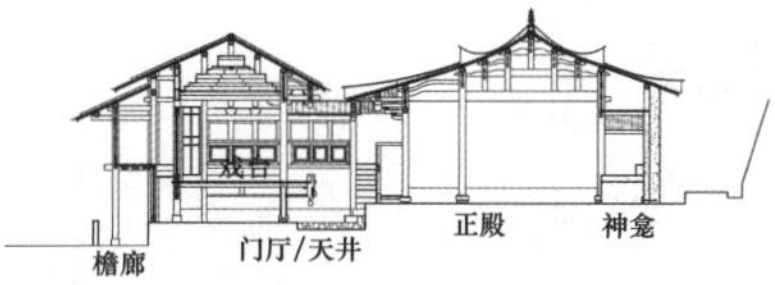 | 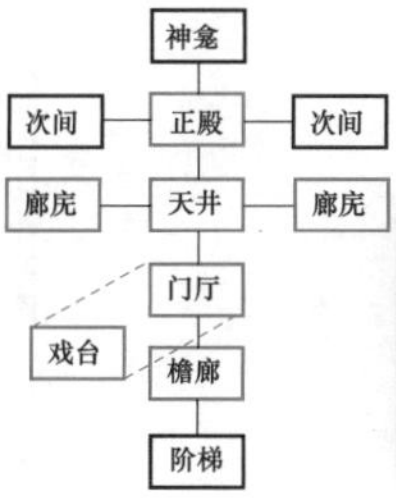  | 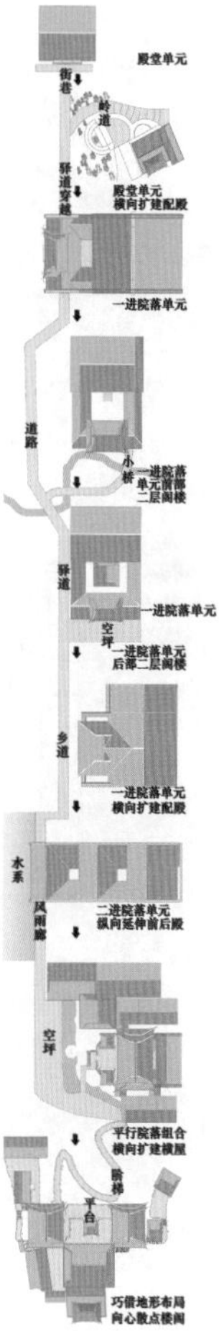 |
| | 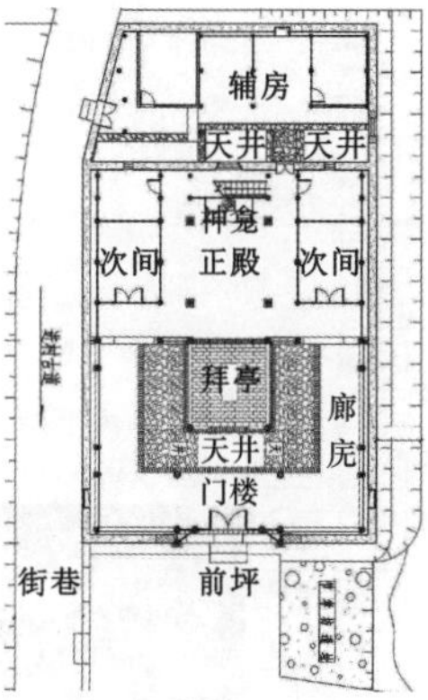 三明将乐良地村文武庙 | 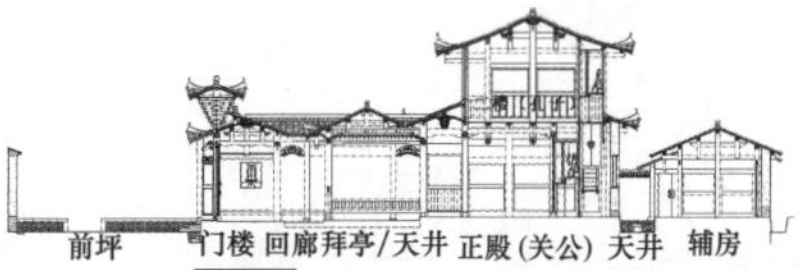 | 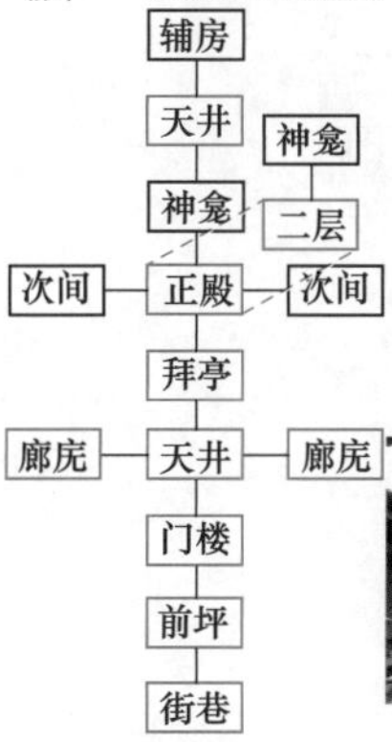  | |
| | 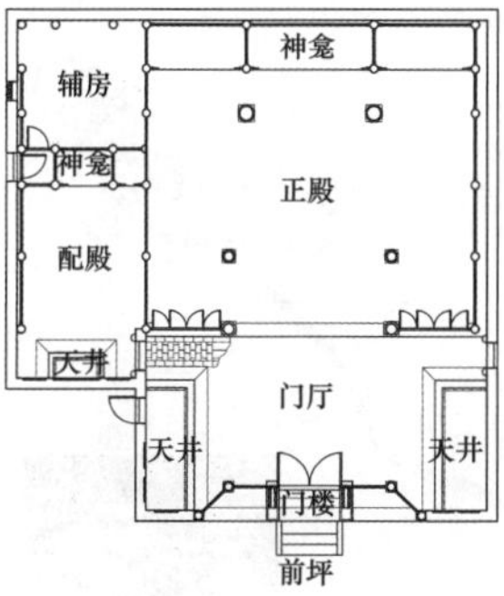 三明宁化下伊村伊公庙 | 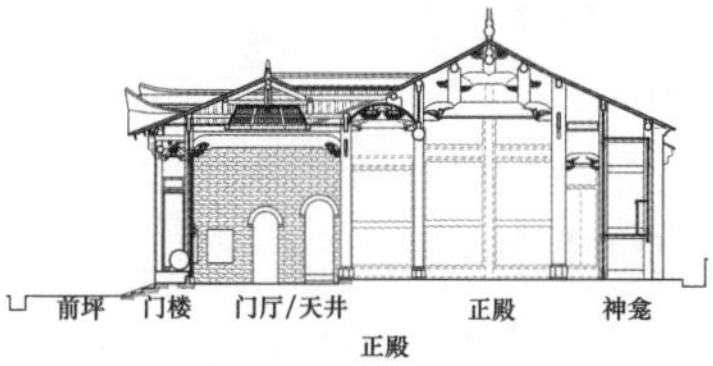 | 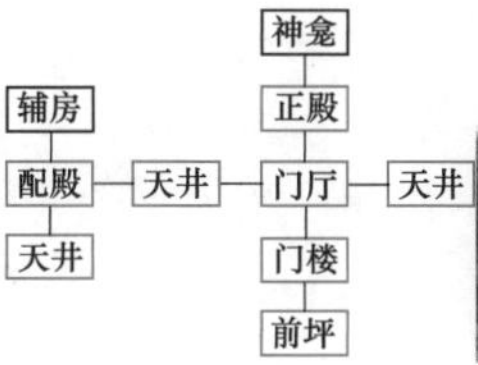  | |

续表

| 类型 | 建筑平面 | 建筑剖面 | 公共空间序列 | 空间类型演替 |
| --- | --- | --- | --- | --- |

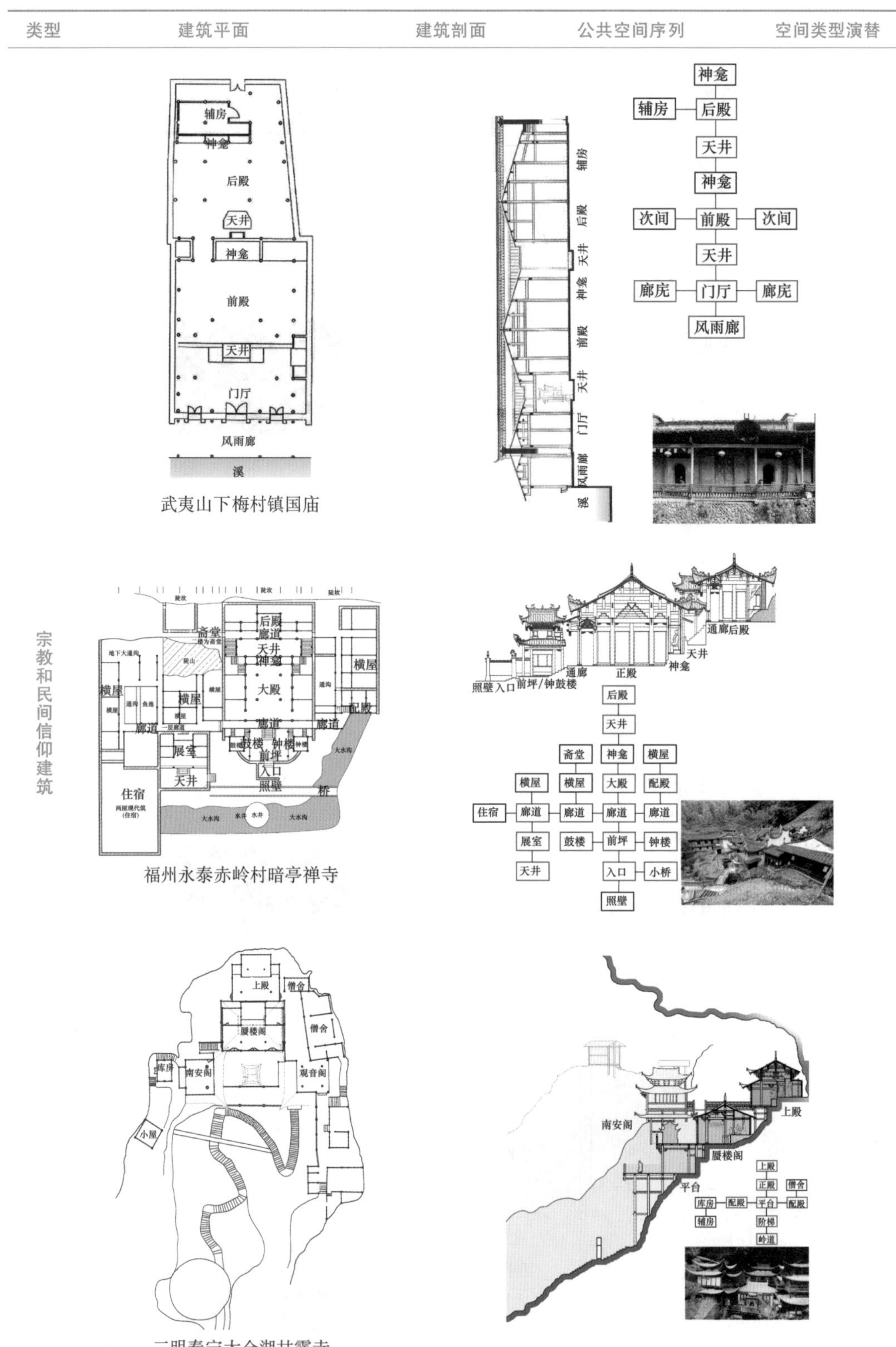

武夷山下梅村镇国庙

福州永泰赤岭村暗亭禅寺

三明泰宁大金湖甘露寺

续表

| 类型 | 建筑平面 | 建筑剖面 | 公共空间序列 | 空间类型演替 |
|---|---|---|---|---|
| 亭子 | 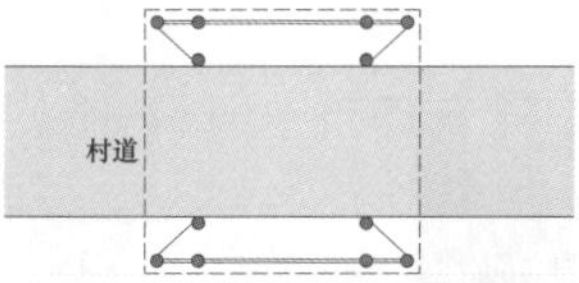<br>路亭，建宁张家山村九县石山下 | 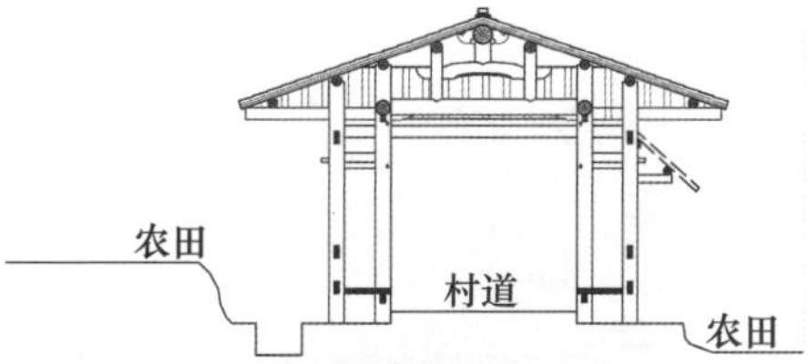<br> | | 传统村落中存在不同类型和结构材料的亭子方便村民劳作及休憩时使用，主要有路亭、驿亭、隘亭、界亭、节孝亭、田亭、街亭等类型，一般路亭、驿亭出现在村道和驿道上方或边上；隘亭、界亭则一般在不同村落交界处和道路隘口；也有结合仪式彰显功能的节孝亭；而田亭一般在农田周边供农耕劳作休息。不同造型的街亭则出现在村落街道“T”字形交叉口和“十”字形交叉口处，除了发挥为村中居民休闲聚集和观景监察的功能，部分还会与宗教或民间信仰功能结合，起禳灾祈福的作用 |
| | 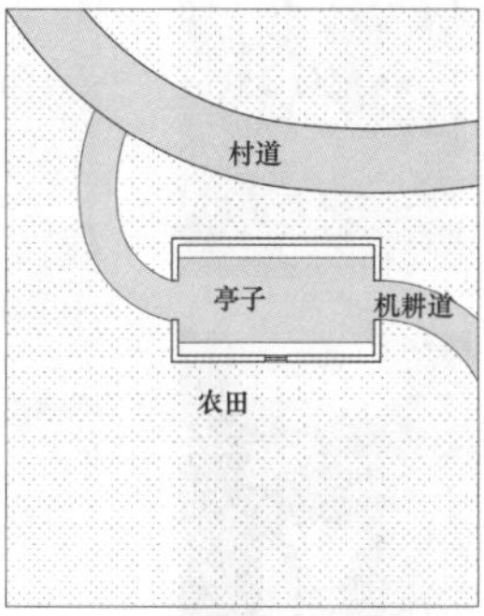<br>田亭，建宁某村 | 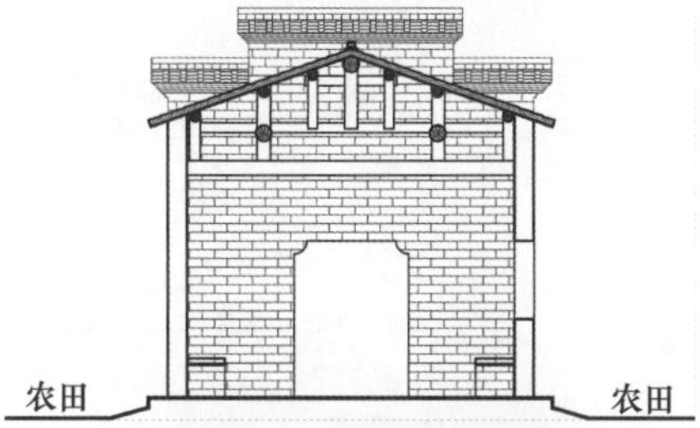<br> | | |
| | 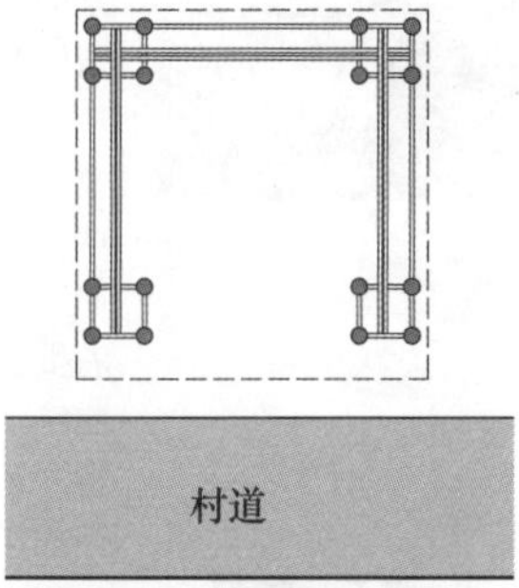<br>路亭，建宁伊家乡兰溪村 | 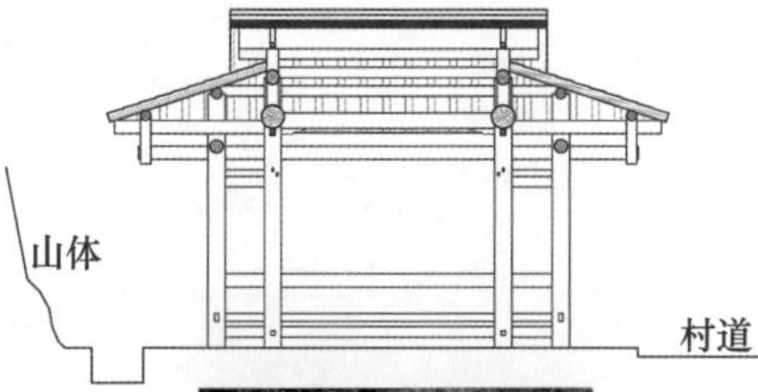<br> | | |

续表

| 类型 | 建筑平面 | 建筑剖面 | 公共空间序列 | 空间类型演替 |
| --- | --- | --- | --- | --- |
| 亭子 | <br>“T字口”街亭，南平武夷山城村 | | |  |
| | <br>“T字口”巷道亭，三明泰宁 |  | | |
| | <br>“十字口”巷亭，南平武夷山城村 |  | | |
| 桥/廊桥 | 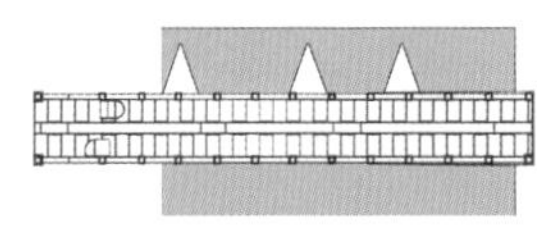<br>石板桥，三明三元区忠山村<br>（资料来源：立面和平面根据《忠山村保护规划》测绘图改绘） | 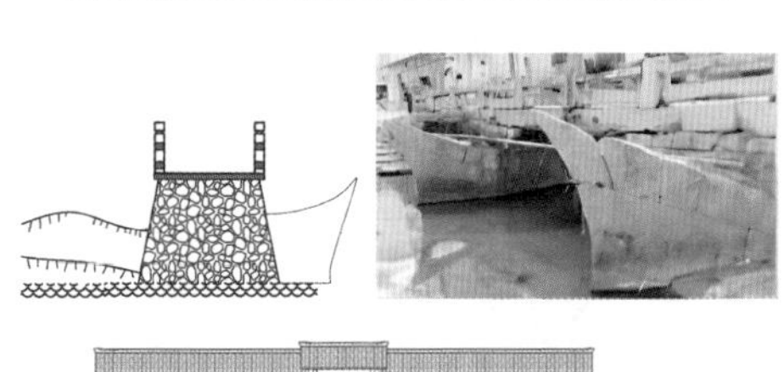 | | 传统村落中存在不同材质工艺和不同形态的各色桥梁，其中最特别的属廊桥，一般位于村落水尾，取“锁水口”的寓意，也是村落中重要的休闲空间。主要形式有石拱廊桥、木拱廊桥、悬臂木廊桥三种形式，桥中部往往设神龛位，或一端与民间信仰建筑结合，也作为重要的仪式空间 |
| | 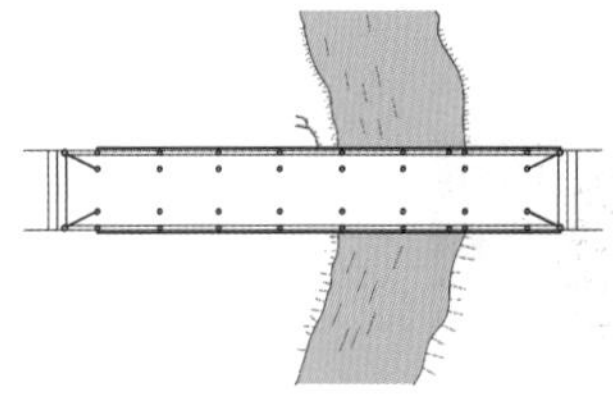<br>石拱木廊桥，三明明溪御帘村<br>（资料来源：立面和剖面根据《御帘村保护规划》测绘图改绘） | 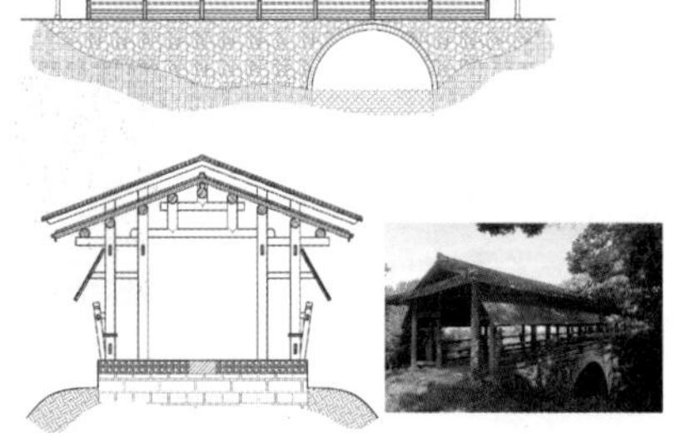 | | |

续表

| 类型 | 建筑平面 | 建筑剖面 | 公共空间序列 | 空间类型演替 |
|---|---|---|---|---|
| 桥/廊桥 | 悬臂木廊桥，三明将乐良地村 | | | |
| 茶楼 | 三明尤溪桂峰村茶楼 | | | 闽江地区盛产茶叶，饮茶文化历史悠远，不仅保留有茶叶经营路线，在传统村落中偶尔保留有茶楼类建筑，作为村落居民重要的公共休闲场所 |
| 商铺 | 南平武夷山城村商铺 | | | 较大规模的传统村落中主要街道两侧可能存在商铺，一般为前店后舍或上舍下铺的空间功能布局，为村落提供商业性公共服务 |

续表

| 类型 | 建筑平面 | 建筑剖面 | 公共空间序列 | 空间类型演替 |
|---|---|---|---|---|

书院

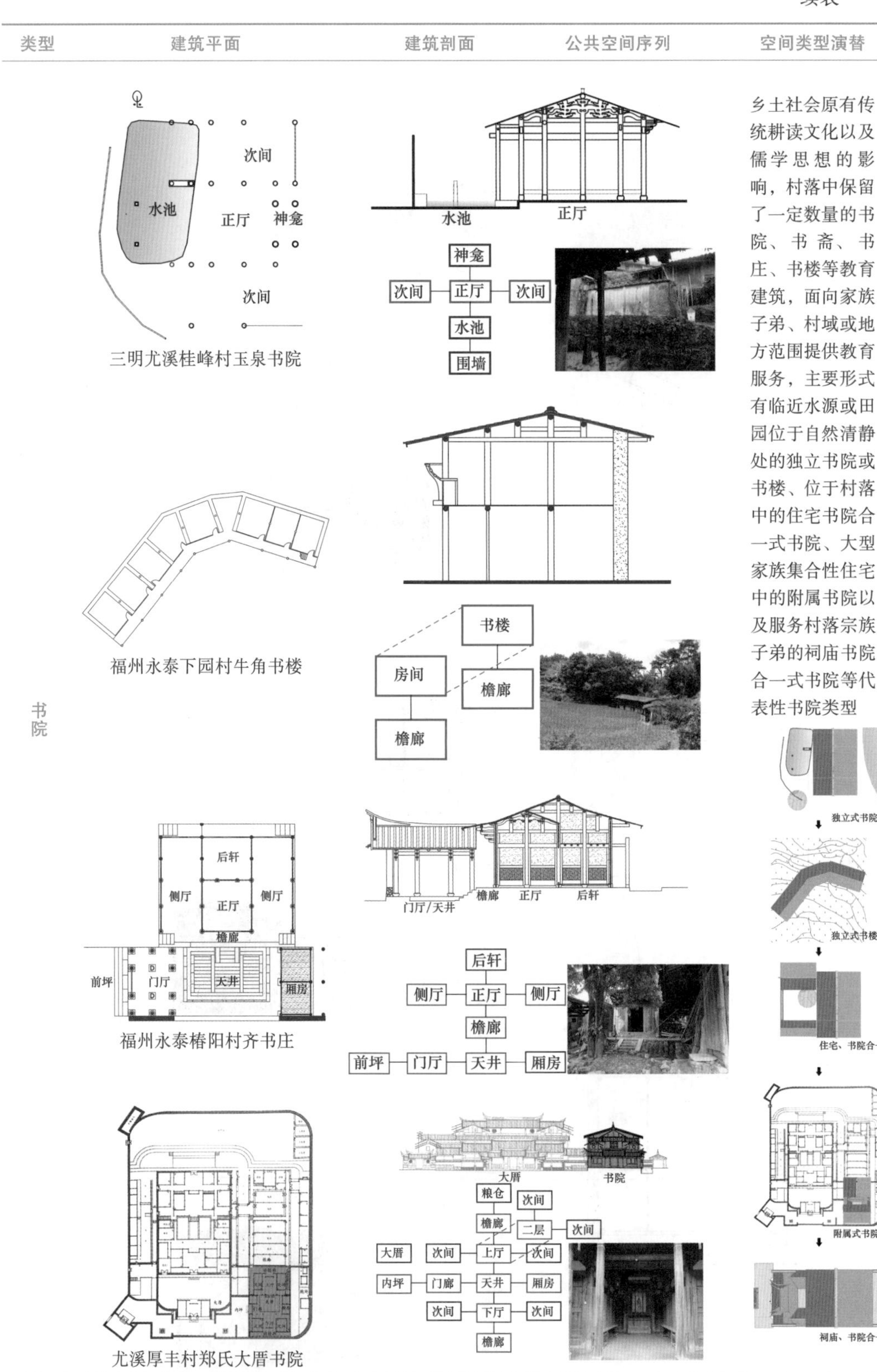


乡土社会原有传统耕读文化以及儒学思想的影响，村落中保留了一定数量的书院、书斋、书庄、书楼等教育建筑，面向家族子弟、村域或地方范围提供教育服务，主要形式有临近水源或田园位于自然清静处的独立书院或书楼、位于村落中的住宅书院合一式书院、大型家族集合性住宅中的附属书院以及服务村落宗族子弟的祠庙书院合一式书院等代表性书院类型

续表

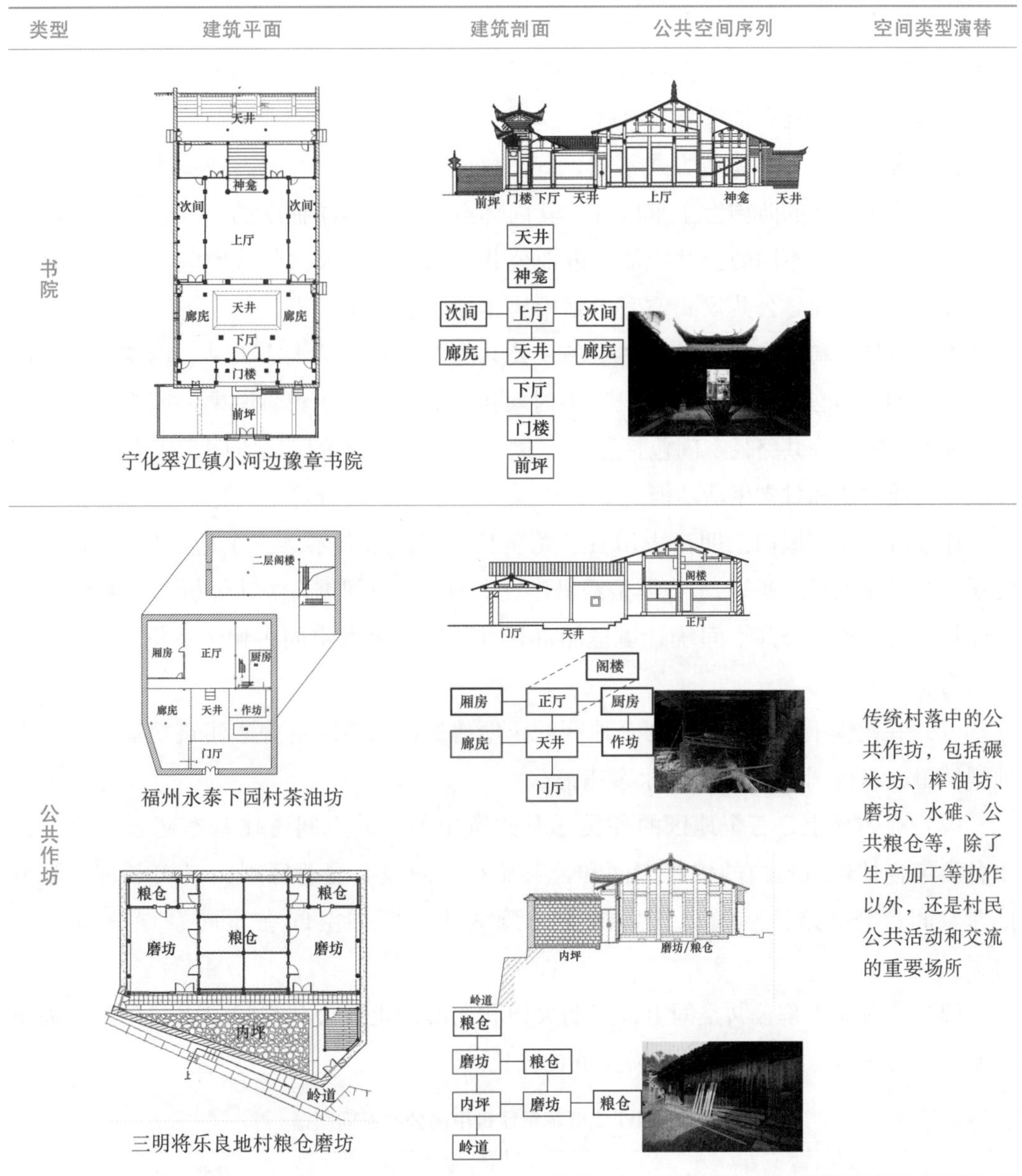

| 类型 | 建筑平面 | 建筑剖面 | 公共空间序列 | 空间类型演替 |
| --- | --- | --- | --- | --- |
| 书院 | 宁化翠江镇小河边豫章书院 | | | |
| 公共作坊 | 福州永泰下园村茶油坊<br>三明将乐良地村粮仓磨坊 | | | 传统村落中的公共作坊，包括碾米坊、榨油坊、磨坊、水碓、公共粮仓等，除了生产加工等协作以外，还是村民公共活动和交流的重要场所 |

注：公共空间序列中，红色框标注空间为公共空间。
资料来源：自摄、自制。

## 4.4.2　寨堡中的公共空间

以闽江流域三明大田、尤溪的土堡以及福州永泰、闽清和闽侯等地区的庄寨、大厝等大型集合式、防御性乡土建筑为典型代表。寨堡中的公共空间，其公共属性主要通过以下三种情况建立：一是地缘契约合作，通过签订契约以公共集资、劳力输出、集体防御等方式，基于地缘关系共同建造大型防御性乡土建筑。永泰珠峰下寨《乾隆十二年珠峰谢众立合约书》可证，兹录文如下："立合约，珠峰谢众……今欲有凭，立合约一纸付十八股之人收照。”；二是血缘氏族共建，以同姓氏家族成员为单位，建造大型集合性乡土建筑，经过人口代际增长和产权分散成为家族祖屋和公产；三是公权力把制，通过政府公权力，在不同时期临时性征用大型民居作为国家粮库、村办公场地、集体住宅、公社食堂等公共用途。

各类寨堡由于出资建造方式不同，其产权或归属于整个村落，或一个氏族，或一个家族，除了外部的防御性工事以外，其内部空间具有不同程度的公共性，在不同时期承担了乡村社会不同的公共职能。内部公共空间主要为公共仪式空间、公共庭院空间和公共路径空间。公共仪式空间包括中座正厅、后座正厅以及侧厅等厅堂空间，主要承担祭祖仪式和公共议事等公共事务。公共庭院空间包括大小天井、内院、花台以及“大通沟”等公共空间，主要具有临时聚集、通风采光、粮食晾晒、园圃种植、雨污排放等功能。公共路径空间包括连廊、过水亭、跑马道等路径空间，主要承载防御流线等交通功能和日常生活功能。

通过对闽江流域内三明市大田县、尤溪县和福州市永泰县三个地区的大田土堡、尤溪土堡以及永泰庄寨等21座典型寨堡建筑中的公共空间进行统计分析（表4-5），通过建筑规模与各类公共空间统计雷达图（图4-4）和公共空间占比关系图（图4-5），可以明显发现：

（1）在规模上，相比三明两个地区的土堡建筑，永泰庄寨普遍建筑规模较大，占地规模超过3000平方米的都为永泰庄寨；

（2）在占比上，三个地区的各类堡寨建筑中的公共空间占比基本超过一半，其中各类集合性建筑室内的仪式空间和公共路径空间没有显著区别，仪式空间主要为厅堂空间，公共路径空间以连廊或跑马廊为主，两类空间在不同寨堡建筑中均可见；

（3）在建筑外部公共空间上，三明大田和尤溪的土堡公共空间占比明显大于福州永泰地区的庄寨，尤其是公共庭院空间的占比。

**表4-5　闽江流域寨堡建筑中的公共空间图谱**

| 三明大田土堡 | 三明尤溪土堡 | 福州永泰庄寨 |
| --- | --- | --- |
| 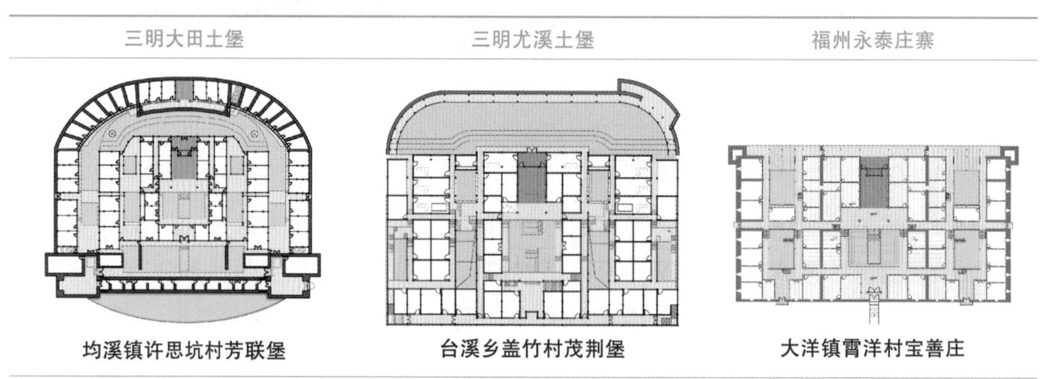 | | |
| 均溪镇许思坑村芳联堡 | 台溪乡盖竹村茂荆堡 | 大洋镇霄洋村宝善庄 |

续表

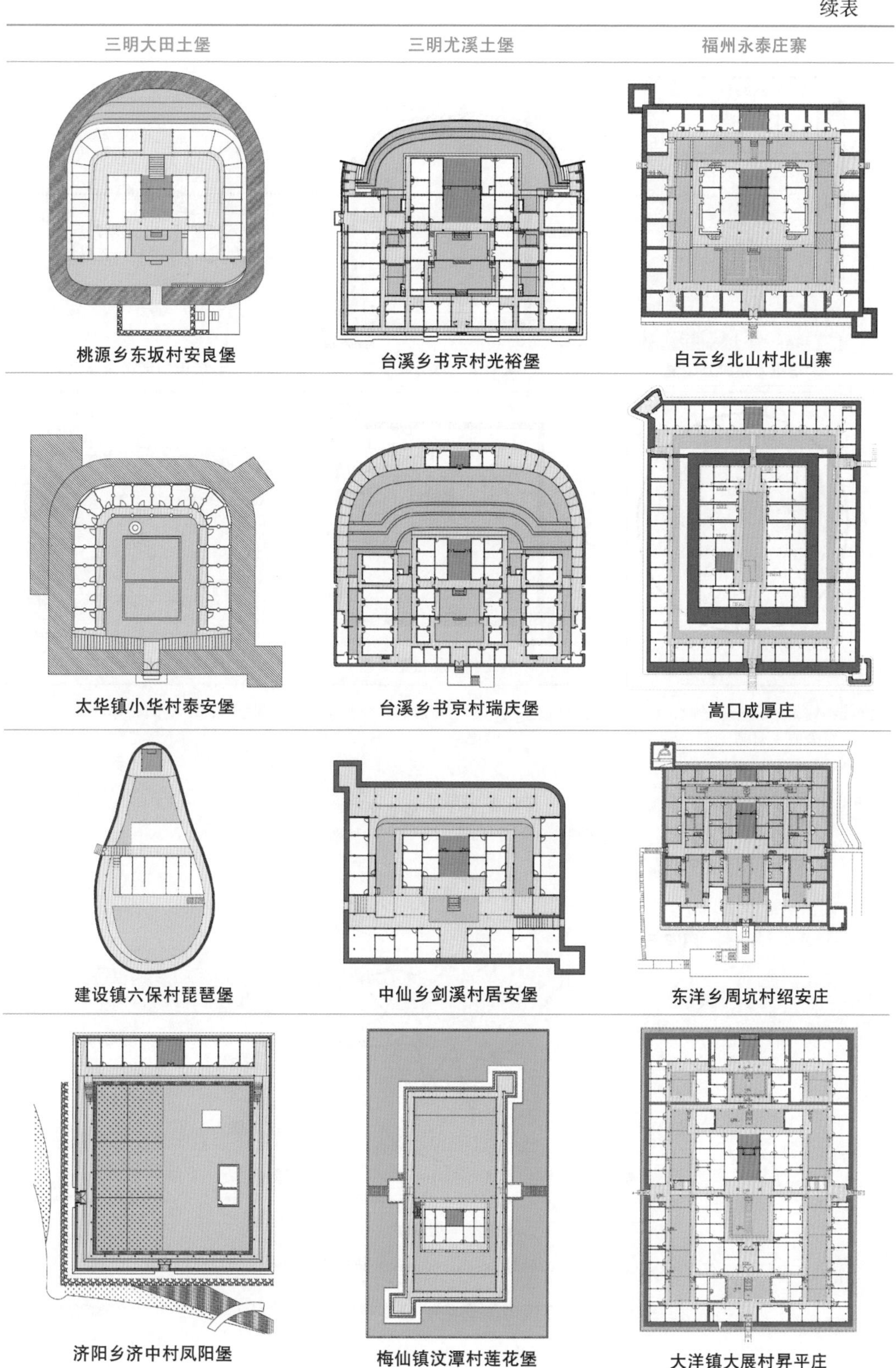

| 三明大田土堡 | 三明尤溪土堡 | 福州永泰庄寨 |
|---|---|---|
| 桃源乡东坂村安良堡 | 台溪乡书京村光裕堡 | 白云乡北山村北山寨 |
| 太华镇小华村泰安堡 | 台溪乡书京村瑞庆堡 | 嵩口成厚庄 |
| 建设镇六保村琵琶堡 | 中仙乡剑溪村居安堡 | 东洋乡周坑村绍安庄 |
| 济阳乡济中村凤阳堡 | 梅仙镇汶潭村莲花堡 | 大洋镇大展村昇平庄 |

续表

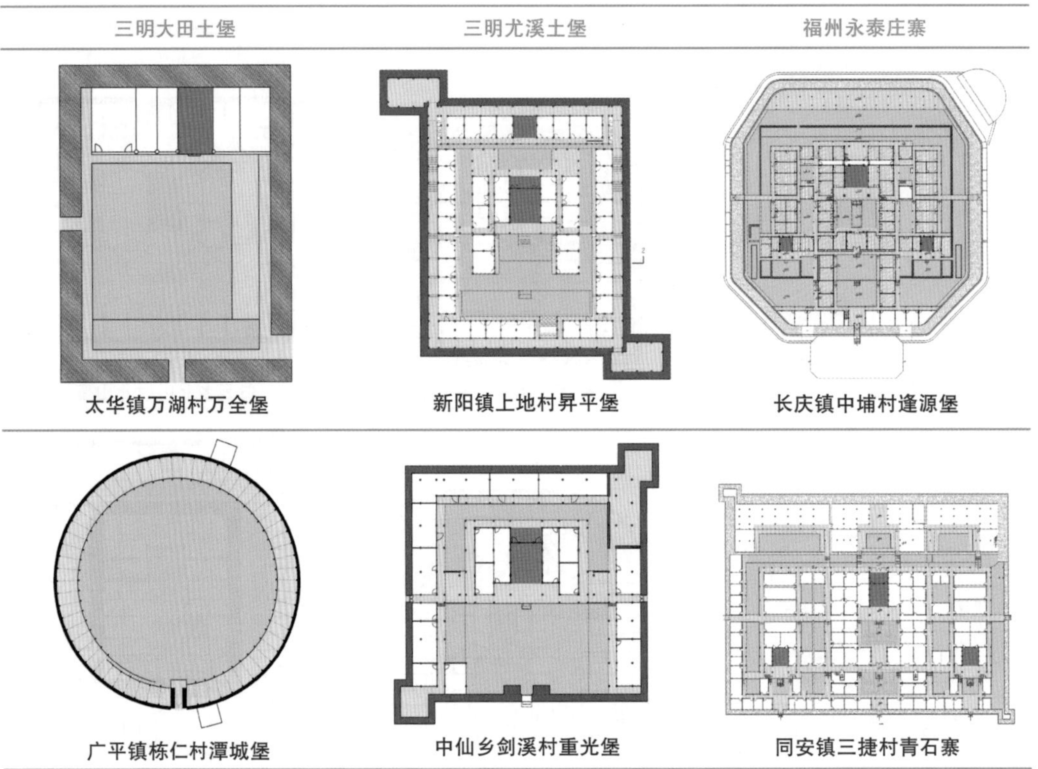

| 三明大田土堡 | 三明尤溪土堡 | 福州永泰庄寨 |
| --- | --- | --- |
| 太华镇万湖村万全堡 | 新阳镇上地村昇平堡 | 长庆镇中埔村逢源堡 |
| 广平镇栋仁村潭城堡 | 中仙乡剑溪村重光堡 | 同安镇三捷村青石寨 |

注：均为建筑一层平面，红色为公共仪式空间，绿色为公共庭院空间，黄色为公共路径空间。
资料来源：自制。

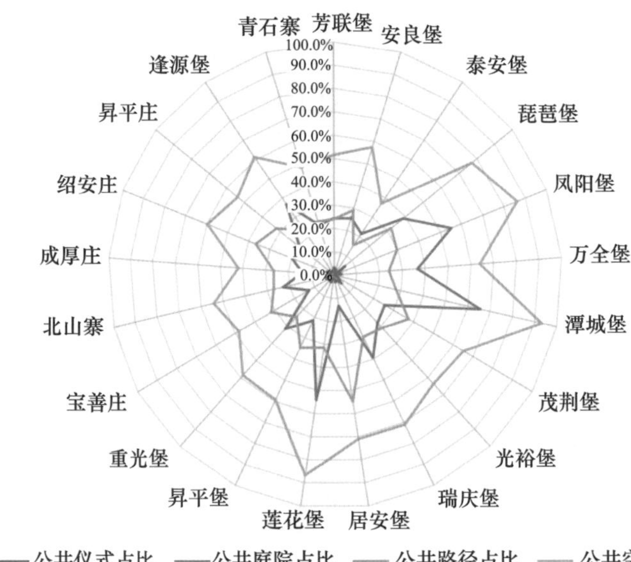


图 4-4　闽江流域寨堡中的公共空间占比雷达图

（资料来源：自绘）

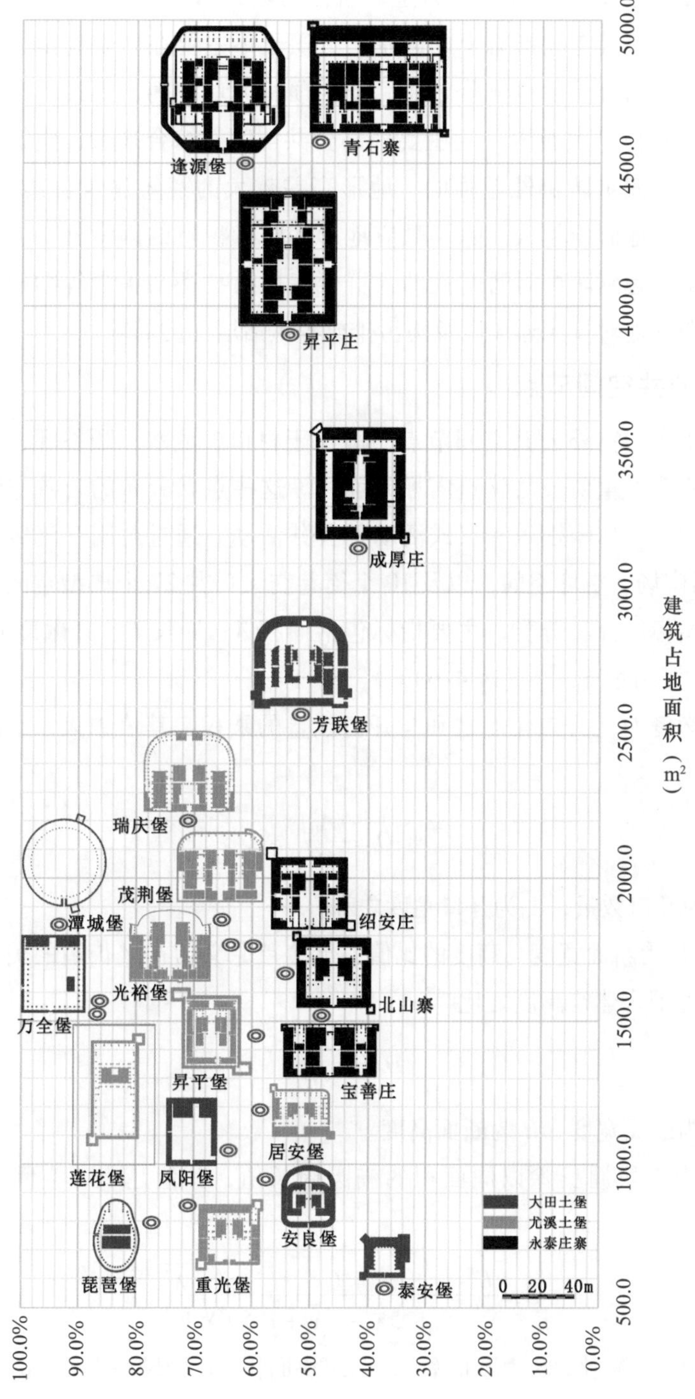


图 4-5　寨堡建筑规模与公共空间占比关系图

（资料来源：自绘）

关键原因在于土堡以防御功能为主、居住为辅，而庄寨以居住为主、防御为辅。功能上的侧重，导致其空间形态上的区别。大田土堡主要在内院预留大空坪，尤溪土堡除了内空坪外还结合前后地势落差在后花台预留大量空间，永泰庄寨主要以较为均质分布的生活天井和“大通沟”为主要外部公共空间。综合来看，建筑营造主体越多元、产权越公共，偏重防御性越强的、地形高差越大的寨堡建筑公共空间占比越大，集中的公共空间场地面积越大。除了顺应地形和防御视野的因素外，前两者预留大量内部空坪主要是考虑到防御时暂时性的人群聚集以及牲畜与粮食等物资的存放，而后者则主要是长期性地对日照通风以及雨污排放等生活居住的需求。

### 4.4.3 公共空间节点

在传统村落中，室外公共空间节点一般位于村口、滨水、晒谷坪、主要街巷交叉点以及宗祠、宫庙等重要公共建筑内坪或前坪。这些点状分布的公共空间在村落中主要承担着公共集会、休闲娱乐和仪式活动等公共活动。通过对闽江流域山地型和平地型的17个包括广场、空坪空间，以及10个街巷交叉口共27个典型空间的平面和断面进行形态特征指标统计和分类，主要指标包括面积 $A$、周长 $C$、开敞度 $O$、宽高比 $D/H$、形状率 $S$ 和平滑度 $S_t$[107]（表4-6）。

其中，开敞度 $O$ 为开口角度之和与开口数量的乘积，其值越大，空间平面视野越开阔：

$$O = \frac{nA_0}{360} \tag{4-10}$$

式中，$n$ 为开口数量，$A_0$为开口角度之和。

宽高比 $D/H$ 为断面宽度与高度的比值，借鉴芦原义信在《街道的美学》中提出的街道宽度与所处围合建筑高度之比[108]。

$$D/H = \frac{D}{H} \tag{4-11}$$

式中，$D$ 为断面宽度，$H$ 为断面高度。

形状率 $S$ 为斑块周长除以同面积的椭圆周长值，其值越大，空间平面形态越不规则：

$$S = \frac{C}{C'} = \frac{C}{(1.5\lambda - \sqrt{\lambda} + 1.5)}\sqrt{\frac{\lambda}{\pi A}} \tag{4-12}$$

式中，$\lambda$ 为长短轴比，$S$ 为形状率，$A$ 为斑块面积，$C$ 为斑块周长，$C'$为椭圆形周长。

平滑度 $S_t$ 为周长和面积的比值，平滑度是对平面形态指标的细化，值越大空间平面形态越不规则，尤其是边界形态越粗糙：

$$S_t = \frac{C}{A} \tag{4-13}$$

式中，$A$ 为斑块面积，$C$ 为斑块周长。

表 4-6 闽江流域典型广场节点公共空间图谱

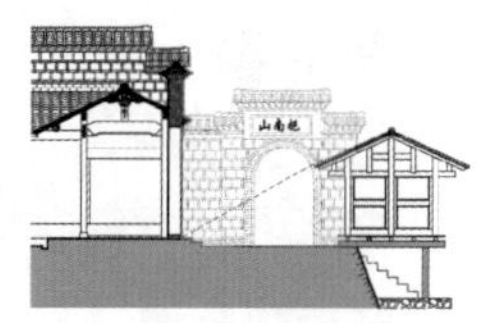
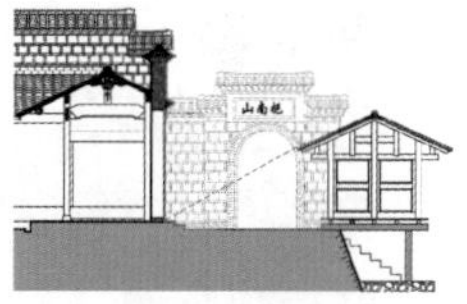

1 三明将乐良地村梁氏宗祠内坪

2 三明将乐良地村文武庙前坪

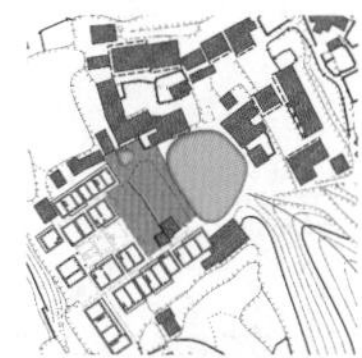
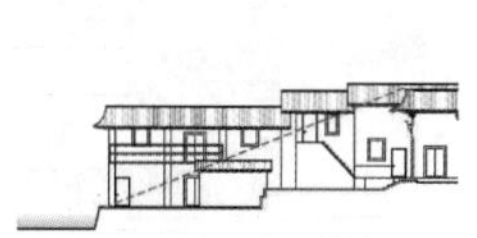

3 福州永泰长坑村沈氏宗祠空坪

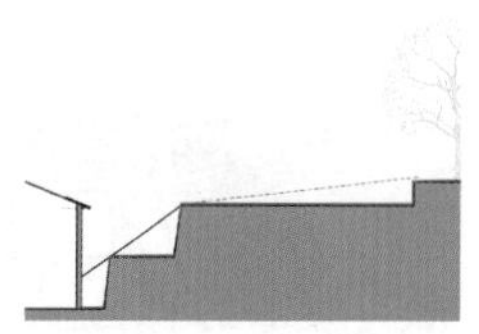
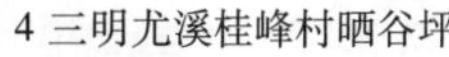

4 三明尤溪桂峰村晒谷坪

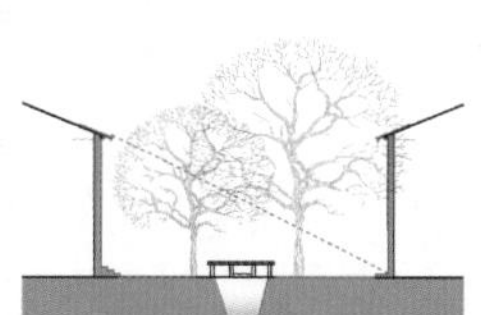
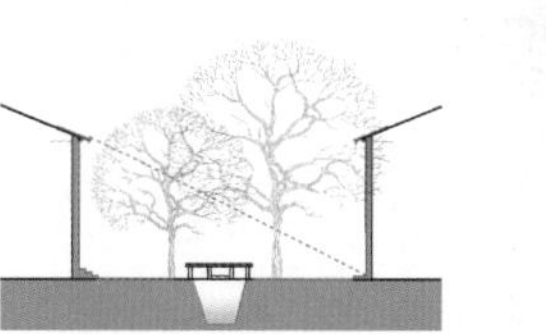
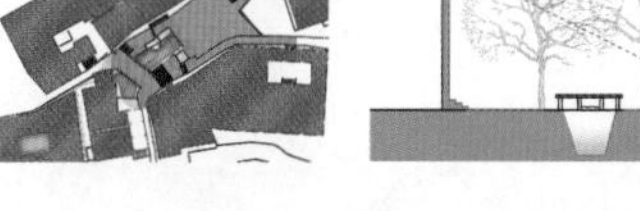

5 三明尤溪桂峰村石印桥广场

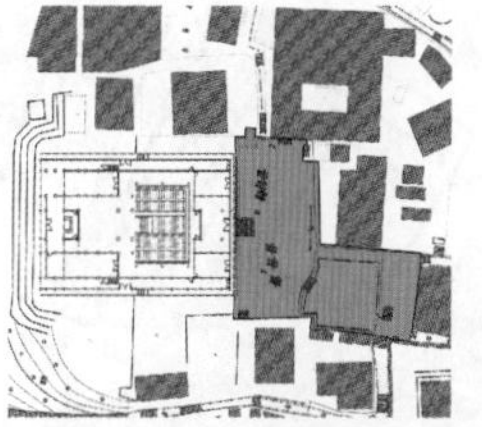
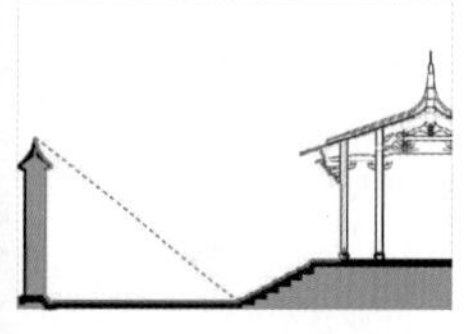

6 三明尤溪桂峰村蔡氏祖庙前坪

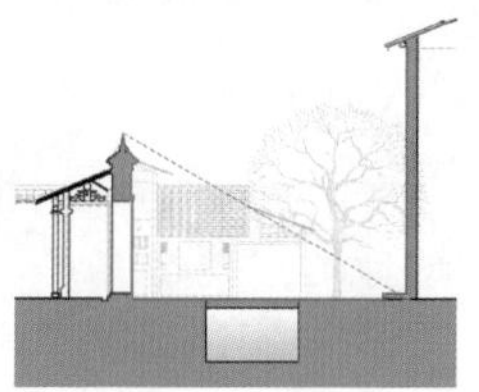
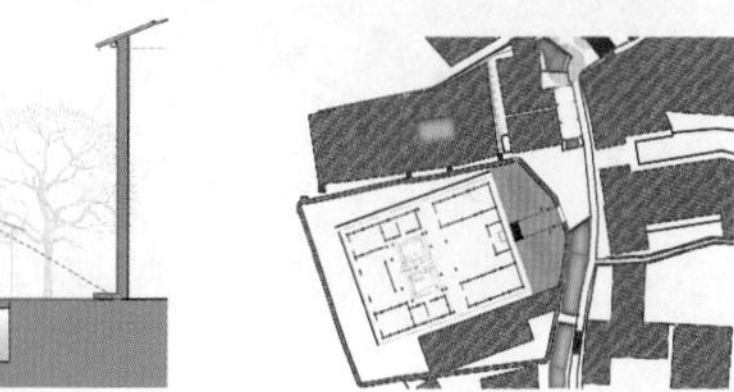

7 三明尤溪桂峰村蔡氏宗祠前坪

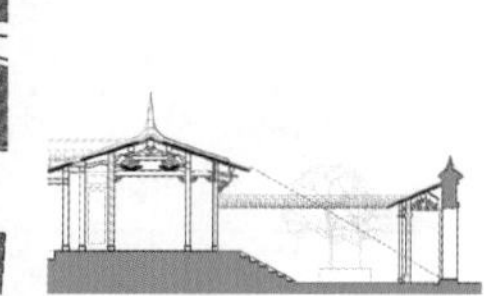

8 三明尤溪桂峰村蔡氏宗祠内坪

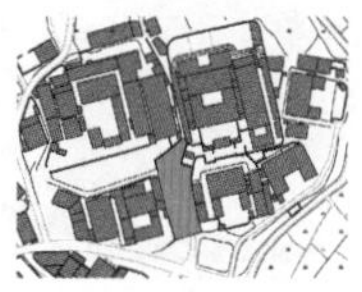
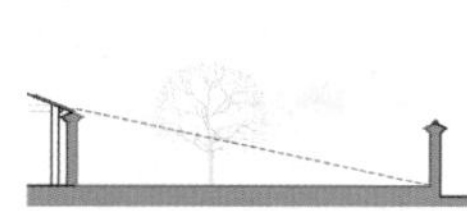

9 三明尤溪厚丰村郑氏大厝空坪

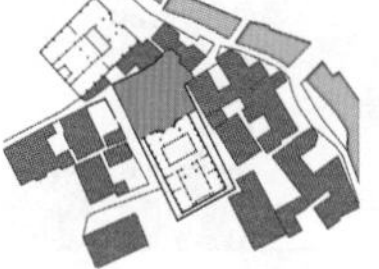
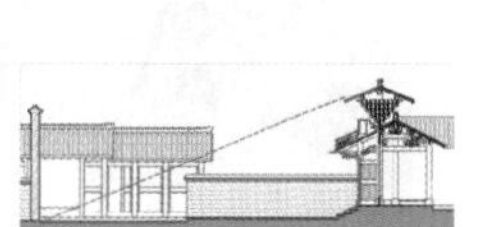

10 三明明溪御帘村张氏宗祠前坪

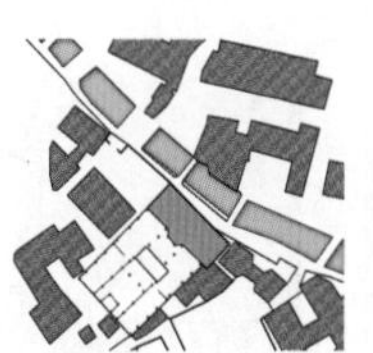
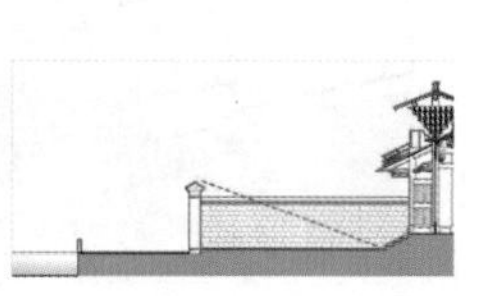

11 三明明溪御帘村汝淳公祠内坪

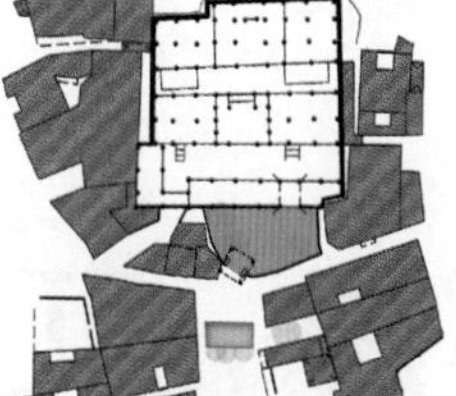
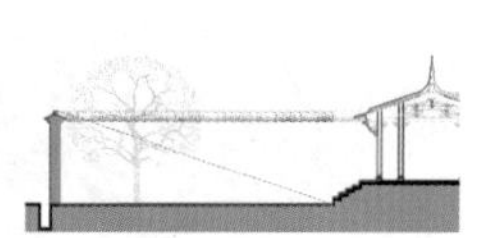

12 宁德古田邹洋村阮氏宗祠内坪

广场/空坪

续表

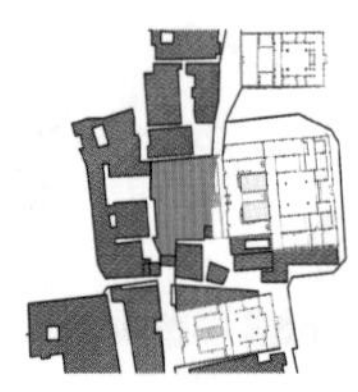
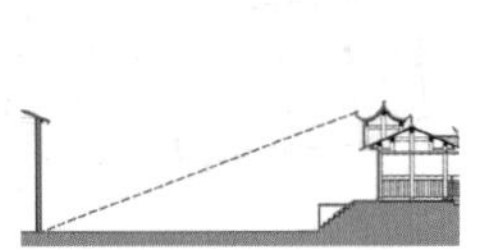

13 三明三元区忠山村永兴庵广场

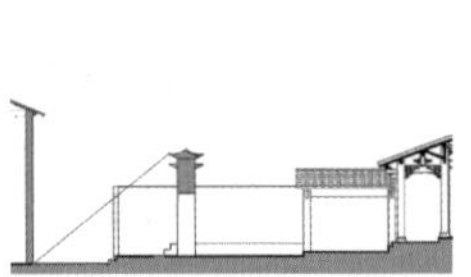

14 三明三元区忠山村杨氏宗祠前坪

广场/空坪

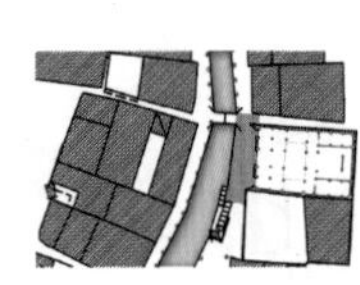
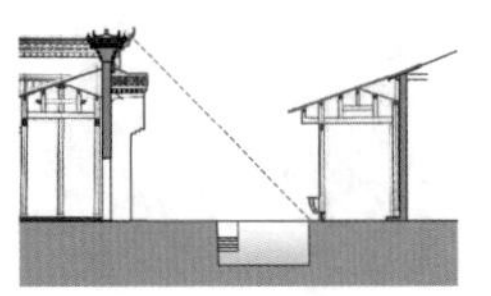

15 南平武夷山下梅村邹氏家祠前坪

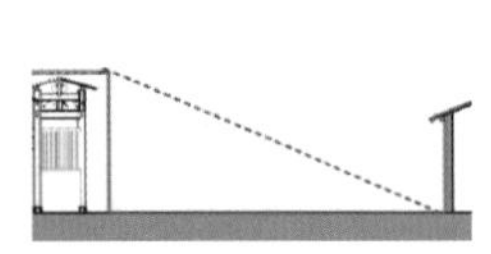

16 南平武夷山城村东门广场

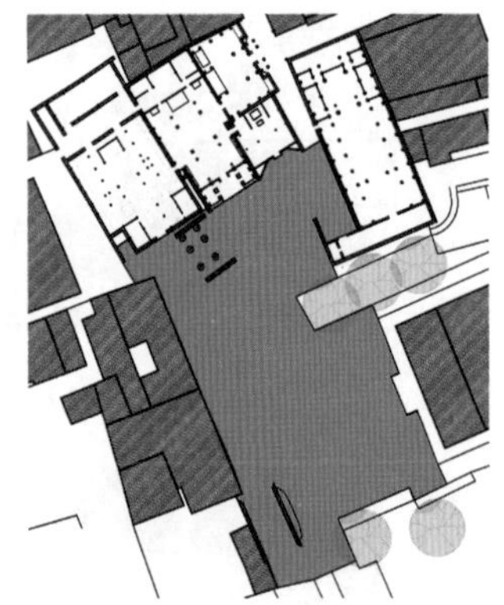

17 南平武夷山城村南门广场

交叉口

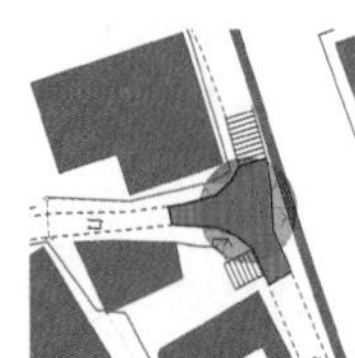
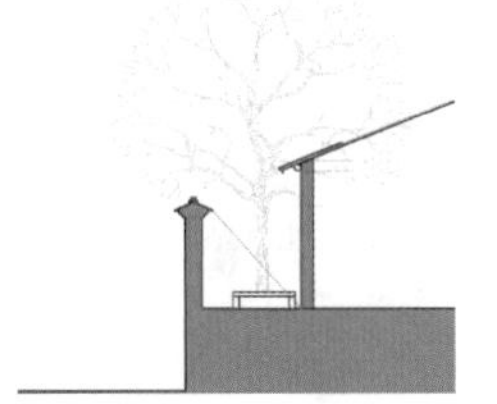

18 三明尤溪桂峰村丹桂岭节点

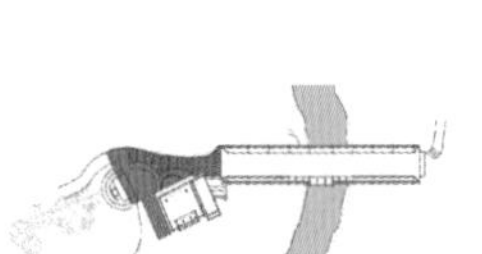
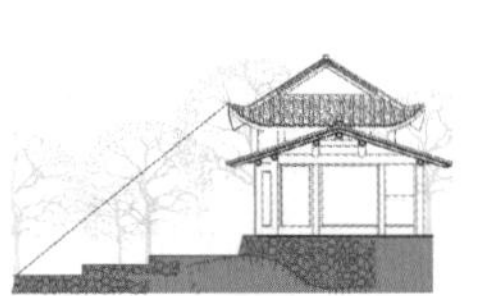

19 三明将乐良地村集灵宫节点

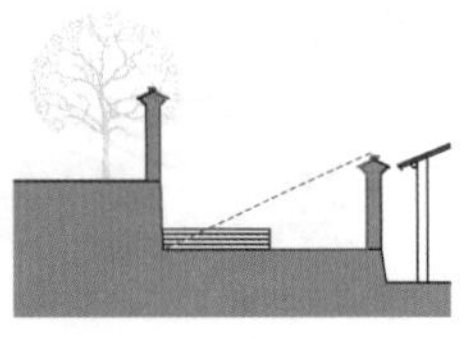

20 三明将乐良地村三叉街节点

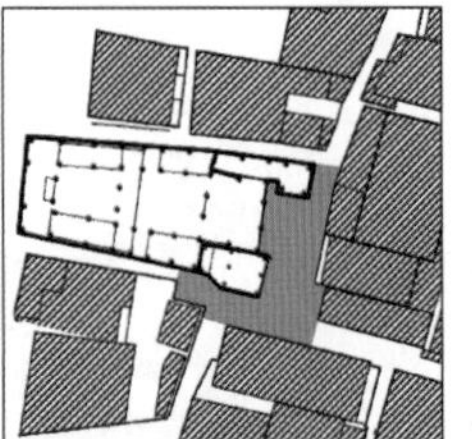
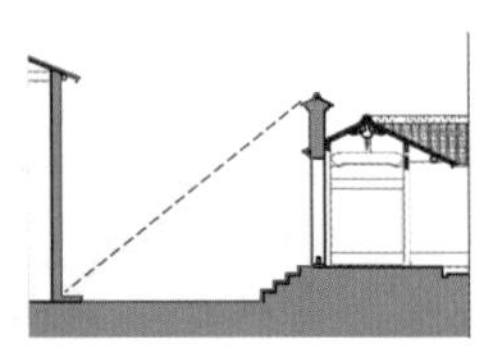

21 南平顺昌大历村后洋街交叉口

续表

交叉口

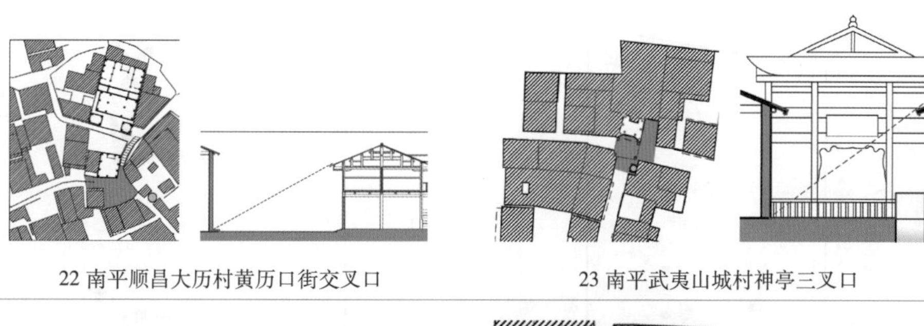

22 南平顺昌大历村黄历口街交叉口

23 南平武夷山城村神亭三叉口

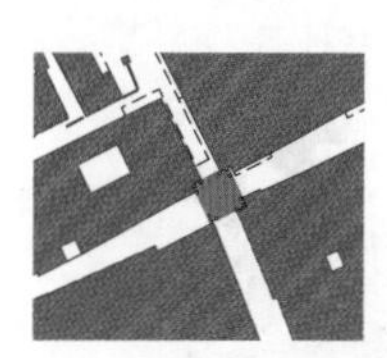

24 南平武夷山城村聚景亭交叉口

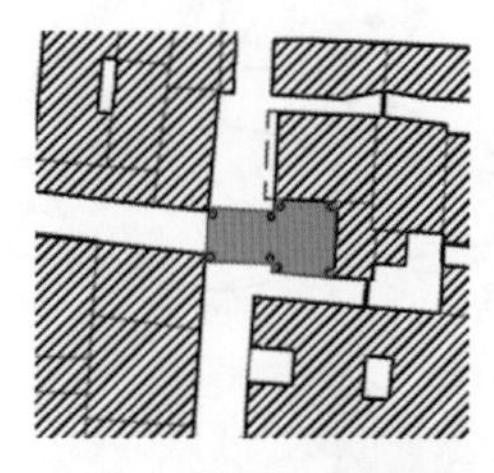
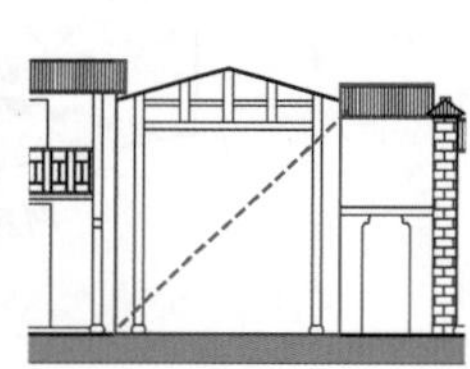

25 南平武夷山城村新亭交叉口

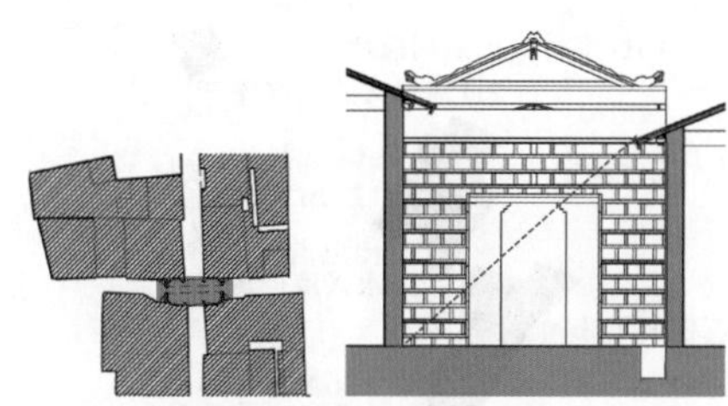
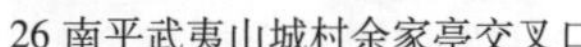

26 南平武夷山城村余家亭交叉口

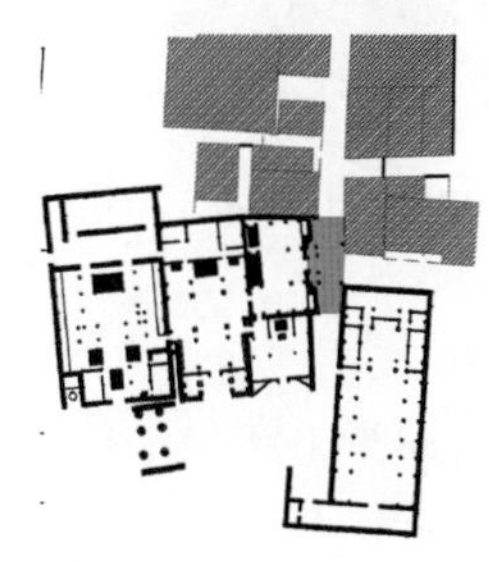

27 南平武夷山城村水月冲天三叉口

资料来源：自制。

通过闽江流域典型公共空间节点的主要形态指标关系图（图4-6）和典型公共空间节点的形态特征指标雷达图（图4-7）分析可知：

（1）广场、空坪、晒谷坪等为满足大型仪式活动临时性聚集或粮食谷物季节性晾晒等需求，一般为开敞或半开敞的空间围合，普遍为面积大、开敞度大和形状率较小的室外开敞公共空间；

（2）公共建筑的前坪、内坪普遍有围墙或附属建筑围合，空间形状一般为规整的几何形状，平滑度较小，因而容易形成面积较小、开敞度小和形状率较小的内向公共空间；

（3）广场/空坪，一般开辟为独立平坦的空间，其空间形态特征差异与地形影响关联性较弱，但山地型村落受地形影响，街巷多数沿等高线蜿蜒，建筑灵活错落，因而街巷交叉口或节点空间普遍为面积较小、开敞度小和形状率较大；

（4）平地型村落的街巷经纬交错，交叉口普遍为面积较小、开敞度大和形状率较小的点状空间。

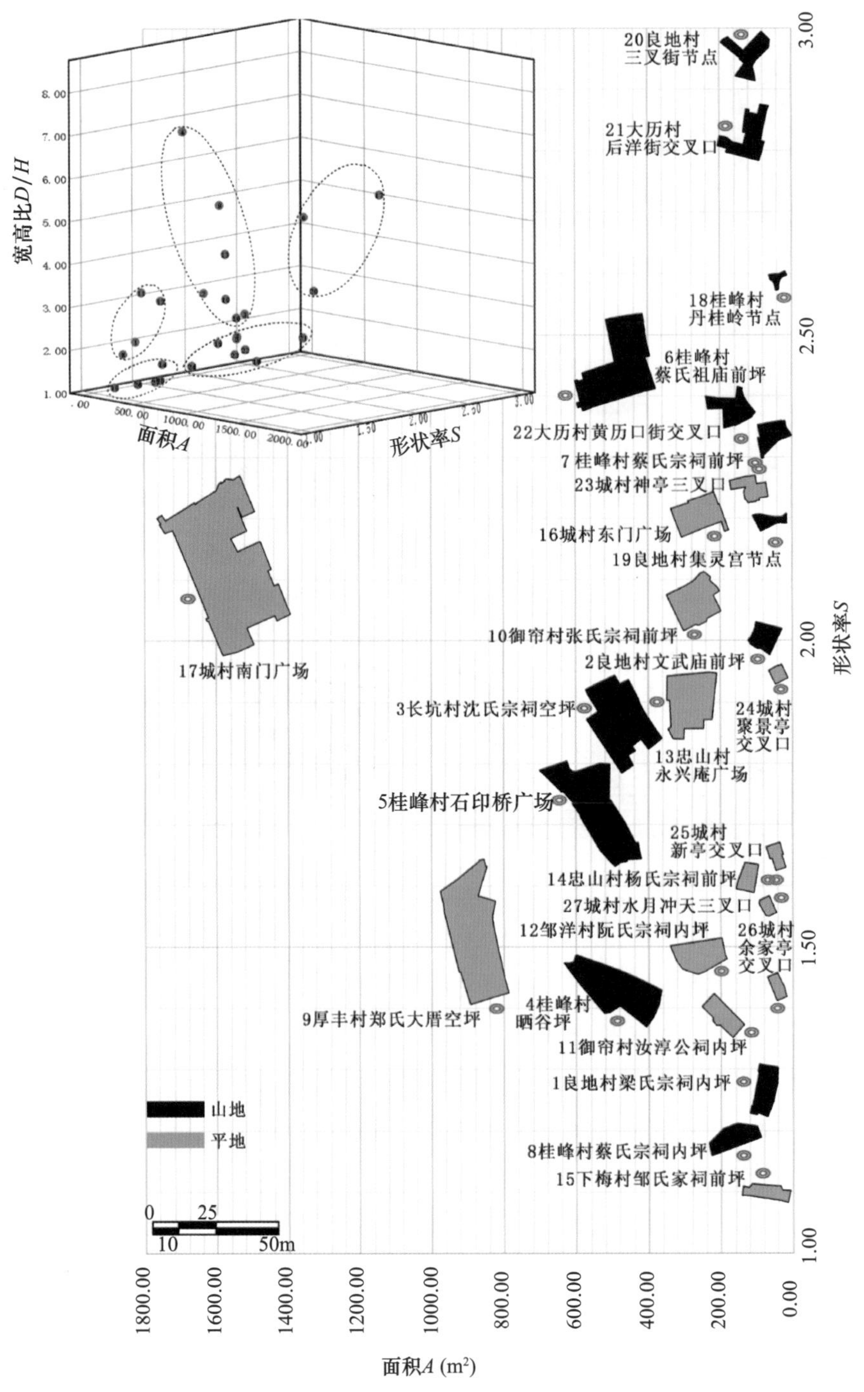


图 4-6　闽江流域典型公共空间节点的主要形态指标关系图

（资料来源：自绘）

此外，在竖向空间围合上，较为明显的就是开阔的广场/空坪类的空间宽高比一般在2.33～7.14范围，大于紧迫感较强的街巷节点空间1.67～1.01范围，而平地型街巷节点空间宽高比普遍小于山地型的。而平滑度与空间平面形态的复杂程度相关，与地形变化的相关性不明显。

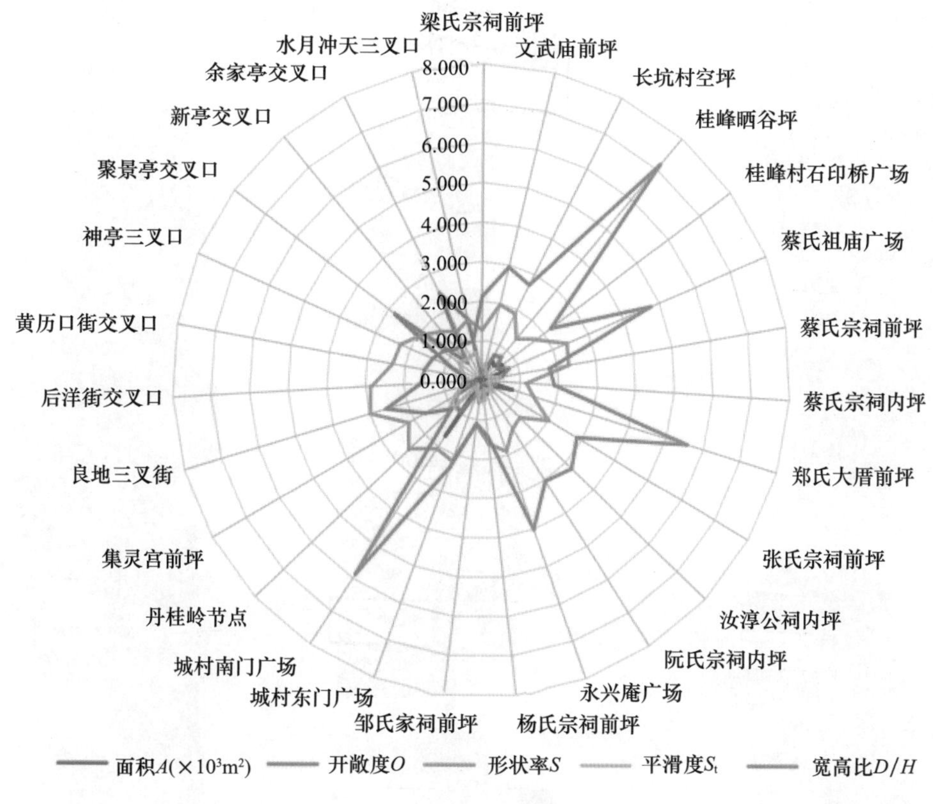


图4-7 闽江流域典型公共空间节点的形态特征指标雷达图

（资料来源：自绘）

### 4.4.4 街巷

传统村落中的街巷（包括街道、巷弄、岭道等线性空间）是作为公共空间系统的骨架，以及作为承载村落村民日常交通出行、仪式游行和休闲娱乐等公共需求的重要空间。街巷空间的组织规则为路径空间连接各类实体空间和空间节点，通常为线性形态，顺应自然地形、水系、高差等场地条件形成平直和曲折不一的不规则形态，街巷之间以不同角度形成垂直或斜交的“十”字形、“T”字形、“Y”字形以及不规则形态等交会节点空间。通过选取闽江流域内典型的平地型村落南平武夷山城村、下梅村和福州永泰椿阳村8条代表性街巷，以及选取典型山地型村落三明尤溪桂峰村、将乐良地村、明溪御帘村、南平顺昌大历村和宁德古田邹洋村8条代表性街巷，以诺利地图黑白图底方式表达街巷公共空间图底关系（表4-7）。

表 4-7　闽江流域典型街巷公共空间图底关系

1 南平武夷山城村大街　　2 南平武夷山城村下街　　3 南平武夷山城村横街

续表

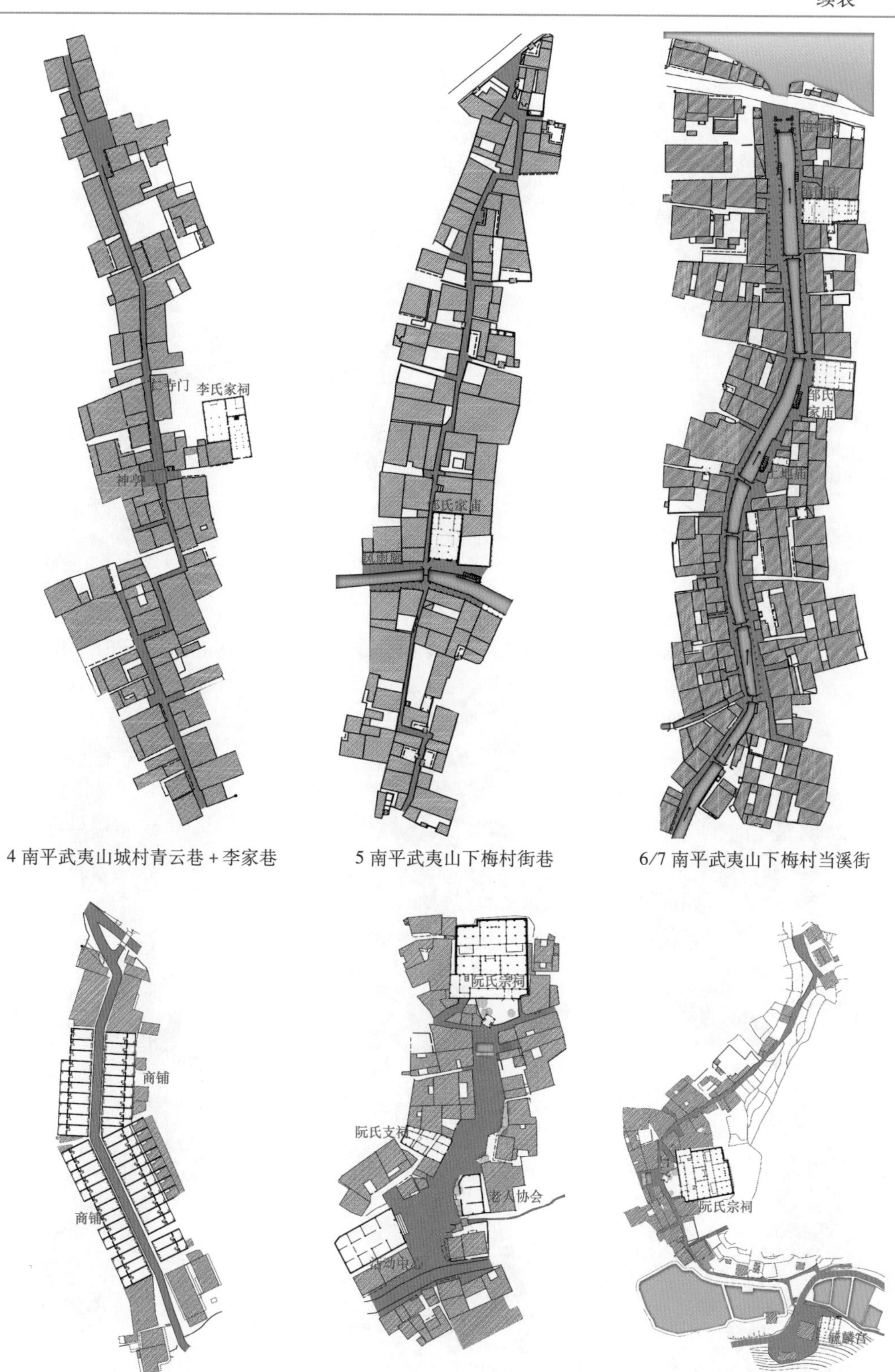


4 南平武夷山城村青云巷＋李家巷　　5 南平武夷山下梅村街巷　　6/7 南平武夷山下梅村当溪街

8 福州永泰椿阳村坂中街　　9 宁德古田邹洋村街巷　　10 宁德古田邹洋村岭巷

续表

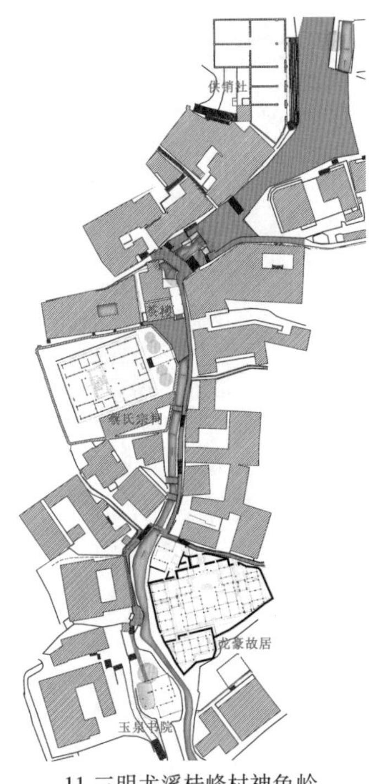


11 三明尤溪桂峰村神龟岭

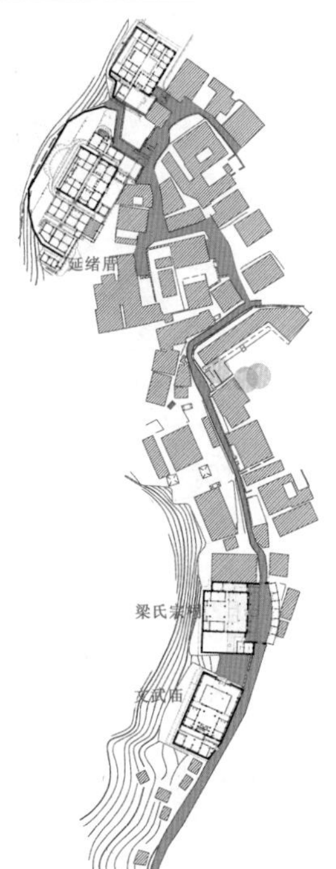


12 三明将乐良地村三叉街

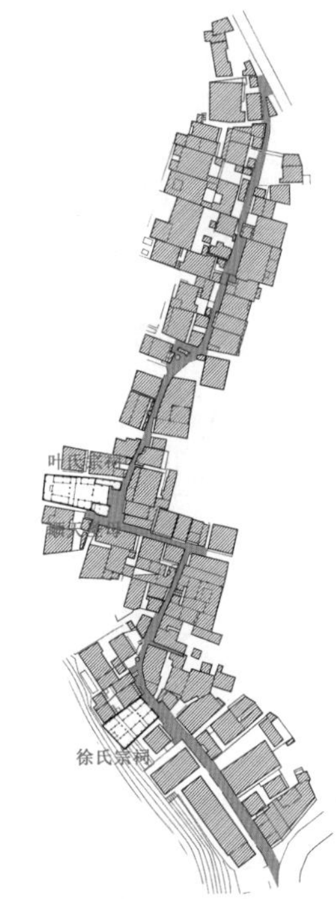


13 南平顺昌大历村后洋街

14 南平顺昌大历村黄历口街

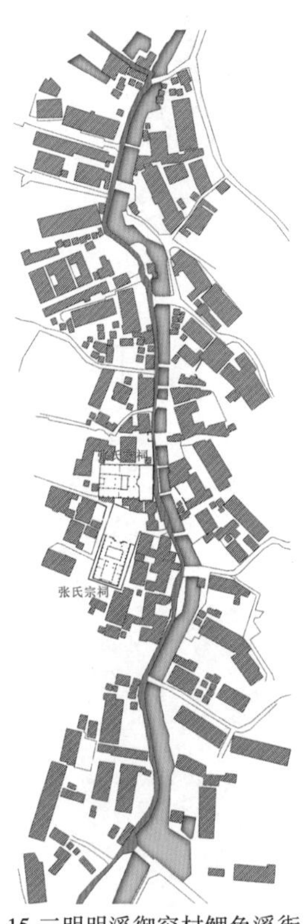


15 三明明溪御帘村鲤鱼溪街

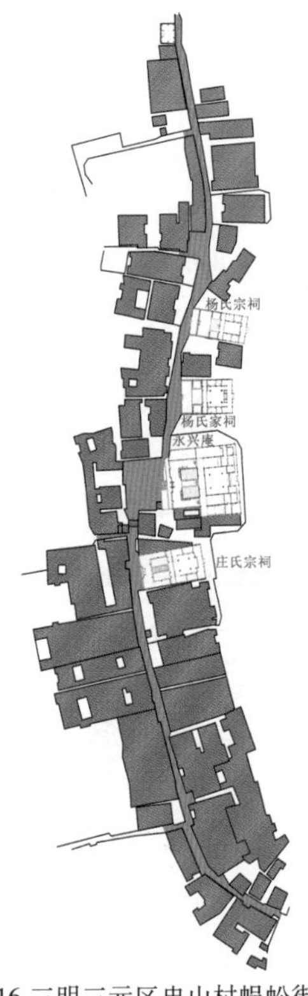


16 三明三元区忠山村蜈蚣街

资料来源：自制。

通过闽江流域典型街巷公共空间主要形态指标关系图（图4-8）和典型街巷公共空间形态特征指标雷达图（图4-9）的分析和统计，以其中平面形态指标开敞度、形状率以及竖向高差指标最重要的三个形态特征指标分析后可以发现16条典型街巷成四种聚类：

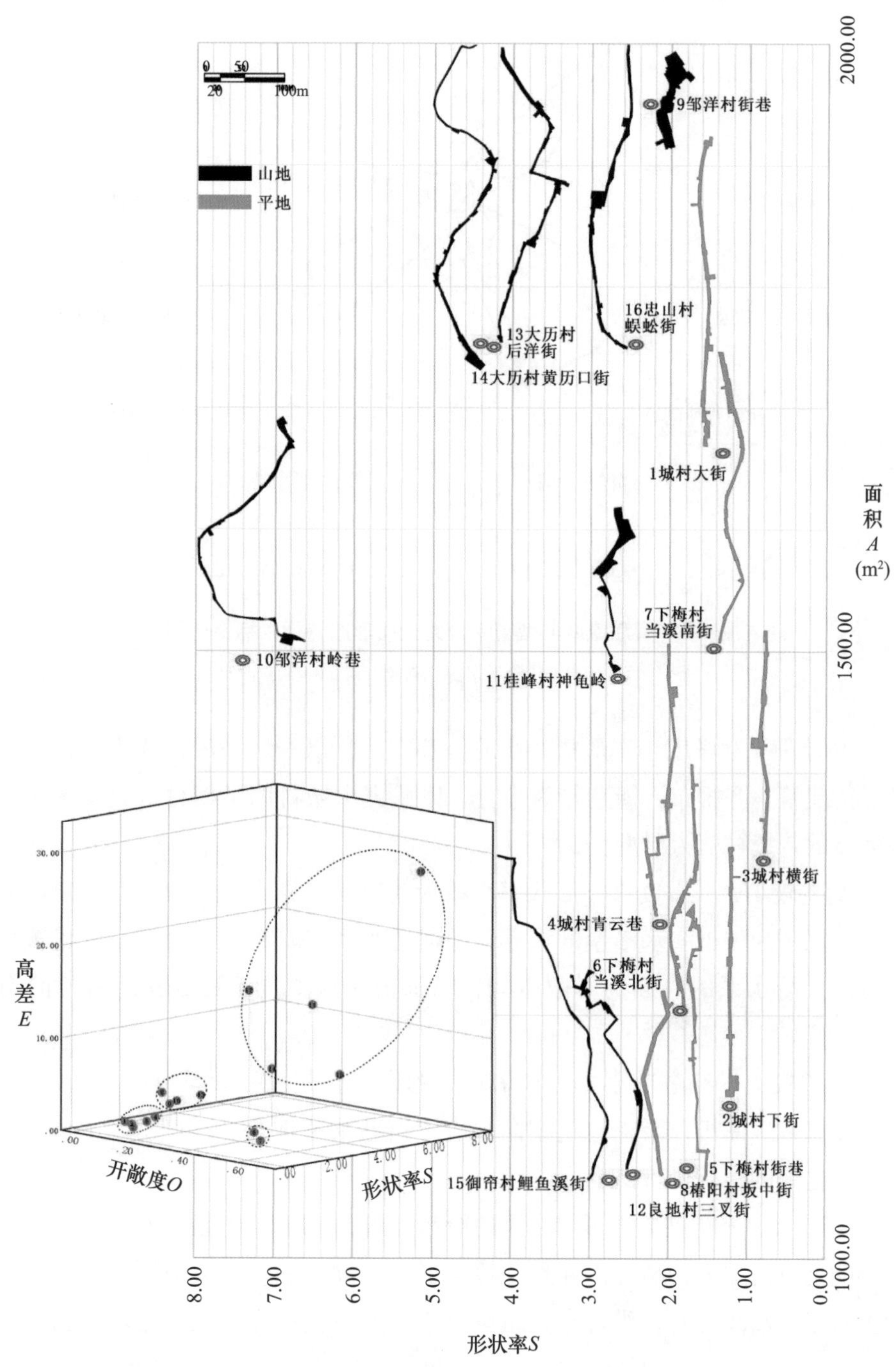


图4-8 闽江流域典型街巷公共空间主要形态指标关系图

（资料来源：自绘）

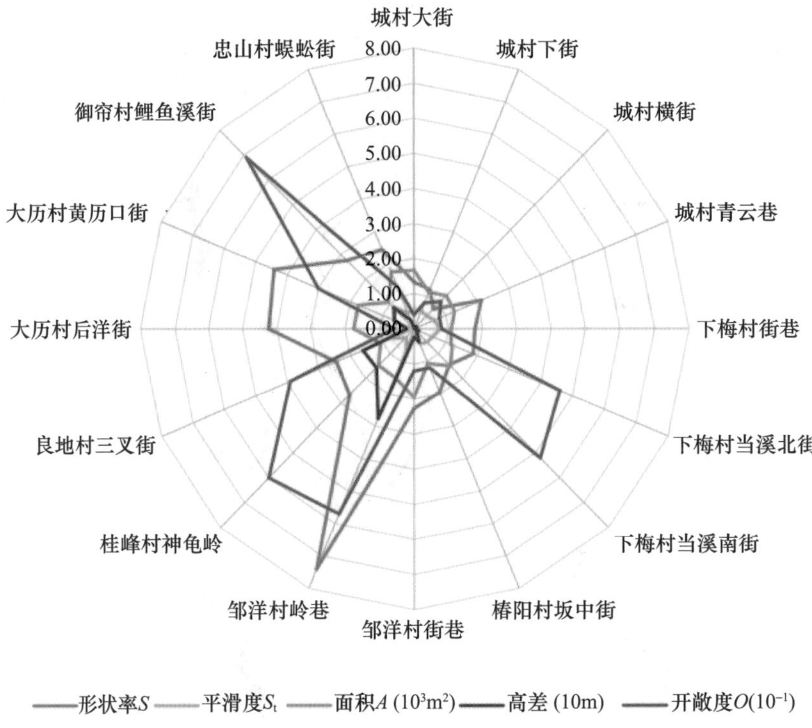


图 4-9 闽江流域典型街巷公共空间形态特征指标雷达图

（资料来源：自绘）

（1）高差小、开敞度小、形状率小的街巷空间。以平地型的街巷为主，地势较为平坦，沿街建筑整齐排布，街巷较为平直。以武夷山城村和下梅村这类位于河谷盆地和峡谷河滩的传统村落为典型。

（2）高差较小、开敞度大、形状率小的街巷空间。相比第一种类型同样地势比较平坦，主要区别为位于滨水沿岸的街巷，随河道水系蜿蜒布局，沿街一侧建筑朝向河道排列有序，沿水系的一面为开敞空间，以下梅村这类位于河谷盆地沿河的街巷为典型。

（3）高差较大、开敞度小、形状率较大的街巷空间。一般具有一定微地形起伏，街巷多沿山脚蜿蜒曲折，沿街建筑朝向垂直于街巷紧密排布。以三明忠山村、南平邹洋村等山谷盆地的传统村落街巷为典型。

（4）高差大、开敞度大、形状率大的街巷空间。一般为山地型或谷地形村落岭道，受山地影响上下落差大，顺应山地地势岭道形态各异，主要以坡道平行于等高线蜿蜒或阶梯垂直于等高线爬升，沿岭道建筑则因地制宜灵活排布，高低迭落交错，朝向灵活，视线较为宽敞。以三明桂峰村、良地村和南平邹洋村的岭道为典型。

总体上，山地型街巷和岭道空间相比平地型街巷空间，地形更复杂多变，街巷形态和走向更加蜿蜒曲折，建筑布局和朝向更加巧妙灵活，空间景观视野更为开阔。

## 4.5 本章小结

本章是对传统村落公共空间语汇要素的系统梳理，归纳典型公共空间要素作为基础语汇要素图谱。首先，依据传统村落形态特征和地形地貌、水文等地理特征筛选出传统村落典型调研样本；其次，经过“遥感影像矢量化—地形地貌分层—类型要素提取—重点空间测绘”的处理步骤提取闽江流域典型传统村落公共空间要素，初步完成基本要素类型统计；再次，在横向维度上依据空间要素类型划分，在纵向维度上依据空间形成过程机理，形成层级嵌套的公共空间语汇要素结构系统；最后，对传统村落室内外公共空间进行类型详细划分，从公共空间类型、空间序列形态、平面图底关系、竖向断面形态以及形态特征指标等多个维度，建立传统公共建筑、寨堡中的公共空间、公共空间节点以及街巷等典型公共空间的语汇要素图谱。将公共空间各层级要素单元构成的图谱，作为构建空间图式语言体系的语汇要素库（Lex），为语法、语义分析作支撑。

# 5　图式语法：闽江流域传统村落公共空间的结构机制

“语言的工作机制：我们每个人的大脑中都装有一部‘心理词典’和一套‘心理语法’，语言就是用语法规则组合起来的词语。概念和组成概念的语言为认知活动提供力量和策略。”

——（俄）列夫·维果茨基（Lev Vygotsky）《思维与语言》

空间的认知机制与列夫·维果茨基指出的语言工作机制相通，即二者同为离散组合系统，都是通过大量组合单元和一套组合规则完成相应的任务。区别在于语言存在于大脑思维中，空间能以物质实体的方式为我们提供媒介载体，而阅读的方式是身体体验。本章借鉴语言学的系统性思维和结构逻辑，厘清传统村落公共空间各尺度空间单元之间的组合规则和构成逻辑；将传统村落各类“典型公共空间语汇要素图谱”作为图式语言系统的词库（Lex），即基本要素集合；建立起传统村落公共空间建筑、空间节点、街巷等各层级要素与语汇词类、短语和句法等语言学概念的映射机制；通过借鉴乔氏生成语法与转换规则，以语言学的结构逻辑将空间要素结构关系“逻辑化”，并以词汇、句法的结构图式的形式存入大脑，初步形成公共空间图式语法体系基本框架（图5-1）。

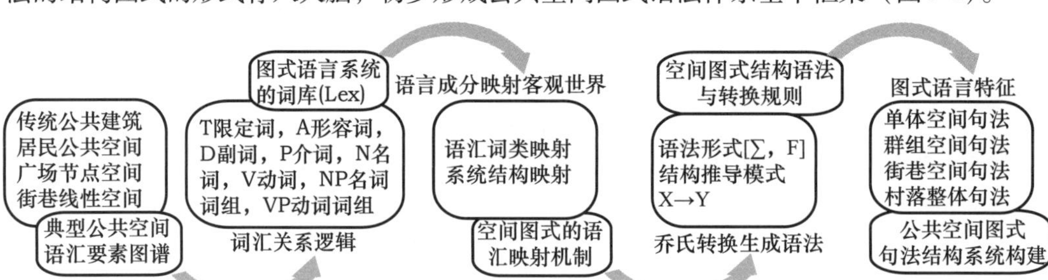


图5-1　公共空间图式语法系统构建思路

（资料来源：自绘）

# 5.1 传统村落空间增长的递归性

## 5.1.1 空间结构的递归特征

传统村落公共空间具有要素符号“类同型异”和空间表征层次拓扑一致性的特点，传统村落的空间增长方式类似自然植物枝蔓式生长方式［图 5-2（a）］。我们将植物照片进行像素化，将植物枝蔓类比主次交通街巷，叶子和果实分别类比普通民居和公共空间节点，在枝蔓生长过程中，可以从不同节点位置生长出来新的不同分支，每个分支再以相同的生长方式进行延长，然后受地形条件、阳光、养分等外在环境限制，各个片段井然有序地自组织成整体结构。这种空间增长结构方式正如传统村落空间自组织模式，在一个空间单元中嵌入另一个空间单元，遵循每个空间单元都需要空间路径连接的规则，巧妙地生成无穷无尽的结构。

传统村落公共空间结构增长这一“递归”（recursion）规则，在自然地貌和村落社会、经济、人文等条件的限制下，可以形成形态各异的村落结构和肌理。以三明市明溪县夏阳乡御帘村为例，突出作为空间路径的街巷道路要素和祠堂、书院、寺庙、场坪等公共空间节点，能明显看出其空间结构增长的递归性。街巷、岭道类似自然植物枝蔓沿着水系，再从各个节点连接岭道向谷地延伸，连接较为偏远的各类公共空间节点。而在较为平坦开阔的河谷阶地和台地，街巷联结为一定网络形态，屋舍和公共空间节点也较为密集［图 5-2（b）］。

## 5.1.2 扩建与深度

空间结构增长的递归性包含了传统村落自组织营建过程的两个主要概念，一是“扩建”思想，二是“深度”概念[109]。

### 1. 扩建

“扩建”的方式主要有两种：一种是从局部出发走向整体，即传统村落空间结构的形成是一个漫长的历时性积累更替过程，应对随着时间变迁、人口的增长而产生的住房和生产空间需求的增长，从原有房屋和空间附近择址新建的房屋和空间，通过原有街巷道路空间的延伸或分支的新建进行连接。产生的整体空间是最初无法预见的，并继续按照类似扩建原则进行空间的生长和更新。另一种“扩建”方式是从整体出发走向局部，一般较多地出现在寺庙、祠堂、书院、寨堡等重要建筑和公共空间中，由于特定的功能需求，一般会考虑长期性和整体协调性，并规划其用地规模、形制大小、房间数量等建造规模，然后有计划地在整体空间内进行空间划分和确定建造时序。一般在传统村落中，这两种“扩建”方式在村落营建过程中混杂使用，在不同空间尺度上各有侧重。

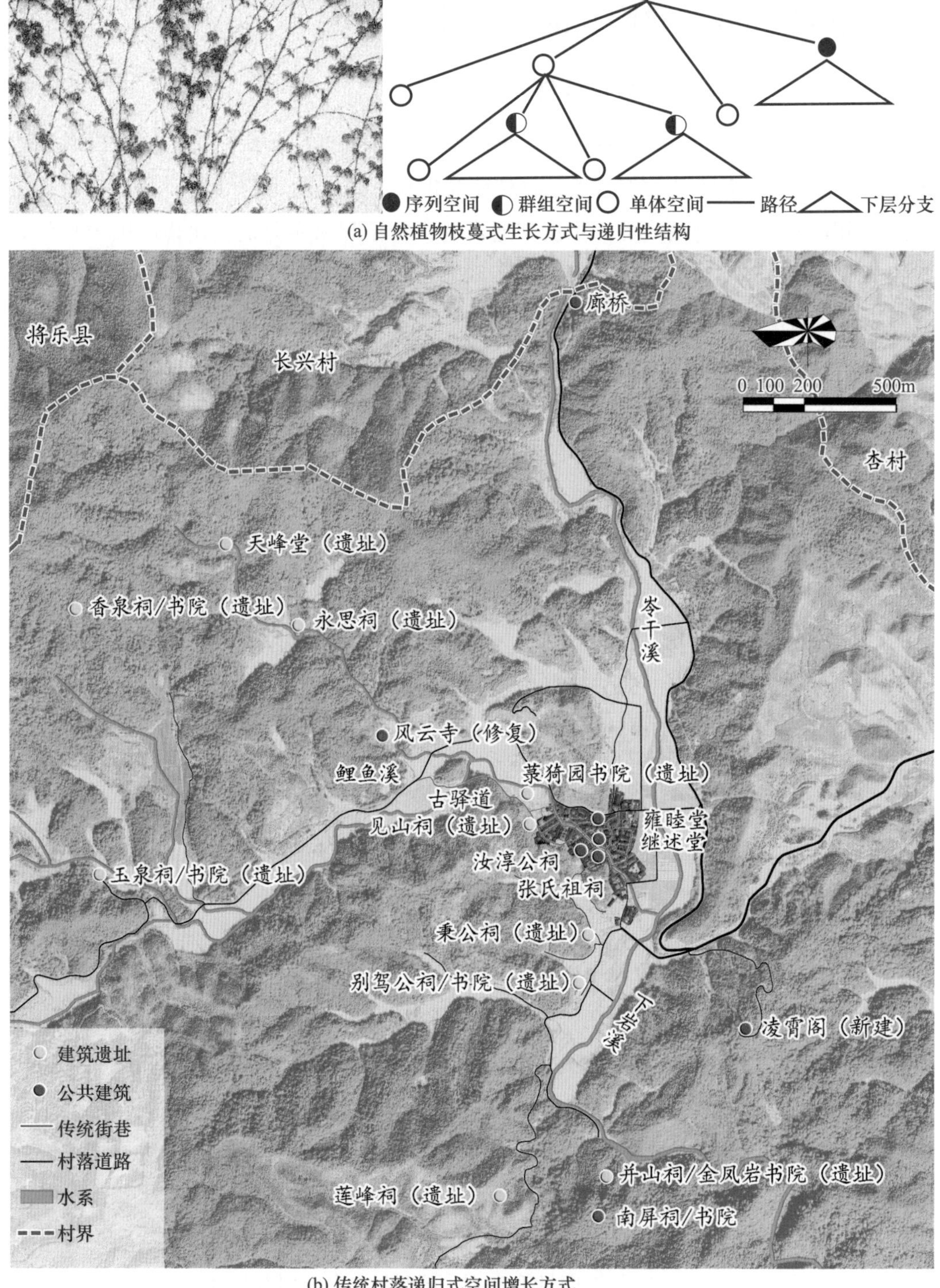


(a) 自然植物枝蔓式生长方式与递归性结构

(b) 传统村落递归式空间增长方式

图 5-2　御帘村空间结构增长方式

（资料来源：自绘）

### 2. 深度

“深度”概念是由于这种空间结构增长方式带来的，体现的是入口至目标场所路径距离较远处以及场所的私密性。从公共性层面看，深度越浅公共性越强，深度越深公共性越弱，正如村落中主干街巷和开敞空间一般为商贸出行、休闲聚集的公共场所，而连接私宅的支系巷弄一般作为日常出入，私密性更强。与“深度”概念一起产生的是“深入”这一方向性动作，越往深处移动，空间界线封闭性越强，即神秘性和私密性越强。如宗教建筑会通过增加院落进数和进深及延长轴线道路从而将空间深度结构化，类似陵寝空间通过神道、牌楼等延长和强化轴线深度，增加其神圣感。而在建筑空间中也存在这一随深度变化产生公共性变化的过程，随中轴线上“前禾坪—门厅—礼仪厅—正堂—后楼”的深入，分别是外人、客人、男性居民和女眷所处的空间，这一登堂入室的过程，从公共空间逐步过渡到内部男性公共空间再到女性所在私密空间。因此，无论是传统村落室外公共空间体系还是建筑内部空间的公共性到私密性的变化，都伴随着“深度”概念。

## 5.2 空间图式的短语结构语法

### 5.2.1 空间逻辑与乔氏转换生成语法的一致性

传统村落公共空间在要素单元、拓扑层级、秩序关系以及组织结构四个方面的图式语言特征，与诺姆·乔姆斯基（Noam Chomsky）的转换生成语法进行比较分析。传统村落空间结构增长方式与乔氏转换生成语法的内在逻辑都可以归纳为“递归性”，都表现为逻辑思维的树形结构。短语结构树形图这一符号组合的“递归性”规则，是对大脑所设立的控制我们语言表达的一种语言规则假设。二者试图在传统村落公共空间与语言这两种离散组合系统中挖掘出一种“生成装置”（即语法），以解释村落空间的自组织过程或语言的生成过程。

传统村落公共空间在结构逻辑上则表现为从一个类似语言的离散组合系统中，分解出诸多层级嵌套的组合要素，而这种组织关系在不同层级要素中都存在，表现出拓扑一致性，因而能在不同空间尺度适用同一套递归性生成规则。空间作为一种特殊的语言表征形式，乔氏转换生成语法形式［Σ，F］和“推导式”转换规则，其形式和结构逻辑同样可以用来理解传统村落的空间组织模式和生成过程。区别在于，乔氏转换生成语法的有效性是建立在语义的基础上，即语法能作为语义描写的佐证，而村落空间组织生成是建立在具体乡土语境之上，并不是一个无限制的“生成装置”。

传统村落的空间组织模式是在中国千年以来传统营建思想和文化观下，形成的一种“空间-自然-人文”的互动影响模式[110]。传统村落公共空间经过长期营建形成了一个自组织、自足的营建系统，具有独特的空间形式和设计语汇，并在地域性语境下发挥着传递人文信息和组织社会活动的作用。传统村落公共空间系统的形成，是历时性的积累过程，由最初的择址定居，开始营建居住空间，随着人口繁衍和世代积累演替，逐渐形成当前村落空间格局。可以将具备某一基本空间意象图式特征的原始空间作为空间序列Σ的一个开始链起点，而空间形式和设计语汇作为一套“推导式”转换规则F，即一套空间组织逻辑法则，也就是不同空间意象图式之间的“动作链（action chain）”进行空间组织模块的并置、替换、拼接、复合、嵌套以及删除等系列“递归性”动作，形成一定空间语言的句法构造。

由于受一定地域范围、人口数量，以及社会资源的限制，形成的空间序列是一套有限数的开始符号链，即村落空间不能无限扩张，空间具有一定的边界范围，但当空间突破一定边界限制和规模时，整体空间将融入或升级为更复杂的村落结构。受营造工艺、材料、经济以及文化观念的限制，空间的基本营造方式也是一个有限数的符号链序列，即营造手段受时代条件的限制，但每一次技术或方法上的创新，就将给空间形式和结构带来全新的空间组织景象。

## 5.2.2 空间图式的词组结构转换

### 5.2.2.1 空间要素的语汇映射

传统村落公共空间中具有识别性特征的空间要素是空间图式语汇中的“关键词”，可以通过横纵向特色比较矩阵进行分析识别和要素提取[111]。首先，借鉴凯文·林奇（Kevin Lynch）城市心智地图的调研方法，对住民和旅客进行大样本参与式访谈，选取公众在村落日常公共生活中所感知的特色空间要素和常用的空间语汇；其次，依据类型学理论，按照空间语汇的词性对单一村落的公共空间语汇要素进行类型划分，在纵向类型维度上对空间语汇要素的特色进行比较分析，找出关键空间语汇要素单元；再次，选取若干闽江流域内典型性的传统村落，在横向地域维度上对公共空间要素进行比较分析，解析不同村落的特色基质；最后，对传统村落公共空间特色语汇要素进行矩阵比较分析，提取出对应的空间特色语汇要素组成（表5-1）。

**表5-1 福建闽江流域传统村落空间语汇类型要素比较**

| 词性 | 要素 | 武夷山城村 | 武夷山下梅村 | 尤溪桂峰村 | 古田邹洋村 | 将乐良地村 | 永泰月洲 | 空间图式 |
|---|---|---|---|---|---|---|---|---|
| N | 祠堂 | | | | | | | |
| | 宫庙 | | | | | | | |
| | 民居 | | | | | | | |

续表

| 词性 | 要素 | 武夷山城村 | 武夷山下梅村 | 尤溪桂峰村 | 古田邹洋村 | 将乐良地村 | 永泰月洲 | 空间图式 |
|---|---|---|---|---|---|---|---|---|
| N | 粮仓 | | | | |  | |  |
| | 书斋/院 |  | | | | | | |
| | 楼阁/塔 | | | | | | | 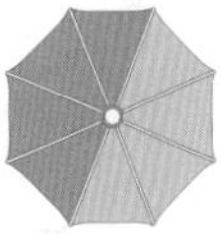 |
| D | 亭 |  | | | | | | 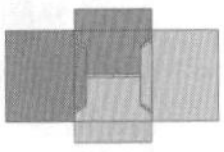 |
| | 门楼 |  | | | | | | 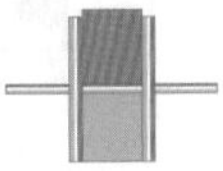 |
| | 牌楼 |  | | | | | | |
| | 廊 | | | | | | | |
| A | 水井 |  | | | | | | |
| | 墙体 |  | | | | | | 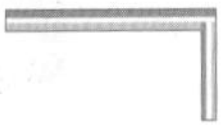 |
| | 构件 |  | | | | | |  |
| | 铺装 |  | | | | | | |
| | 植物 |  | | | | | | 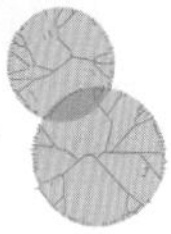 |

续表

| 词性 | 要素 | 武夷山城村 | 武夷山下梅村 | 尤溪桂峰村 | 古田邹洋村 | 将乐良地村 | 永泰月洲 | 空间图式 |
|---|---|---|---|---|---|---|---|---|
| V | 街巷 |  | | | | | | |
| | 桥 | 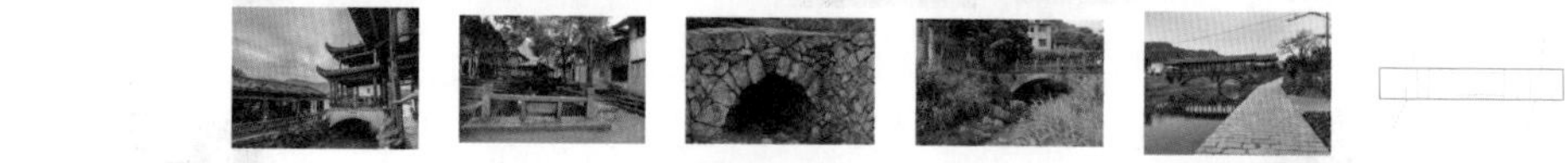 | | | | | | |
| | 入口 |  | | | | | | |
| | 天井 |  | | | | | | |
| | 庭院 |  | | | | | | |
| P | 山体 |  | | | | | | |
| | 水系 |  | | | | | | |
| | 农田 |  | | | | | | |
| | 林地 |  | | | | | | |

资料来源：自制、自摄。

#### 5.2.2.2 生成语法转换规则

依据乔氏转换生成语法的转换规则，以直接成分分析法为基础，通过合并、递归、推导式 3 种短语结构规则得到基本词组结构推导模式 X→Y，即

$$S \rightarrow NP + VP \tag{5-1}$$

式中，S 代表句子，→代表改写，NP 为名词词组，VP 为动词词组，即句子改写为名词词组加动词词组，可以类比为村落公共空间的基本空间图式结构（S）为空间路径（VP）连接实体空间（NP），同时也是包含了主体体验经验的“路径”意象图式结构，即物体在空间中从某一起始点经过一定路径到达某一目的地。而传统村落公共空间语汇由一系列空间序列组合成复杂的空间网络和空间图式，即由一套空间组合的符号链进行表达，通过并置、替换、拼接、复合、嵌套以及删除等手法构成简单词组或短语（即空间组合单元）。借鉴诺姆·乔姆斯基的生成词组结构推导模式，以一系列形式化的符号代替语类、关系与特征（表 5-2）。

表 5-2 传统村落公共空间图式语汇的类型词组结构

| 词组 | 推导式 | 空间图式含义 | 典型空间图式语言图解 |
|---|---|---|---|
| 名词词组 | NP → T + (A) + N | 修饰性构筑要素限定或强调主体空间 | 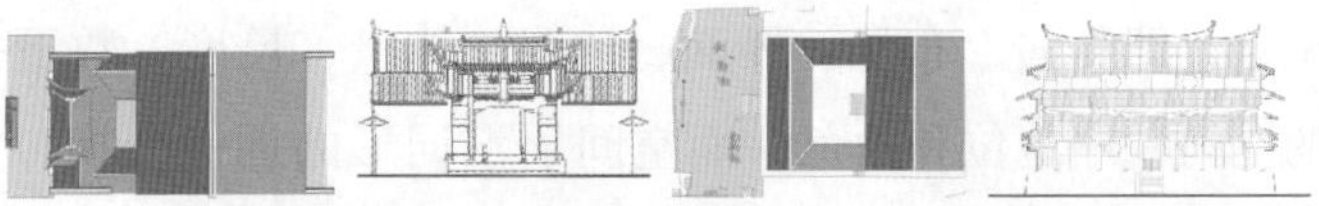 |
| | VP→V + NP | 空间路径对实体空间群组的连接 | 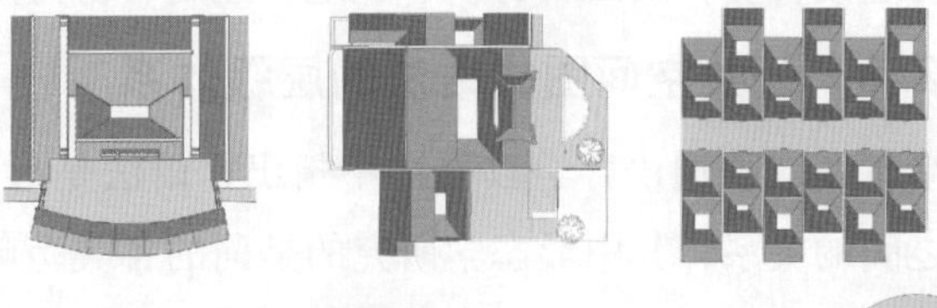 |
| 动词词组 | VP→V + D | 建(构)筑物对空间路径的修饰或限定 | 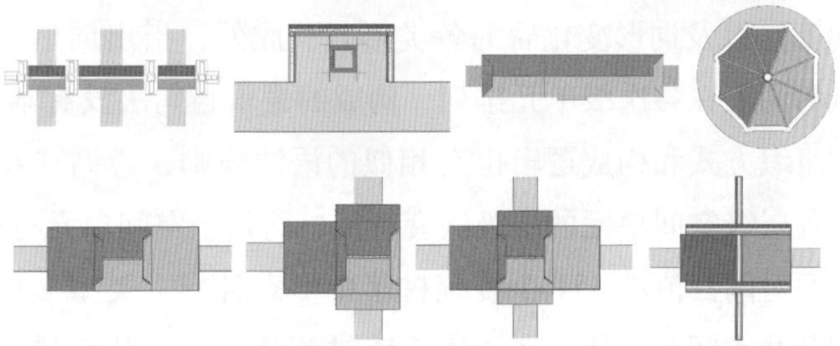 |
| | VP→V + (NP) + PP | 空间路径或实体空间所处环境、状态、时间、目的、方式 | 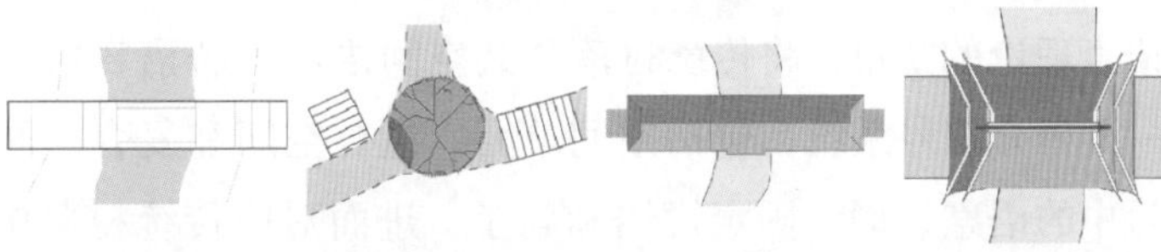 |
| 介词词组 | PP→P + NP | | 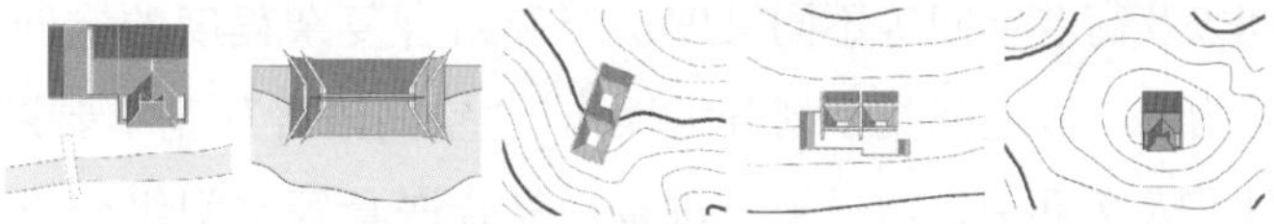 |

续表

| 词组 | 推导式 | 空间图式含义 | 典型空间图式语言图解 |
|---|---|---|---|
| 基本短语 | S→NP+(I)+VP | 空间路径组合连接实体空间群组 | 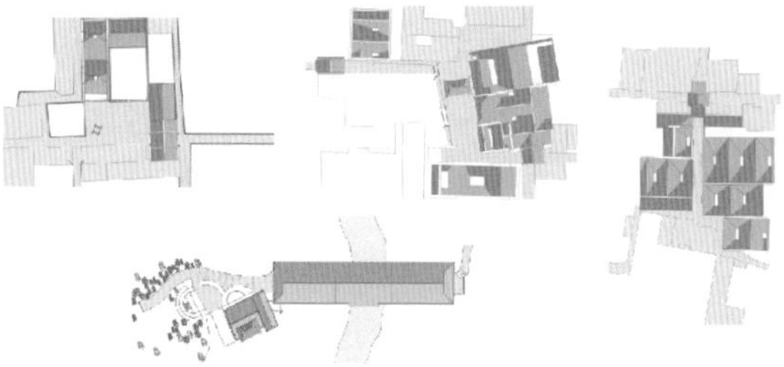 |
| 复合短语 | VP→V+S′ | 多个短语结构进行拼接和嵌套 | 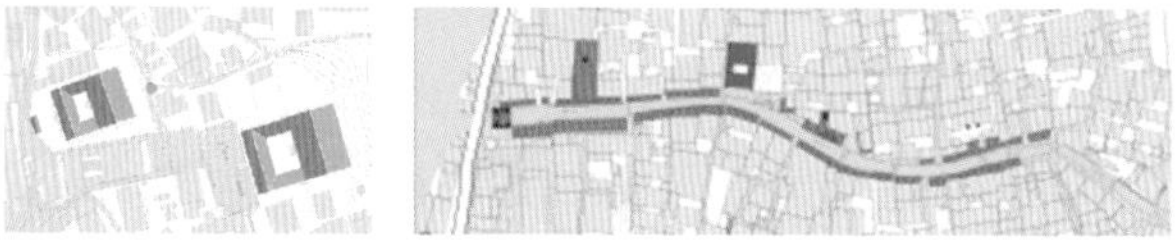 |

注：名词词组NP，动词词组VP，限定词T，形容词A，副词D，介词P，介词短语PP，名词N，动词V，句子S，从句S′，助动词或动词形态变化I，→代表改写。
资料来源：自制。

通过不同转换规则的设定，可以对传统村落空间进行结构性转译，完成空间的强调、重复、拼接与嵌套等空间形式操作，形成更加复杂的空间形式。通过适应性的词形调整，即朝向、布局、界面、色彩、体量、尺度、数量等，使各个空间单元处于适当的空间秩序地位和角色。而空间语汇词形的词性变换，象征并控制着公共空间与私密空间的过渡转变，发出所有权、领地、控制和行为变化的信号。

### 5.2.3 公共空间图式语法的层级体系

索绪尔在《普通语言学教程》中指出，语法是形态学与句法学的结合，一般限于各单位之间的关系，其中形态学研究的是词的各类范畴（名词、动词、形容词、副词、代词等）以及词形变化后的各类形式。此外，指出词汇与句法的事实混同，即非不能缩减的词汇在各次级单元排列、构成的逻辑与句法没有本质区别[112]。传统村落公共空间的组织方式和构成逻辑也有相似的语法规则，遵循“部分和整体”的结构逻辑，表现为各层级空间单元的层级嵌套特征，而每个空间单元有次级单元按相似方式构成。

面对闽江流域354个传统村落中形态各异、类型多样的公共空间系统构成，如何识别公共空间要素特征，构建传统村落公共空间认知描述框架成为关键性问题。从图式语言理论的视角，将传统村落公共空间语汇视若语言由一套完整的符号链组成，作为一种中介符号系统，包括空间单元、组合空间和复合空间等符号聚合体，对应语汇符号中的语素、词、固定短语和句子，进而对应传统村落中的建筑、空间节点、群组空间以及街巷空间等不同尺度层级和组合复杂程度的空间要素。以福建闽江流域传统村落为例，以空间类型划分为操作，“空间语言”基本要素单元基于地域不同自然地理条件和人文环境，通过耦合拼接、复合嵌套等空间组合方式演绎出丰富多元的村落公共空间形态。

从传统村落公共空间图式语汇的类型词组结构看出，其与短语表达存在许多共同点：

（1）名词词组（NP）和动词词组（VP）作为最基本、简洁的名词短语和动词短语形式，短语的名称和主要意思由一个中心语（N、V）决定；

（2）一些扮演角色（A、D）与中心语（N、V）一道组成一个次级短语（A-N 或者 V-D）；

（3）修饰语（PP）则处于次级短语之外；

（4）一个基本短语（S）形式符合动宾结构，对应基本空间组织逻辑“空间 + 路径”即（NP + VP）[113]。

因此，根据乔氏转换生成语法规则和图式语汇的类型词组结构，总结归纳出闽江流域传统村落公共空间图式语法“词—词组—短语—句子—篇章”的层级体系（图 5-3）。

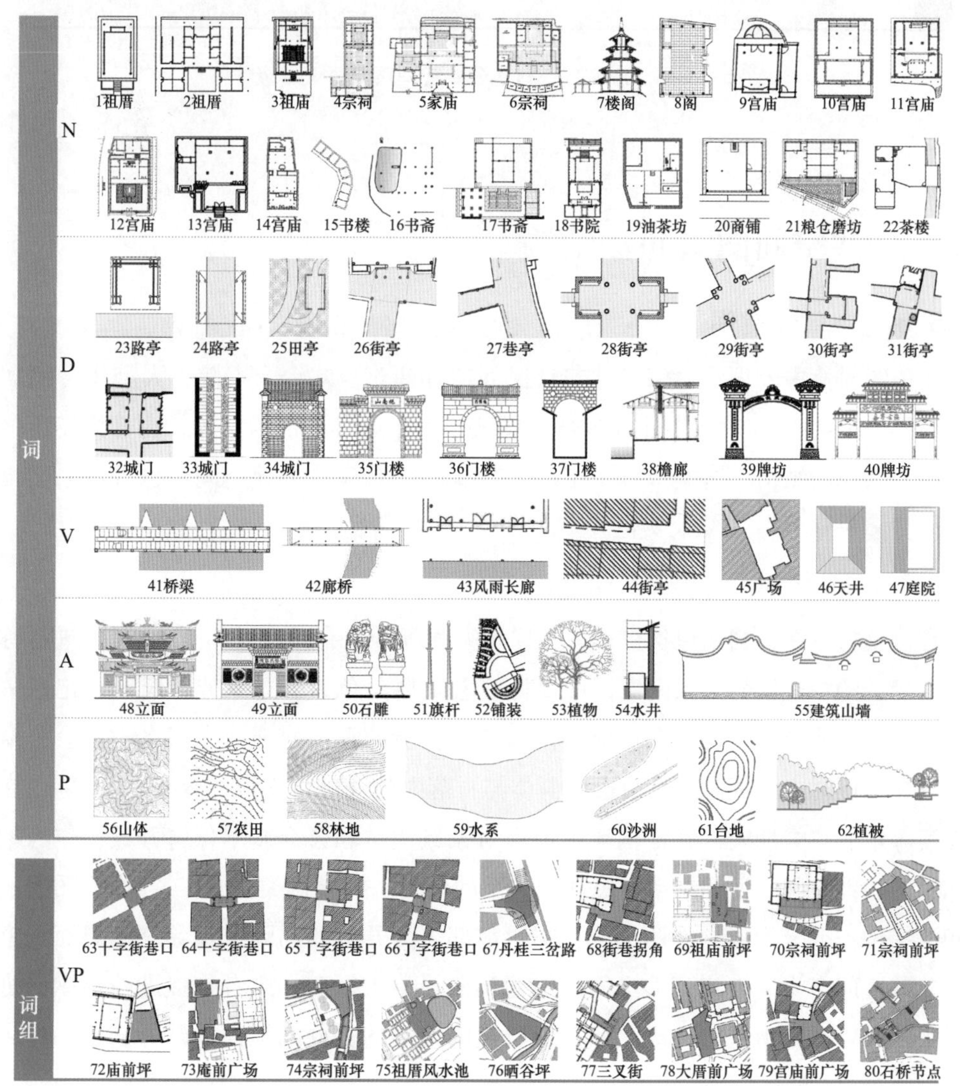

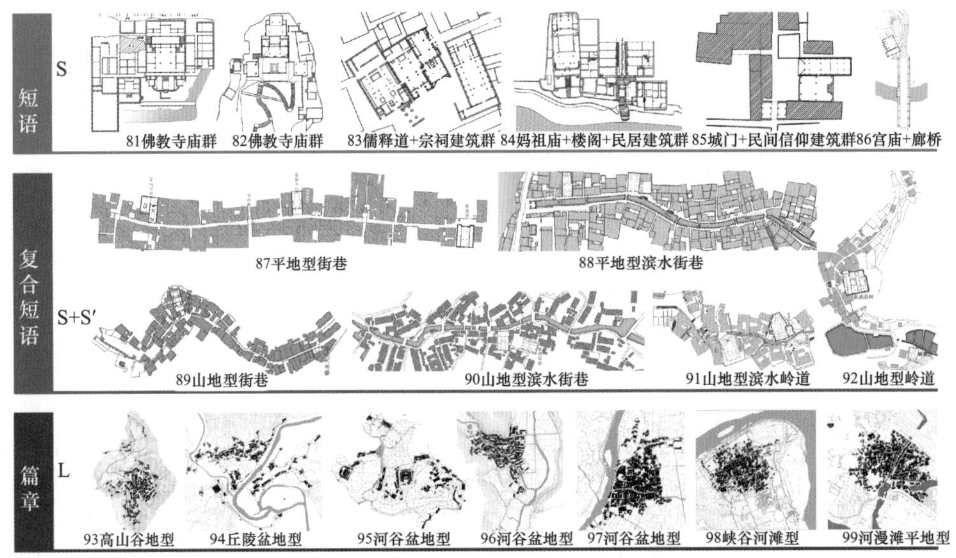


图 5-3　闽江流域传统村落公共空间图式语法层级体系

（资料来源：自绘）

## 5.3　公共空间图式句法结构

### 5.3.1　单体空间

在传统村落中，祠堂、宗教建筑、民间信仰建筑、戏台、书院、大型集合民居等建筑内部的公共空间符合内-外（容器）图式，属于一种外部为实体、内部为场所的内向型的公共空间结构，这类带有一定社会功能的公共建筑内部空间，也符合中国自商代以来“藏礼于器”的礼仪文化。

#### 5.3.1.1　祠堂

在传统村落中，祠堂包括祖祠、支祠和家祠等，也有以“庙”代“祠”进行称谓的。在复杂的乡土社会关系网中，祠堂扮演着重要角色，既是家族、氏族祭祀逝去祖先和家人的仪式场所，也是在世成员内部进行交流的重要媒介。充当乡土社会公众交流的媒介，同时也是祠堂所有权氏族群体与村落中公众进行交流的媒介[114]。除了在婚丧嫁娶等重要仪式期间，日常生活中祠堂对家族成员和公众基本保持开放，作为教育和休闲的功能空间，发挥维系村民社会关系的作用。祠堂这类内-外（容器）图式的空间句法结构一般分为内、外两部分，祠堂前部多为开敞的前埕或街巷空间。而祠堂的内部公共空间多为一进院落大空间，如尤溪桂峰蔡氏祖庙；或者是多进院落纵向进深空间串联，如武夷山城村林氏家庙；抑或是因地形的多开间横向展开并联，如将乐良地梁氏宗祠（表 5-3）。

**表 5-3 祠堂空间图式句法结构**

| 地域 | 尤溪桂峰蔡氏祖庙 | 武夷山城村林氏家庙 | 将乐良地梁氏宗祠 |
|---|---|---|---|
| 公共空间布局 | 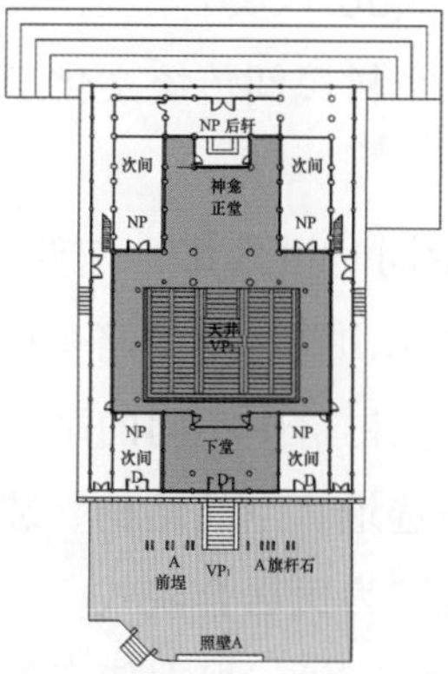 | 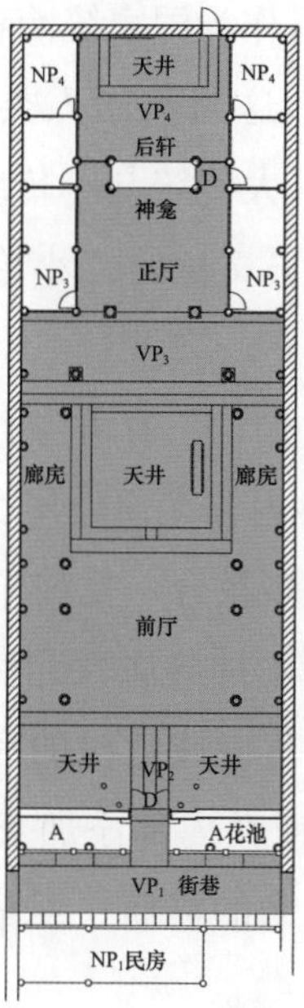 | 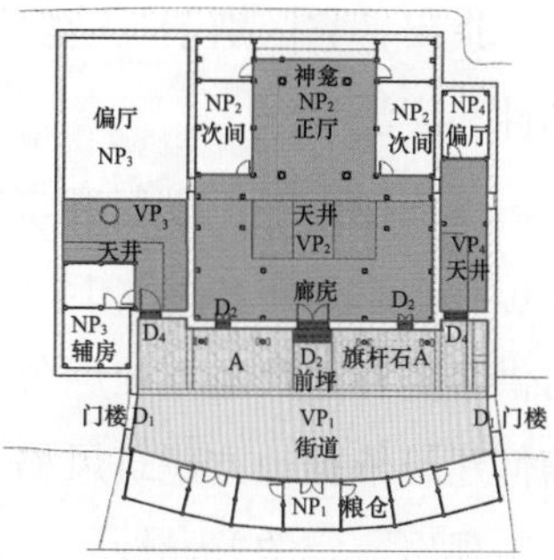 |
| 句法结构 | 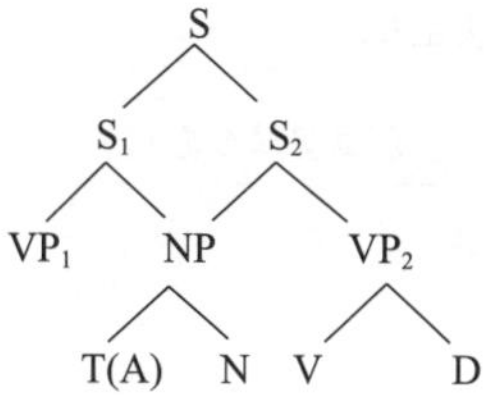 | 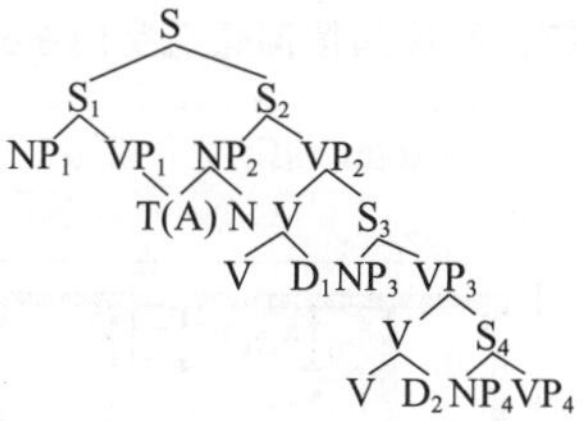 | 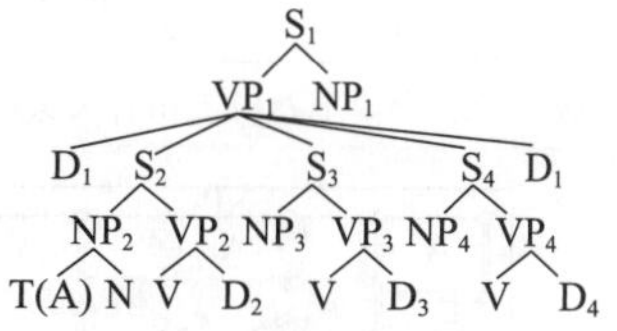 |

资料来源：自制。

以尤溪县桂峰村的蔡氏祖庙为例，经历了居祠合一到纯祭祀公共场所的演替历程。整座建筑四周环有石砌走廊，屋后有五层花台。正堂为三层建筑，迭梁式与穿斗式混合结构，面阔五间，明间高大宽敞，厅头设有神龛，置历代祖宗之神位，供后裔春秋祭祀，三楼大厅为停放宗族寿材区域，沿 11 级垂带踏跺而下至天井，走廊连接左右厢房，沿 9 级如意踏跺至下堂，门厅两侧分置两个圆形花窗，次间各置两扇大门。出门顺 11 级垂带踏跺而下为三个前埕，埕前立有照壁墙。从空间图式句法结构的角度看，桂峰村蔡氏祖庙的中轴线上公共空间序列依次为：照壁墙（A）—三级前埕（$VP_1$）—旗杆石组（A）—山门（D）—下堂（$VP_2$）—天井（$VP_2$）—正堂（$VP_2$），以内外空间划分成一个空间模块（$S_i$），则对应空间图式句法句法结构：$S_1$—$S_2$，而每一个空间模块（$S_i$）可以理解为 $S_i \rightarrow NP_i + VP_i$，即内外公共空间与围合的一组实体空间单元。作为宗族礼制公共建筑，空间位置优越，场地较开阔，建筑内部布局开敞，适合大型公共活动。

### 5.3.1.2 宗教和民间信仰建筑

传统村落中各类宗教和民间信仰的杂糅，反映了中国传统思想中“正式思想”与“民间思想”的相互碰撞和融合，有作为国家统治者推崇的儒、释、道文化，还有广泛存在于民间自发的各类民间信仰。这与美国人类学家罗伯特·芮德菲尔德（Robert Redfield）分析复杂社会文化中的“大传统与小传统”存二元层次契合[115]，费孝通进一步指出，它区别于统治阶级士大夫文化的“小传统”在乡村民间传统文化形成的基础性和广泛性[116]。

传统村落中一般包容多种宗教信仰，存在一组建筑中同时供奉多种信仰和主神，如位于永泰盖洋乡东北 14 公里赤岭村与尤溪岐尾交界处的深山茂林中的暗亭禅寺，殿内供奉儒释道及地方神卢公祖师，多教合一比较罕见。传统村落中不同的宗教和民间信仰建筑依据地方建筑风格和供奉主神的属性和性格，在选址、空间结构、装饰造型上表现出一定的差异性。一般在村落中或近村的宫庙建筑多为民居合院式，在此基础上添加山门（牌楼），分前后殿，或在内部添加戏台（藻井）等，根据侍奉的主神对内部道场进行空间布局。而规模较大的宫庙、寺院空间更加复杂，通过横向添加偏殿和横屋形成多轴线空间布局（表 5-4）。

**表 5-4 宗教和民间信仰建筑空间图式句法结构**

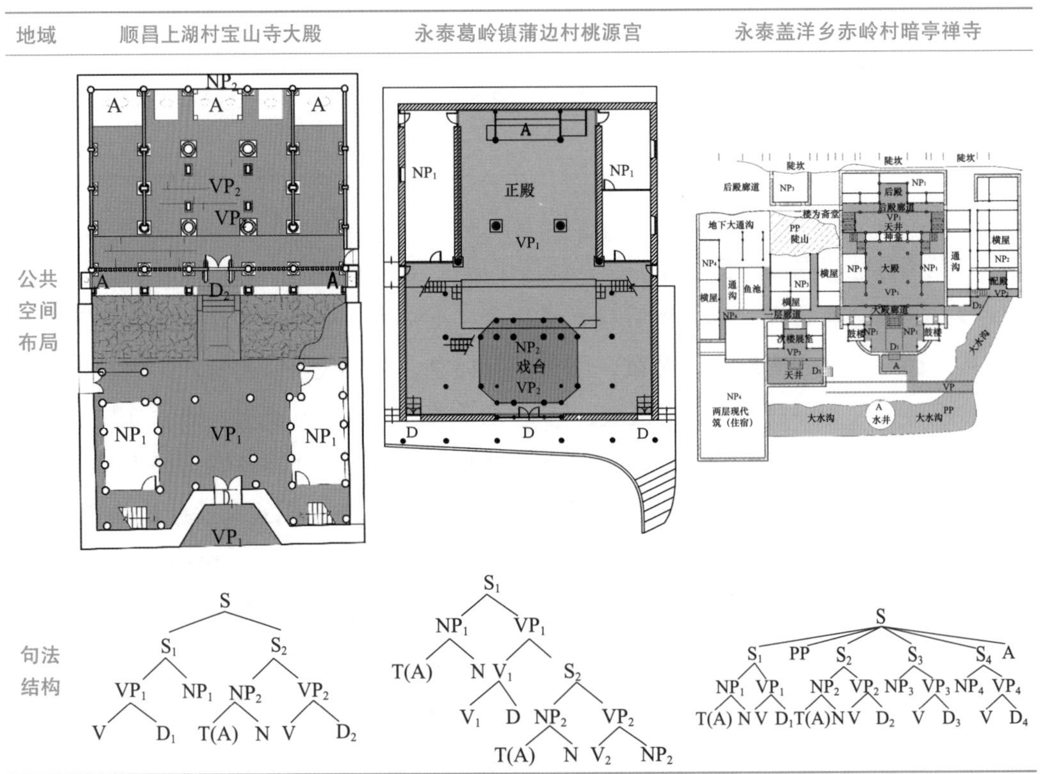


资料来源：自制。

以永泰县盖洋乡赤岭村暗亭禅寺为例，整体土木石结构，依山而筑，中轴线上依次建有：山门（$D_1$）—空坪（$VP_1$）—水井（A）—照壁（A）—钟鼓楼（$NP_1$）—大殿（$VP_1$）—天井（$VP_1$）—后殿（$VP_1$）。附属建筑（$NP_i$）：经堂、膳房、僧居、储藏室等。

寺前搭建清初石板溪桥（VP），照壁墙（A），重脊悬山顶，正脊鲤鱼跃龙门灰塑，石砌露明，上夯土墙，面施白灰面，墨书楷体“峰回路转”。壁前空坪（$VP_1$）依山石挖置放生池（PP）。壁后设矮围墙和旱门（$D_1$）。

钟、鼓楼（$NP_1$），二层，近方形，单间外设回廊，抬梁穿斗混合结构，重檐歇山顶。一层安放神像、摆放签书等，左二层钟楼，右二层鼓楼。上层屋架上设三跳叠涩如意斗拱与一跳穿枋承托檩条及屋架。檐下施垂莲柱。屋面正脊双龙戏火珠，龙舌燕尾翘，山花上灰塑白色朵莲，下层屋面花卷形翘角，上下层均施瓦当、勾头，屋角下设雕花角叶，下层屋面内侧多设防溅墙。

正殿（$VP_1$）：面阔3间，进深6柱，单层，抬梁穿斗混合结构，重脊歇山顶，明间为主殿，次间为配殿。殿前设单坡檐廊，廊两侧开小拱门进出附属建筑。内轩廊为双檩菱角，轩明间抬梁结构，4根正金柱下以八棱开光浮雕瑞兽花卉纹柱础支垫。明间顶棚设八边七层出挑叠涩藻井，顶部设重瓣莲纹组花；次间顶棚设三级变体菱形藻井。梁架上前檐隔断施海棠、四季花、中心花、拐子花组合的大型漏窗作采光和透气之用，以及装饰。殿后设主、辅龛，供奉佛像和道教雕像。两侧山墙石砌基础，夯土墙白灰面，靠前部墙体上内嵌清代、民国年间捐碑、祭祀、修建碑刻5通（A）。

后天井（$VP_1$）：横向长方形，用毛石垒砌边沿，三合土为地芯。

观音阁（后殿）（$VP_1$）：抬梁与穿斗混合结构，面阔5间，进深3柱，重檐歇山顶，明间设神龛，次间设辅龛，供奉观音和地方神。

念经堂（一经楼）（$NP_3$）：单独的合院，含有西洋风格的二层楼建筑，砖、木、土结构，面阔3间，进深4柱，单檐歇山顶外加西洋屋坡，门窗伊斯兰教风格样式。由矮围墙、旱门、内空坪、主楼等组成。

膳房（$NP_3$）：两层，穿斗式结构悬山顶，回廊式构筑，依托山溪回环之空间布建该空间。一层，中心围绕山溪挖掘放生池，四周围建辅房，大小共6间，用以僧人居住和堆放物件。二层，沿溪沟和放生池围建一周房屋，大小共7间，并于朝向一边设厅，用以接待僧客，为主持“主政”之处。

其他用房（$NP_2$）：依溪沟落差巧妙构建的主殿外的辅殿（$VP_2$），穿斗式结构，变体悬山顶，山花处理得特别，面较大，三重，上彩绘各类花卉等图案。供奉土地神、地方神等。朝向靠溪边设曲折檐廊（$VP_2$），供人上下进出。

附属构筑物和古环境（PP）：溪桥、放生池（充分利用山溪引用作为方形、圆形放生池）、普陀岩、桂花、苦椎、枫香。

### 5.3.1.3 防御性寨堡建筑

三明的大田土堡、尤溪土堡和福州永泰庄寨、闽清庐寨等属于同源的大型防御性寨堡建筑，由于独特的筹建方式、防御功能和性质变更，表现出不同程度的公共性。永泰庄寨和闽清庐寨以同姓家族聚居筹建为主，后期多为家族宗祠祖屋，檐下多为一姓同根之孙，因此主要为家族内部的公共空间。而大田土堡以同姓族人、同村异姓乡里甚至邻近村庄合作建堡居多，以紧急避难防御为主，因此土堡的公共范围覆盖面更广，多为同村。但村内同宗族或本村其他居民往往会以出资或出力的方式，签订契约，换取在遭遇匪患动乱时暂时进入寨堡内的资格。在进行防御活动时周边村民都会进入此类大型防御性寨堡建筑内，此时则转变为临时性的容器图式类型的公共空间（表 5-5）。

**表 5-5 防御性寨堡建筑空间图式句法结构**

| 地域 | 大田土堡（泰安堡） | 尤溪土堡（莲花堡） | 永泰庄寨（嘉禄庄） |
|---|---|---|---|
| 公共空间布局 | 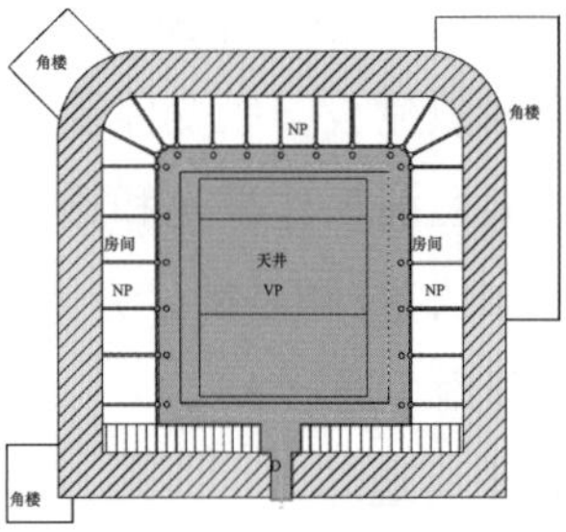 | 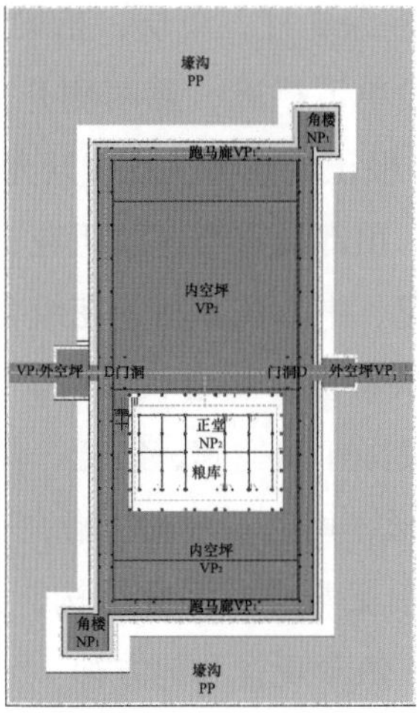 | 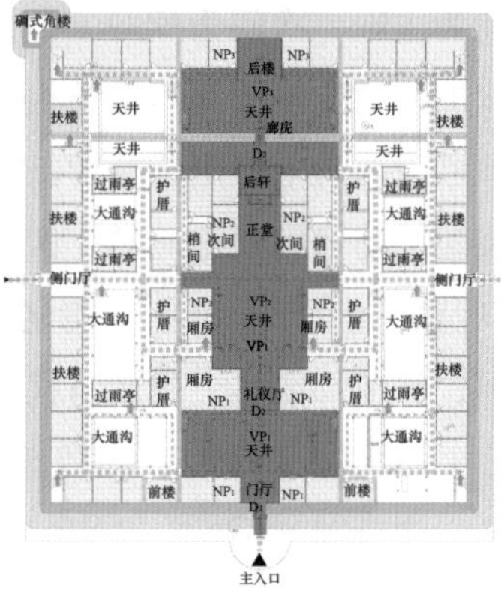 |
| 句法结构 | 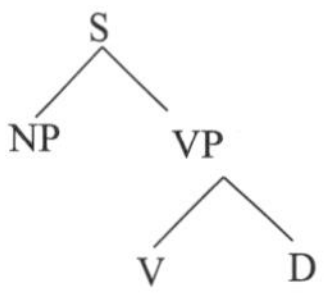 S<br>NP VP<br>V D | 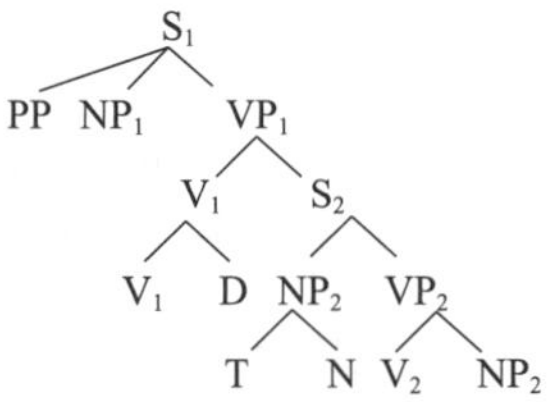 $S_1$<br>PP $NP_1$ $VP_1$<br>$V_1$ $S_2$<br>$V_1$ D $NP_2$ $VP_2$<br>T N $V_2$ $NP_2$ | 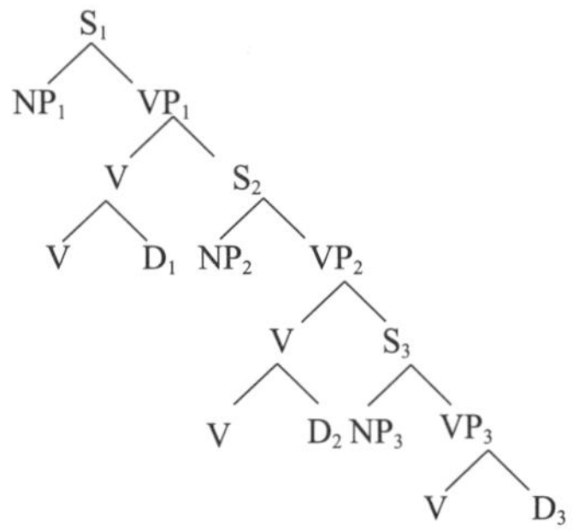 $S_1$<br>$NP_1$ $VP_1$<br>V $S_2$<br>V $D_1$ $NP_2$ $VP_2$<br>V $S_3$<br>V $D_2$ $NP_3$ $VP_3$<br>V $D_3$ |

资料来源：自制。

以永泰庄寨为例，其平面功能布局防御与居住并重，内部空间沿主轴线由内向外、由中轴向两侧多轴线安排，通过内隔墙、护墙、封火山墙和内回廊等进行分割串联不同功能的合院式空间。不同功能空间以平行多轴线布局：中轴线上以门厅、礼仪堂、正堂为主体的“礼制”厅堂空间和以厢房（楼）、书院、书斋为重点的儒理学堂空间；平行于中轴线，两侧以护厝、扶楼和过水亭为主的生活起居空间，并在大通沟和隐蔽角落巧妙安排储藏蓄养和“炊煮洁污”空间；而庄寨周遭形成以碉式角楼和跑马廊为要点的防御空间。庄寨四套不同的空间系统，外围结构强调防御，内部空间注重居住，在保护生命财产的同时兼顾生产生活，各类功能一应俱全，体现了防御性与宜居性的完美结合（图5-4）。

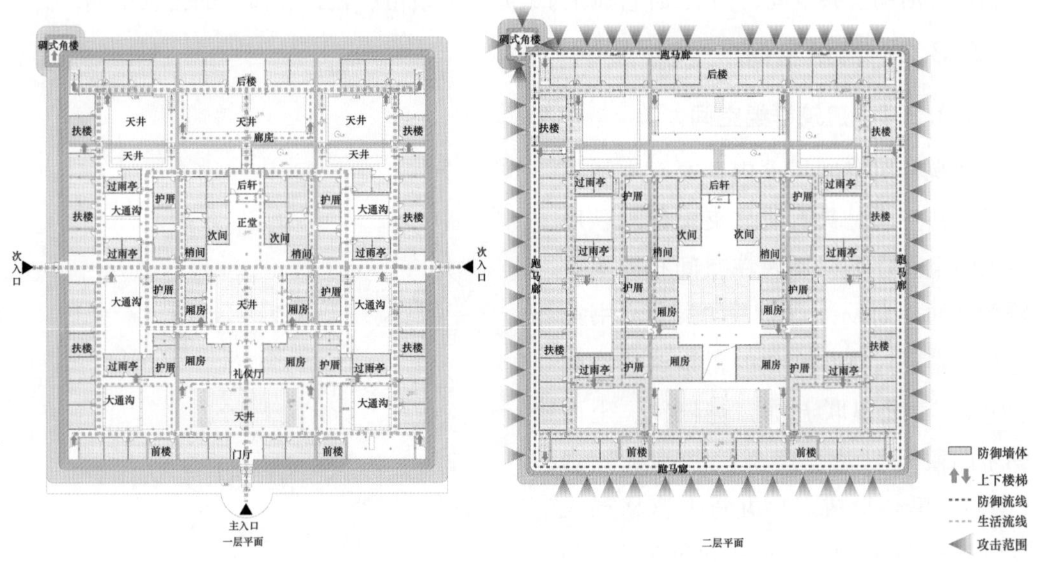


图 5-4　永泰庄寨平面布局示意图（以嘉禄庄为例）

（资料来源：自绘）

公共空间位于中轴线上，由外到内顺次是：门厅下堂为迎宾送客的空间，二层门厅则为瞭望观察的防御空间，两侧房间或设有弹药库；部分庄寨设有专门会客交流的礼仪厅或廊庑，如嘉禄庄、爱荆庄；一、二重天井主要为采光通风功能，兼作晒谷坪和练武场地（永泰有尚武之风）；正堂居于庄寨核心位置，空间敞亮、高耸庄严，设有神龛或太师壁，是庄寨中最庄严神圣的场所，也是宅院装饰装修以及梁架用材最好的空间，家族婚丧嫁娶、族人议事与祭祀祖先都在此举行；正堂后轩空间较为特别，一层明间空间较低矮，是专门用于家族老者去世停尸放柩与家人凭吊的空间，后轩二层明间一般是存放寿材（棺材）的地方，也是部分庄寨存放围屏、灯笼等装饰家具的存储空间，如爱荆庄、积善堂；后花台、小花园则是家人休闲的好去处；后楼主要为书院/书楼、祖楼或部分为绣楼（如丹云寨），是家族子弟受教育空间以及家族女眷主要活动空间[117]。各进厅堂之间前后以天井相连，作为通风采光、粮食晾晒以及日常公共活动与节庆礼仪活动的场所，两侧则为厢房等居住空间。各进院落间以门洞开启控制空间的连通与分隔。

因此，通常庄寨的内部公共空间沿中轴线依次形成空间序列：前禾坪 $V_1$—寨门 $D_1$—门厅 $V_2$（前楼 $N_1$）—前天井 $V_3$（厢房 $N_2$）—礼仪厅 $V_4$（厢房 $N_3$）—中天井 $V_5$

（厢房 $N_4$）—正堂 $V_6$（官房 $N_5$）—后天井 $V_7$（厢房 $N_6$）—后堂 $V_8$（后楼 $N_7$）—后花台 $V_9$。这一中轴院落线性递进的空间序列，若将一进院落看成一个空间模块（$S_i$），则对应空间图式句法结构：$S_1$—$S_2$—$S_3$，而每一个空间模块（$S_i$）可以理解为 $S_i \rightarrow NP_i + VP_i$，即一组实体空间单元围绕着公共空间布局。随院落纵向深度公共性依次递减，依次为门厅对外出入口与交流空间，礼仪厅为迎宾待客公共空间，正堂为家族公共事务和仪式活动公共空间，而后楼院落则为家庭内部祭祖、教育和休闲的公共空间。

## 5.3.2 群组空间

### 5.3.2.1 建筑群组空间

微观群组空间尺度内，家族生活的群组公共空间是具有明显支配伦理秩序诉求的空间序列，反映在空间布局上有较严谨的规划设计意图。如泰宁尚书第建筑群中通过宽窄变化的甬道路径空间（$VP_i$），南北串联五栋二进三堂、坐西朝东的院落以及一座书院和八幢辅房（$NP_i$），整体形成三厅九栋九宫格局大厅堂（$S_i$）。其中，甬道空间包含了空间图式完整的“起、承、高潮、转、合”线性递进的句法结构 $S_1$—$S_2$—$S_3$—$S_4$—$S_5$（图 5-5）。

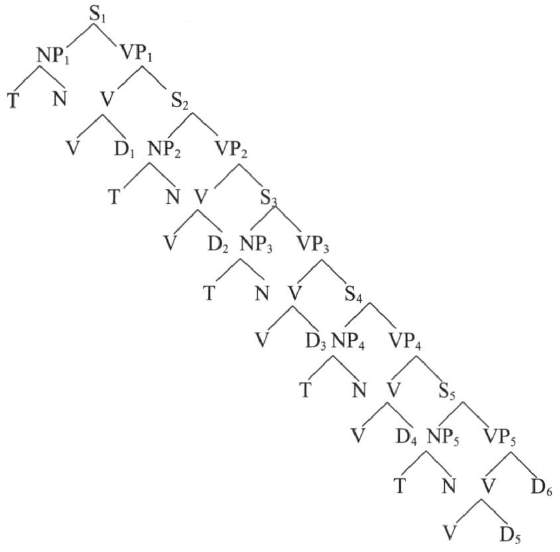


图 5-5 泰宁尚书第建筑群组空间句法结构

（资料来源：自绘）

尚书第南北两端分别以“尚书第”主门楼（$D_6$）和官式仪仗厅（$D_1$）作为门户，甬道以多进门楼（$D_2$—$D_3$—$D_4$—$D_5$）分割连接。身体的运动是阅读空间语言的重要方式，一种动态多维的感觉体验。基于生命体的生理特征，保持恒定的尺寸和速度，进而决定感受到空间和物体出现与运动的频率。两端门洞较中间三幢略低，6 个门洞在轴线上轻微错动，彼此进深距离的比例为 1∶2.3∶1.6∶1.4∶2.4，随着身体逐个穿越门洞形成丰富变化的透视景深和框景效果。各段平面进深与面宽的比值（$d/l$）为 0.8、5.3、1.7、2.8、6.9，而对应的各段剖面高宽比（$h/l$）则为 1.2、1.8、0.9、1.9、2.3、2.2，对应各栋建筑的位置和功能，可知甬道平面越宽、高宽比越小，礼仪性越强，反之则日常性越强。校核以空间句法（space syntax）视线整合度（visual integration）分析甬道平面，可知南北轴线视线整合度较高，尤其“尚书第”主厅（$NP_3$）前空间最高，即较开敞的空间视线深度较好，可达性较好。门楼入口空间的开敞度和入口进深对视线产生显著影响，导致视线整合度变大，而序列门楼通过收口处理，南北贯穿视线发生节奏变化。此外，门楼匾额以“大司马”（$D_1$）、“都谏”（$D_2$）、“义路（依光日月）”（$D_3$）、“礼门（曳履星辰）”（$D_4$）和“尚书第”（$D_6$）题注空间。仪仗厅与“四世一品”主厅（$NP_3$）等级较高，家长居住的主厅与北面三栋子嗣的宅院（$NP_4$、$NP_5$）在门楼规格、尺度、装饰（A）都反映了“父子”长幼伦理秩序，而长子与次子宅院又表现出“兄弟”有别，下人、马夫常使用的第一栋宅院与书院（$NP_2$）共用一个出入口，体现了封建时期的主仆身份等级（图5-6）。

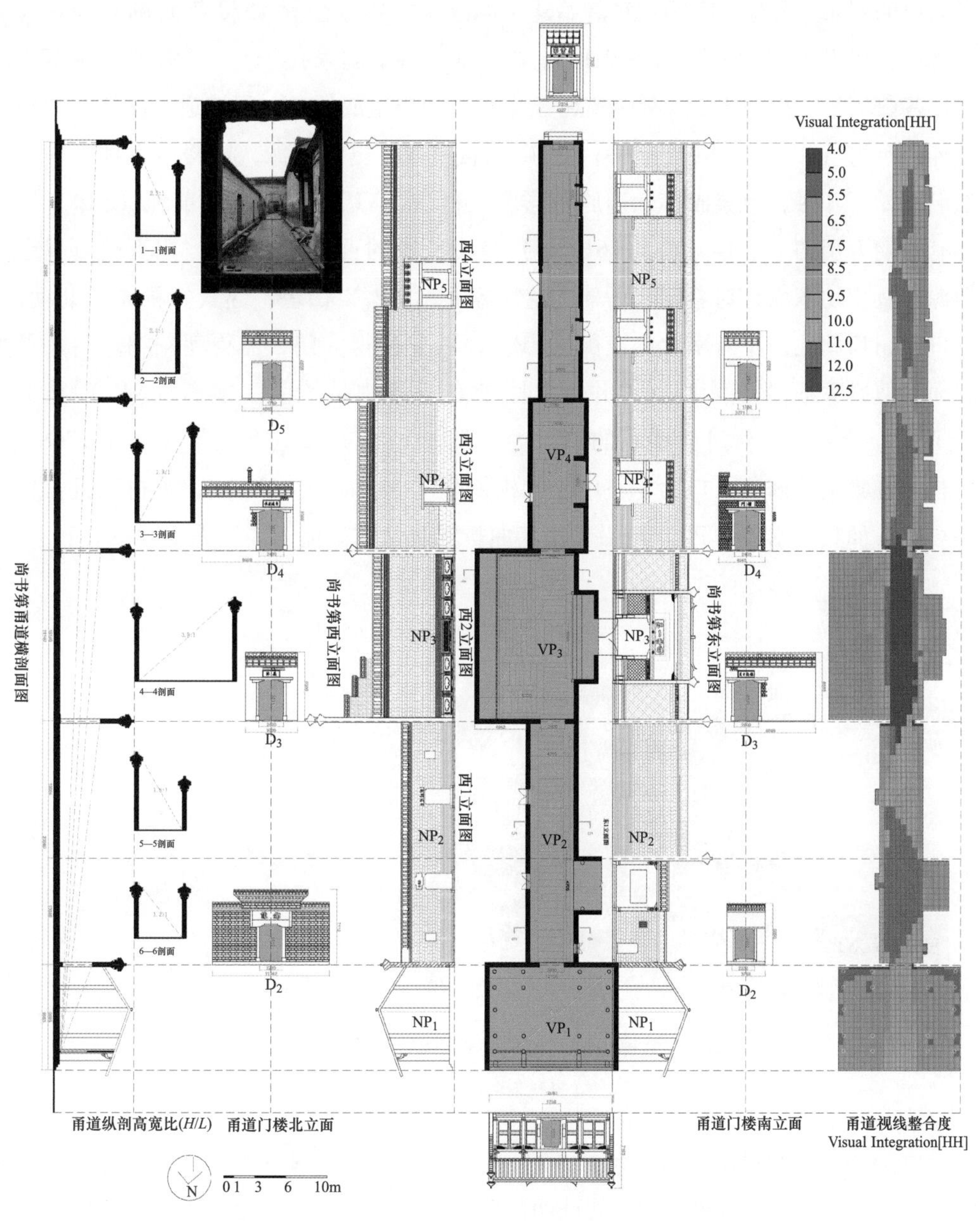


图5-6　泰宁尚书第甬道空间句法结构秩序分析

（资料来源：自绘）

#### 5.3.2.2 广场群组空间

传统村落中公共群组空间的形成，更多的是村落自组织、历时性积累演替的过程。各类空间语汇要素按照一定组织逻辑形成较为稳定的空间形态，以满足村民使用主体日常出行、宗教仪式活动、休闲娱乐等各类功能需求。如武夷山兴田镇城村南门进村的一组空间组合序列，由村道穿过古粤门楼（$D_1$）进入村口广场（$VP_1$），两侧为传统民居和1996年申请加入世界遗产后因旅游开发所建的古粤民俗风情表演剧场（$NP_1$），以及村口的树木（PP）。广场正对着始建于明隆庆四年（公元1570年）的兴福寺（又名华光庙，供奉道家的三眼马王爷）与文昌阁（供奉儒家孔子）、古佛庙（供奉佛教如来、菩萨等）、慈云阁（供奉佛教观音菩萨）相连组成的儒、释、道一体的宗教与民间信仰建筑群（$NP_2$）。其中，兴福寺外殿门楼（A）更是气派，门楼四大柱，柱上为两层船型如意斗拱，雕梁画栋，遍施色彩。入村道（$VP_1$）与寺庙群前埕（$VP_2$）转折处立有明朝万历四十五年（公元1617年）皇帝所赐的百岁坊（$D_2$），以嘉奖百岁老人赵西源。百岁坊东面正对着明代所建的赵氏家祠（$NP_3$）山墙，赵氏家祠堂坐北朝南，但入口大门口朝北，正对南北向横街（$VP_3$），因此进得大门，需得朝左拐弯后才见大厅，而不似别家祠堂，大门、天井、大厅处在一条中轴线上。横街（$VP_3$）与下街（$VP_4$）丁字交叉口正对门面朝东的慈云阁（$NP_2$），为乾隆三十三年（公元1768年）赵、林两姓集资重修，入口为一座单层木构街亭"水月冲天（$D_3$）"，为村民日常休闲聚集场所。而村中水渠（PP）则沿着街巷曲折蜿蜒从村南流入周边稻田（图5-7）。

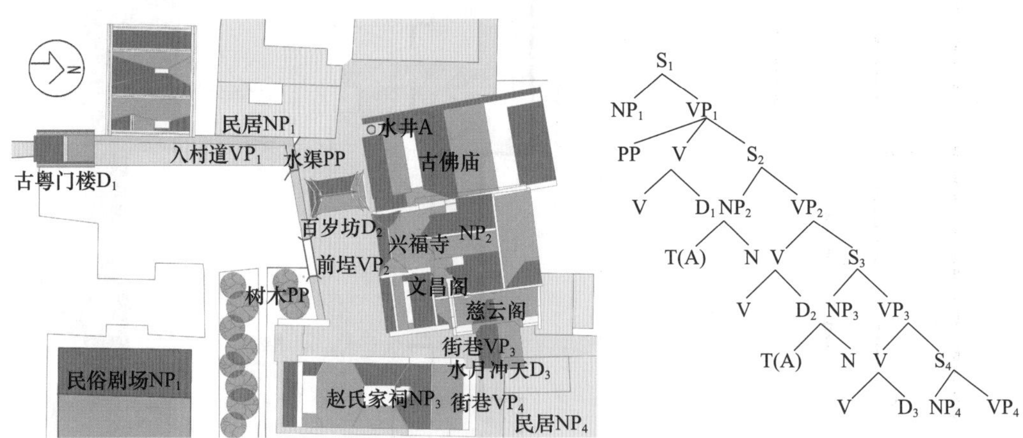


图5-7 武夷山城村南门建筑群组空间与句法结构

（资料来源：自绘）

从空间句法的视域网格分析可知，村口广场（$VP_1$）的视线整合度较高即可视性较高，随着街巷（$VP_i$）的转折和空间截面的收缩可视性降低，寺庙建筑群（$NP_2$）的内部空间结构以及与街巷的直接衔接方式表现出比赵氏家祠（$NP_3$）更高的空间可视性，这也与建筑的公共属性程度和服务人群范围相匹配（图5-8）。因此，该空间序列是随着运动路径的转折，衔接门楼、牌坊、寺庙群、家祠、街亭以及民居等各类空间语汇要素，若以一个转折路径为一个独立的空间模块（$S_i$），则形成群组空间图式线性句法结构 $S_1$—$S_2$—$S_3$—$S_4$，而转折连接处多有副词（D）类限制性空间要素多空间关键节点和路径进行修饰和限定。

图 5-8　武夷山城村南门建筑群组视线整合度分析

（资料来源：自绘、自摄）

#### 5.3.2.3　滨水群组空间

在闽江流域临水而居的传统村落中，滨水空间往往作为重要的公共空间，特别是一些水运商贸发达的村镇。以永泰县嵩口镇为例，作为大樟溪上往来货船、木排等水运交通的集散地，围绕滨水空间形成集水运交通、商业街、民居、宗教与民间信仰建筑、古树名木以及滨水驳岸等公共空间要素于一体的滨水群组空间。数百米长的直街（$VP_1$），街两侧仍保留有前店后宅形式的传统商铺（$NP_1$），穿过墨书“群贤毕集”的门楼（$D_1$）为街巷交叉口（$VP_2$），西侧为巷弄（$VP_3$）和民居群（$NP_3$），正前方为标志性建筑德星楼（$D_2$），楼上二层为关帝庙（$NP_2$）。德星楼与古码头（$VP_4$）形成“星楼晚渡”景观，楼前立有“禁止溺女童”的禁碑，反映了对当时的社会不良风气的反对。沿着大樟溪（PP）沿岸为石铺地面的驳岸（$VP_5$），通过小弄（$VP_6$）和戏台前坪（$VP_7$）连接德星楼东侧的民居（$NP_4$）和天后宫（$NP_5$）。一般有水运商贸的村落都存在妈祖信仰，此处天后宫由莆仙商家于清嘉定年间捐建，祈求一方航运平安和百姓安居乐业（图 5-9）。

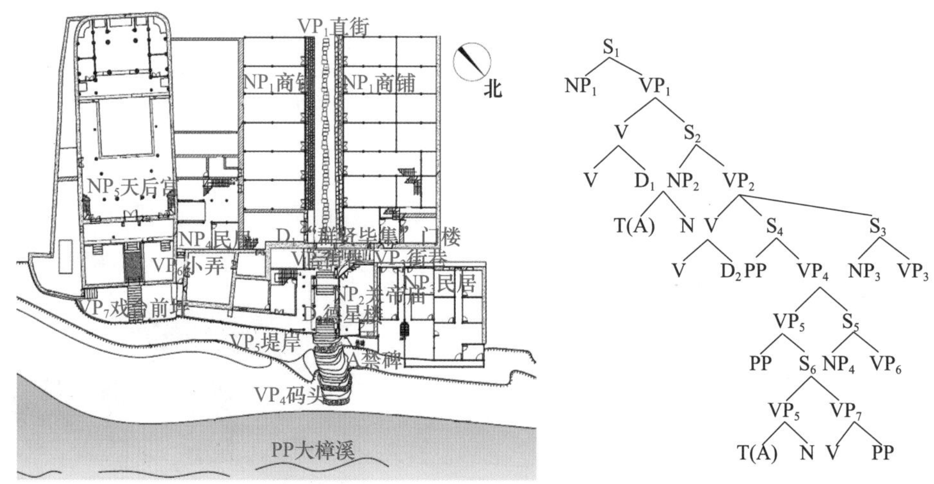


图5-9　永泰嵩口滨水建筑群组空间与句法结构

（资料来源：自绘，测绘底图由嵩口副镇长陈爱梅提供的《嵩口古镇保护规划》改绘）

从空间句法的视域网格分析可知，大樟溪（PP）滨水空间最为开阔，视线整合度也最高（即可视性高）。沿滨水驳岸（$VP_5$）与天后宫（$NP_5$）、德星楼（$D_2$）以及古码头（$VP_4$）等公共建筑和主要空间节点衔接处，界面层次丰富，在门窗洞、柱网、围墙等界面开洞和层次变化形成丰富的视线层次。其中，天后宫随着纵向庭院深入，视线整合度变低，前院为娱神的戏台，后院为供奉妈祖的大殿，视线纵深变化也符合功能布局和宗教建筑神秘感的营造。而德星楼为衔接码头和直街（$VP_1$）的节点空间，南侧望去透过层次柱网和门楼（$D_1$）为狭长纵深的商业街铺，北面望去为视野开阔的滨水驳岸和大樟溪水面（图5-10）。

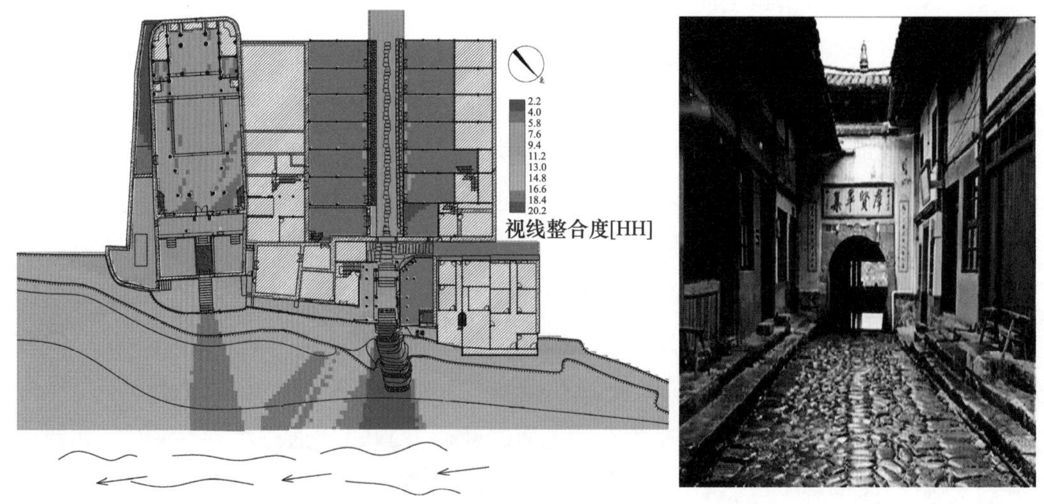


图5-10　永泰嵩口滨水建筑群组空间视线整合度分析

（资料来源：自绘、自摄）

### 5.3.3 街巷空间

在中观公共尺度内，街巷的空间秩序是发生群体自组织行为渐进形成的空间结构。如武夷山下梅村，居于山间小盆地，梅溪西面环绕，蜿蜒的当溪自西向东穿村而过，古民居（$NP_j$）、古街（$VP_j$）、古码头（V）、古井（A）、风雨檐廊（$D_j$）分列于当溪两侧，当溪古街和与之垂直的街巷形成鱼骨状结构。当溪古街按景观的句法节奏，有机结合各类空间语汇单位和要素，形成并联递进的句法结构（图 5-11）。

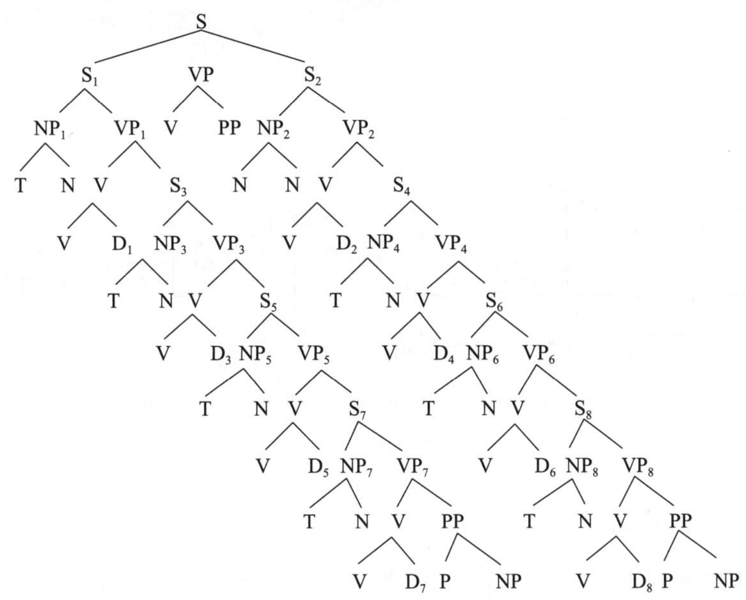


图 5-11　街巷空间句法结构

（资料来源：自绘）

校核以空间句法（space syntax）建立当溪街线段模型分析街巷线段整合度（segment integration）①。通过分析可知当溪古街两侧交通可达性最高，对应作为主要公共空间的人群吸引力最强，两侧民居朝溪坐落，10 座小桥（$VP_j$）间隔成节奏横卧当溪（PP）之上，连接两侧街道和巷弄（$S_j$）。临溪街巷断面空间开阔，适宜人群往来和休闲观景，加之临溪 900 余米风雨檐廊曲折连绵，避免了酷暑与雨水的侵扰，反映了南方气候特征与水陆茶道、两岸商业、居民日常行为模式。而与之垂直的巷弄整合度随着纵深深度逐次降低，街巷尺度越小，对应的居住私密性越强。此外，邹氏家庙（T + N）坐北朝南位于古街黄金分割点核心位置，其门楼装饰（A）和前埕空间最为开敞，反映了氏族宗祠在乡土社会的空间主导权。祖师桥（VP）以桥亭结合的形式，遵循传统营造方式，锁住当溪与梅溪的汇水口，成为空间重要的起始标志，镇国庙（T + N）

① 线段模型的整合度（integration）：是在轴线（axis）模型的基础上以线段为计算元素，以米制尺度为权重，分析角度基础上整合度越高，需要的转角越少，对路径的选择倾向越高。

则承接入口空间，作为民间信仰公共活动空间。二者更多地回应自然环境和反映群体诉求与共同价值认同（图 5-12）。

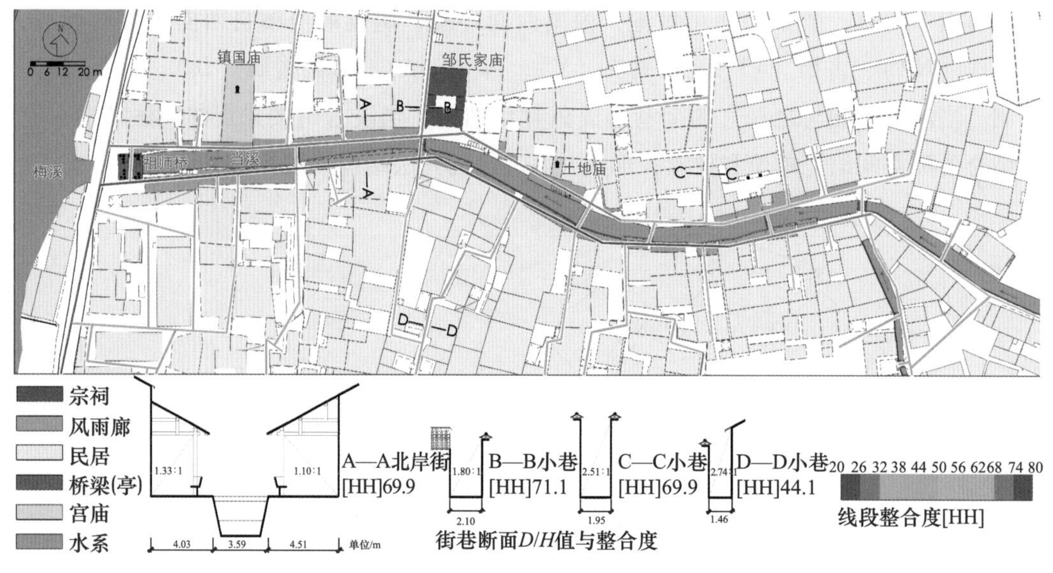


图 5-12　武夷山下梅村当溪古街空间图式句法结构分析

（资料来源：自绘）

### 5.3.4　整体空间

武夷山城村的村落布局“章法”在平地型村落中最具代表性，村落坐北朝南，居于三湾水抱的优越地理位置。门楼、宫庙、街亭和宗祠作为空间关键语汇位于村落关键节点，组合形成入口、街角等中心和边缘节点空间场所，通过街巷路径空间串联形成单一街巷空间句法结构：$S_k \rightarrow VP_k + NP_k \rightarrow D_k + V_k + T + N_k$，例如：门楼（起、止）—宫庙（承）—街（行）—亭（停、转）—宗祠（合、高潮）……门楼（起、止）。门楼、街亭等公共空间作为连接副词（$D_k$）连接多个连接主句和名词性从句（S′），多条街巷空间交织形成村落整体空间句法结构（图 5-13）：$S_1 + D_1 + S_2 + D_2 + S_3 +$，…，$+ D_k + S_k$。

校核以空间句法线段模型分析其街巷的线段整合度，可知村落的内在句法结构与功能布局的相关性：大街和横街整合度最高发展成为周期性商业性的集贸街巷，其次为下街，3 条主街构成村落“工”条形空间骨架，可达性最高、空间吸引力最强。而 36 条小巷迂回曲折，整合度偏低即需要更多转折，但私密性较强，作为居民生活性巷弄。此外，由街巷整合度值与街巷宽度、*D/H* 值对比分析可知，整合度较高的街巷宽度等级较高，空间较为宽敞，功能也越多元。神亭、聚景亭、新亭、余家亭、水月冲天 5 座公共街亭位于主要街巷十字或丁字交叉口，也是选择度较高的节点位置，形成村民日常聚集休闲的场所。其中丁字交叉口的亭子与民间信仰建筑结合，除了具有停歇倚靠的休闲功能外还带有祈福禳灾的宗教功能，而位于十字交叉口的聚景亭为二层亭阁，还具有观景瞭望和消防监察的功能（图 5-14）。

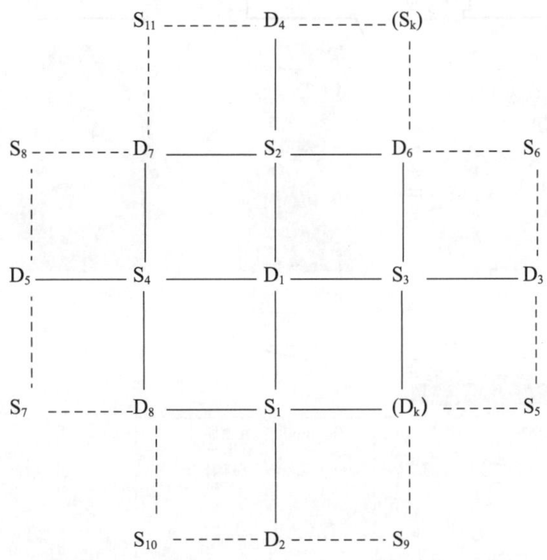


图 5-13 武夷山城村整体空间句法结构示意

（资料来源：自绘）

尤溪县桂峰村的村落布局“章法”在山地型村落中最具代表性。桂峰为典型性山地型古村落，为海拔 550 米高山谷地。村落整体依据等高线有机分布，建筑依山就势，层次错落，层叠而上。神龟溪自东向西蜿蜒流出，岭道街巷依势连接，建筑群依山沿溪而建，应和了“寻天造地设之巧，在人善于黠缀耳”的传统山地型村落格局营建思维[118]。村落内部街巷空间、水系、休闲节点和庭院空间构成了主要承载居民必要性活动的公共空间，街巷邻里为乡土生活核心空间。街巷空间是土地集体所有的公共空间，线性连接不同产权性质的宅基地，并通过人在其中的活动路径将各类空间限定要素串联起来，形成单一街巷空间句法结构：$S_g \rightarrow VP_g + NP_g \rightarrow V_g + NP_g + PP_g$，即街巷、岭道（$VP_g$）沿着山地、水系（$PP_g$）串联起沿线民居、宗祠、书院等实体空间（$NP_g$）。全村共 12 条岭道、一条街、一条环村路，形成“一环一街多岭道”的“蛛网式”街巷结构，为“村道—街巷、岭道—入户小道—院宅”的连接关系[119]。多条街巷空间交织形成村落放射状、枝状蔓延的空间句法结构（图 5-15、图 5-16）。

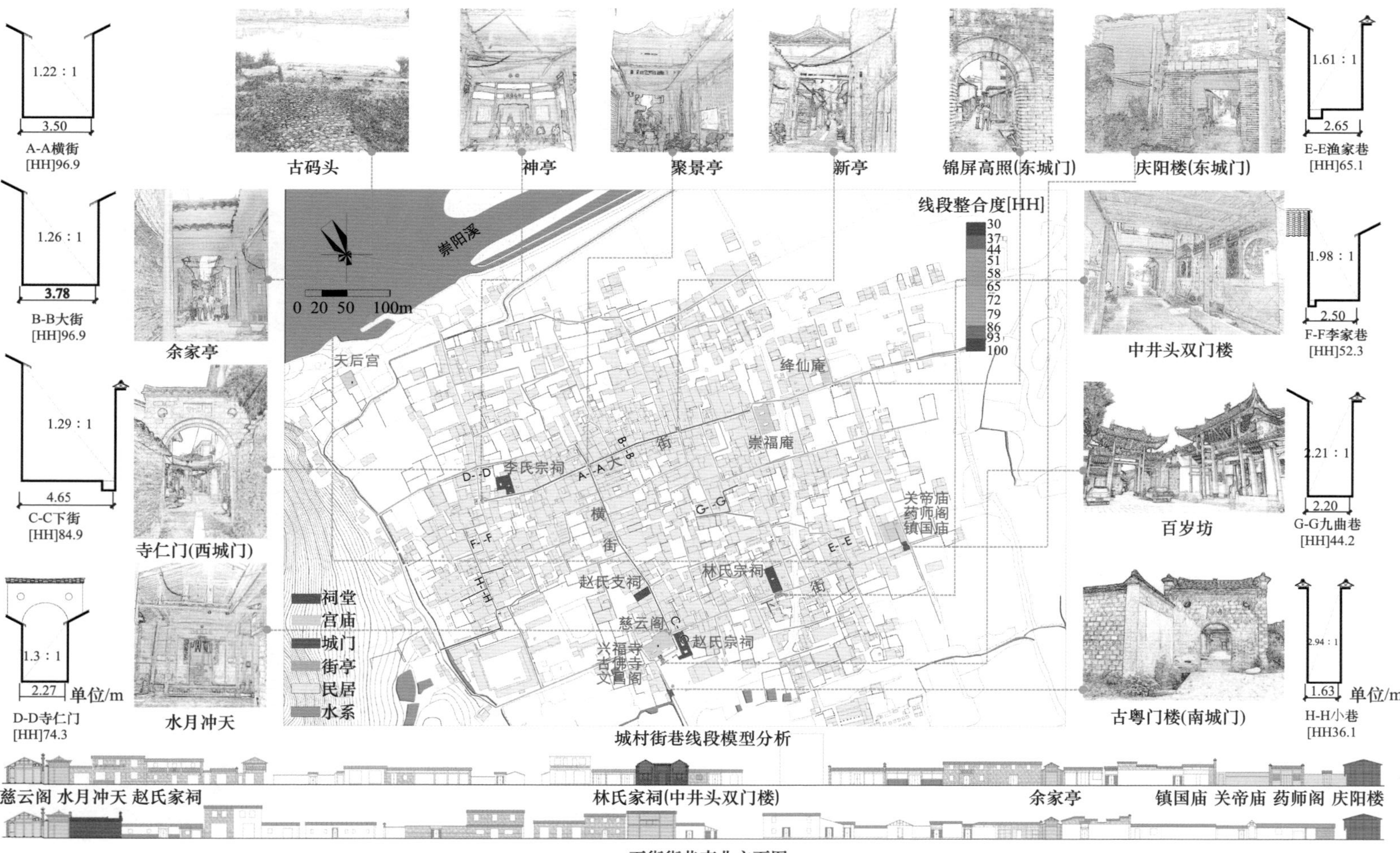


图5-14 武夷山城村整体空间句法结构示意

（资料来源：自绘）

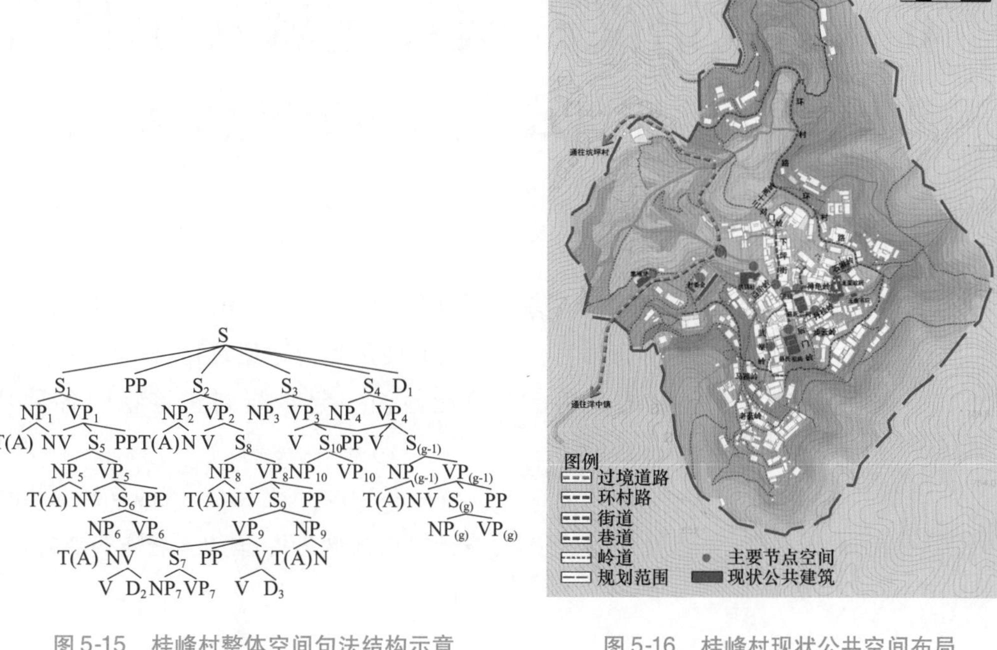


图 5-15　桂峰村整体空间句法结构示意

（资料来源：自绘）

图 5-16　桂峰村现状公共空间布局

（资料来源：自绘）

## 5.4　本章小结

本章借鉴乔氏转换生成语法理论，构建传统村落公共空间图式语法系统。首先，通过里居图中抽象化、类型化的图式符号单元及其组合方式，佐证传统村落公共空间的语言特征，即空间要素表达的符号性、空间表征层次的拓扑性、空间路径的秩序性和知觉性以及空间结构增长的递归性。其次，基于传统村落空间组织与乔氏转换生成语法的逻辑一致性，将其空间图式语汇视作一种离散组合系统，由一套完整的符号链（Σ）组成。以乔氏的语法形式［Σ，F］和“推导式”转换规则（F）来理解传统村落的空间组织模式和生成过程。其形式和结构逻辑是从一组有限的空间元素之中，根据生成语法规则创建出无限的特定空间组合。最后，基于模块化图式系统层级嵌套结构，解析单一空间、群组空间、街巷空间以及村落整体空间的空间要素组织方式，归纳出相应的图式句法结构。将图式语言概念引入传统村落公共空间的认知中，意在从具体的、直观的村落空间意象中抽取出地域性空间组织构成法则和共性的认知结构；反之，以图式程序逻辑使隐藏在传统村落公共空间中的营造思想或空间现象比其他表征形式更容易理解，在物理和社会环境中嵌入认知线索。

# 6 图式语义：闽江流域传统村落公共空间的意义表征

“建筑除了工程技术要求，还有个总体表达的问题，也就是用某种方式通过建筑物的形态语言，向观众或使用者传达建筑物所蕴含的意义，充分激发出他们的共鸣，进而让他们一起参与到建筑物的各种功能来。”[120]

——刘易斯·芒福德（Lewis Mumford）

《声讨“现代建筑”：与勒·柯布西耶商榷》

传统村落公共空间图式语言体系的构建，为我们掌握空间形式的组织逻辑提供有效方法，通过语言的逻辑符号进行思考。但人们是如何获得其形式背后的语义的？即人们是如何通过营造传统村落公共空间来表征（representation）其伦理功能的？人们在处理传统村落公共空间的形态、形式、材质、结构关系这些空间信息时，是以什么样的表征方式在大脑中再现？传统村落公共空间语汇要素和语法系统与语义是“表层结构”与“深层结构”的辩证关系，不同的表征方式将影响人们对空间意义的理解，进而影响空间的营造方式，这也是不同地方空间地域特征形成的主观影响因素之一。正如刘易斯·芒福德（Lewis Mumford）指出的建筑的伦理功能，将空间作为意义的表征文本，以身体体验为“阅读”方式。传统村落公共空间图式语言的语义研究目的就是探讨其如何反映人们对空间体验感知的知觉尺度、隐喻方式、限制规则、量化方式等方面（图6-1）。

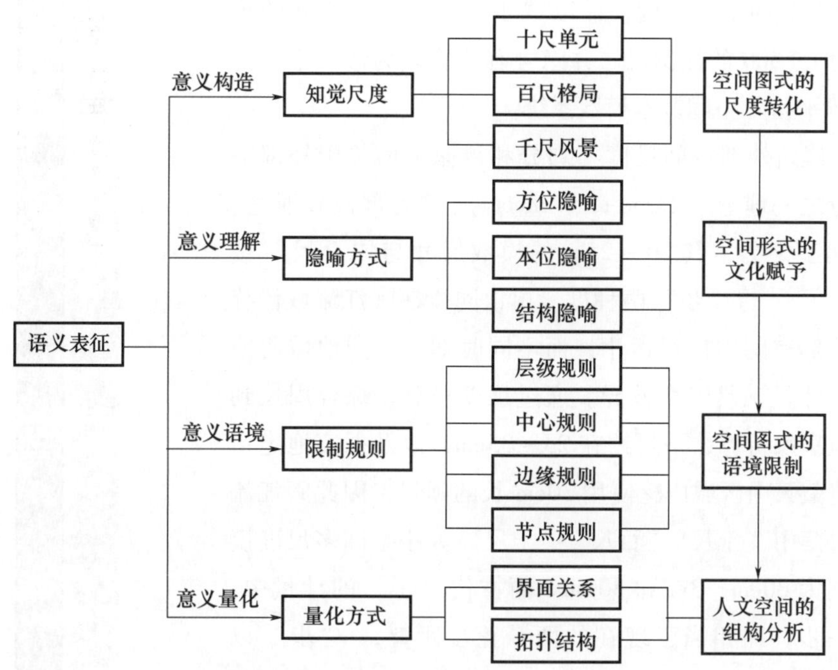


图 6-1　公共空间图式语义表征的逻辑框架

（资料来源：自绘）

# 6.1　空间图式的知觉尺度

空间图式作为空间意义构造的手段，借以表达人类对外部空间的审美认知、逻辑构造以及空间构想等思维活动过程，进而通过经验连贯的图式认知结构来理解空间的意义。

## 6.1.1　空间图式的尺度依据

### 6.1.1.1　尺度与身体

勒·柯布西耶（Le Corbusier）在《直角之诗》中指出了身体与空间尺度的关联性："数字法则蕴含于人体之中……这就是尺度。尺度让我们的身体与环境产生关联。"如《大戴礼记·主言》所云："布指知寸，布手知尺，舒肘知寻，十寻而索。百步而堵，三百步而里，千步而井……"可见"寸""尺""寻"这些尺度都与手指、手掌、手肘以及胳膊等身体四肢直接相关，进而延伸至"堵""里""井"等尺度单位。从人体尺度延伸至测量基本居住单元"八家共井""一朋之田"，到土地面积单位"句烈"以及百里都城的规模尺寸，人体尺度由内而外延伸至外部空间。在中国古代，尺与步作为两个关键尺度测量单位，分别与人的身体即上肢（人体尺度：成年男性尺骨）和下肢（行动方式：双腿步幅）直接相关。在距今 2300 年的战国中山王陵《兆域图》中同时出现"尺"与"步"两种度量单位表示建筑与外部空间尺度，其中以"尺"度量建筑以及建筑间距的尺度，而以“步”度量宫殿之间的距离，约为1：500的比例尺，并隐含有“百尺为形、千尺为势”的“平格”空间基本模数系统。

传统建筑外部空间尺度与划分和芦原义信关于外部空间“十分之一理论”（One-tenth theory）、“外部模数理论”有异曲同工之处，其20～25m的模数尺寸与“百尺”接近[121]。“尺”与“步”两种度量单位同样在闽江流域传统建筑和外部空间中广泛运用，而不同时期、不同地域所使用的尺度计量工具略有差异。通过尺度换算，综合周尺到康熙量地官尺折算，一尺约在23～35cm，以及据实地走访发现福建戴云山区域广泛使用30cm长的闽尺，因此闽江流域传统村落中“十尺”“百尺”“千尺”大小空间多尺度模数约分别为30cm、3m和300m。而古代“步”的计量中，两跬为一步，即相当于现在的两个正步距离，“步”以“尺”进行换算，参考汉一步六尺至唐一步五尺，一步约合1.5m。陈傅良等撰写的南宋时期福州的地方志《淳熙三山志》中记载宋代以“步”作为土地面积计算的最小单位，六十步为一角，四角为一亩，百亩为一顷。这里的“步”应该指的是“平方步”，一宋尺为31.2cm，则宋代一步在1.56～1.872m范围内，一亩至少有374.3m$^2$。

#### 6.1.1.2 地方尺度运用

当人体尺度以尺度工具刻画固定下来后，在传统村落建筑和空间营造过程中扮演着重要角色。除曲尺外，地方工匠制作和使用的篙尺也发挥着关键作用。以福州永泰庄寨的篙尺为例，营建庄寨时，大木工匠使用的篙尺（亦称丈杆），涵盖了1：1比例的整栋空间构架尺度信息，是建筑形制与外部空间的设计依据。篙尺的标画以线型符号为主，辅以文字标注，不同庄寨的空间差异，因不同的工匠班和师承派系在营建中制作和使用上略有不同[122]。据田野调查中永泰霞拔乡大木作师傅范苍松次子范鸿扬老人口述，在建造庄寨时，必须充分了解并依据雇主需求制作篙尺及刻度[123]。根据刻度尺寸备齐所有木构架用料后木工进场，以此测算面阔、进深、举折和制定柱梁构架尺寸，之后才是上栟与上梁等木构空间框架搭建（图6-2）。

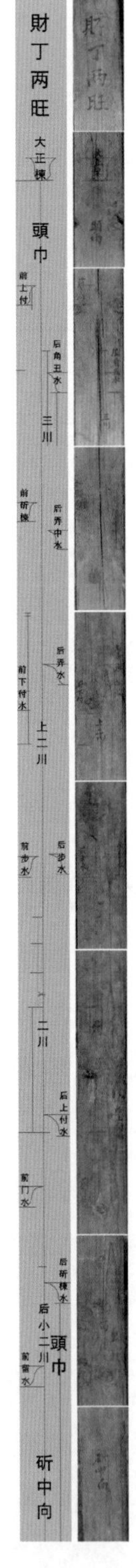


图6-2 永泰庄寨刻度示意

（资料来源：作者自绘）

篙尺作为空间度量的“度量衡”，与庄寨面阔、进深，以及梁架举折、柱高、穿枋、榫卯等构件尺度直接关联。如栋梁、中柱、步柱、角柱、廊柱、尾柱、穿板、由板等主材计算，算水（屋坡面，全部按 3 寸递增进行测算，如面阔 3 尺 ×28 寸 = 8.4 寸，坡，3 尺 ×31 寸 = ……）面阔越宽，屋面越斜（按拱算，40 寸，每加一拱按 3 寸递增测算），然后排穿板尺寸高度（以中柱高度的对半以上开始算，一穿、二穿以上半部高度对半算，三穿按中柱的附水画下来），如一穿 35cm，二穿少 5cm 即 30cm。最后，以一至四把篙尺将计算得出的大小空间尺度数据、构架形式和设计意图浓缩墨书刻录于 6m × 6cm × 6cm 的条形四方杉木之上，同时篙尺的尺寸“题记”中标记庄寨“三梁扛架”“四梁扛井”、抬梁穿斗混合结构、穿斗式木构架形式[124]。在施工现场，有经验的民间工匠会将带有尺寸的放样图勾画出来，有时在纸上，有时在板上，有时在墙上。在现场也会在窄长木板上弹墨制作几根临时性的简易篙尺，用以设计和测量不同构件的做法和尺寸，进而方便构件裁料加工与安装。庄寨落成时，将篙尺悬于正厅老檐柱梁枋下，从这种仪式性可知篙尺之于庄寨的重要性。篙尺的运用直接决定了大型集合性民居中建筑构架与各类公共空间“十尺”和“百尺”的空间尺度（图 6-3）。

(a) 曲尺　(b) 简易篙尺　(c) 设计草稿
(d) 梁架设计与备料　(e) 测量、弹墨、裁料加工　(f) 大木作安装

图 6-3　永泰县白云乡竹头寨用尺实物图与施工现场

（资料来源：自摄）

#### 6.1.1.3　形势转换概念

传统村落空间的营造者深谙《黄帝宅经》中“宅以形势为身体”“千尺为势、百尺为形”的尺度概念，选址构筑依据地方传统做法与视觉感知效果，以山水环境辽阔远景的“外势”为本，以统筹传统村落内部空间细微近观的“内形”。“十尺”，始于

人体尺度，在传统建筑中则是在“方丈”即“十尺”单位的室、间以及庭院范畴。在图式表达上身体作为观察出发点，包含了大量惯例性日常活动场景，对情景的可预判便积淀为记忆和身体经验，是对体验到的场景直接图示化（即情景图式）。“百尺”，是身体尺度的延伸，是对本体、局部空间形体的细节把握，形成建筑单体尺度的空间构成。在该尺度上，对场景的情景图式有整体性感知，在观念层次上以身体性或规则经验为基础抽象化构建逻辑图式，具有象征性和观念性秩序。“千尺”，则是群体性、概括性、整体性的宏大空间格局的“知觉群”。在图式表达上则是抽象化的空间图式，将情景图式单纯化，以几何和符号对各种空间性进行解释的构造图式。构造图式逐渐剥离了身体性与实体存在，其抽象化和哲学意味具有作为普适共享图式的潜力，是共同构想空间概念的表达载体。

### 6.1.2 传统人居环境尺度层级

传统村落公共空间营造的多尺度的表达，分别为以住居生活景观为主的“十尺”人居单元尺度、以聚落人文空间为主的“百尺”人居格局尺度和以自然景观环境为主的“千尺”人居风景尺度三个主要层次[125]。以“四望”的体察寻胜方式寻求空间与环境的关联性，将四望范围的山水形胜、水陆交通的关系明确，完成空间结构类似性图式构想。“四望”是一种以人的环境感知为核心的空间环境体察行为，从建筑、村落位置和角度以观察者的视域所达和环境感知极限为空间界线标尺，形成整体意识的空间环境观[126]。从建筑单体到村落整体格局再到村落空间环境，从微观到宏观多个尺度，不同层级详略表达，完成空间图式语言的“身体-空间”图式观和多尺度层级转化。基于体验者静态或动态的观察方式，突出主体空间，以具身性方位朝向，完成空间情景的叙事。

#### 6.1.2.1 “十尺”人居单元

“十尺”人居单元尺度是建筑与庭院融合的综合体，也是传统血缘家族举行宗族公共事务和仪式活动的公共空间。家屋位于图式构成中心主体位置，将建筑作为观察主体，与周边视线和感知范围内的自然环境互动协调。以背山面水的典型建筑坐向作为绘图方向，简化表达周边其他民居，各个建筑面朝街巷或背靠山体，不同的朝向方位蕴含了地方营建智慧。在“十尺”人居单元尺度内以具体情境图式表达家屋空间的伦理功能。在传统空间图式中的空间定位方式以建筑整体朝向布局定义自身“上、中、下”或“头、尾”，是以建筑整体作为观察主体，与周边环境形成相对方位参考系。进而基于中轴线，划分出“左、右”关系，或以“东、西”进行尊卑秩序划分。而在建筑内部，则以身体朝向进行相对方位定位，与绝对地理方位定位体系不同，以厅堂面向天井的朝向定义“前、后、左、右”，进而命名各个建筑空间，并隐喻长幼尊卑的礼仪秩序。以外坪、内坪和两进厅堂形成公共核心空间，四面建筑立面展开，空间情景图式的次序展开暗示公共空间的路径仪式和时间顺序，隐喻每个空间的公共职能和对空间行为进行规训。此外，这种体现空间平面布局结构和立面装饰要素的表达形式，也符合公共空间短语结构“NP→T＋（A）＋N、VP→V＋D”对空间主体和路径结构修饰的语法（图6-4）。

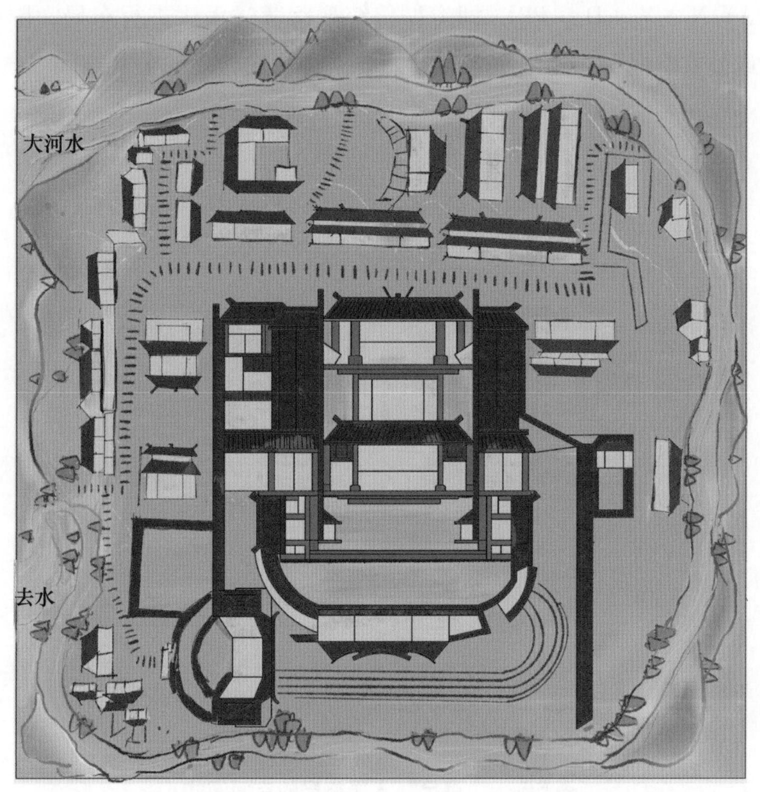


图6-4　“十尺”人居单元的空间图式

（资料来源：自绘）

#### 6.1.2.2　“百尺”人居格局

在“百尺”人居格局尺度层级，强调构建群组空间的逻辑性与关联性，以期获得空间的结构秩序和象征意义。在“百尺”人居格局的空间图式中，村落与自然环境格局有意识地相互作用而形成“规划-建筑-景观”三位一体的人居空间环境表达方式。以村落为观察主体，四周自然环境和其他村落、建筑围绕聚落核心向心展开表达。村落整体选址在溪流凸岸的河漫滩上，注重来水去水流势方位，玉带环绕，构成典型的背山面水、溪水环绕的空间格局。而每部分空间组成则以一组组情景图式表达其空间场景与角色：街巷道路沿溪岸铺设，大型家祠和书斋楼临溪沿路布局，经过石桥通往主要水田耕作区。道路进村口有中华庵宗教建筑镇守，对岸其他村落遥相呼应，鸡犬相闻。在建筑围绕家祠等重要公共建筑布局，一般为两进五开间院落，左右一到两排护厝，设右侧入户门亭，围墙围护，依次设晒坪、外坪和内坪三进空坪，正厅为祭祀等仪式空间，屋后为弧形“化胎”。此外，对村落耕地、林地、水陆交通、水利设施甚至坟地等生产资料和土地资产进行标注和表达。由上述可知，家族宗祠、书斋、庵庙、石桥、驳岸码头、街巷空间等要素，其整体空间图式句法结构可以理解为 $S_i \to NP_i + VP_i \to T +$ （A）$N_i + V_i + D_i + PP_i$，即遵循传统聚落营建手法进行布局，围绕宗祠等重要公共建筑或公共空间，组织以上各类空间要素，构成村落的公共空间系统（图 6-5）。

图 6-5　“百尺”人居格局的空间图式

（资料来源：自绘）

#### 6.1.2.3　“千尺”人居风景

因借天地之化育，尊重和凸显原生态的自然环境，与人居空间交织互动，相得益彰，既是人居环境的延伸也是村落外部公共空间的重要载体。武夷全图虽然也采用平面与立面结合的表现方式，但相对于建筑单体和村落整体静态观察感知进行环境和方位描绘的不同，采用观察者运动动态感知方式对所看到和体验的风景意象结合相对地理空间进行写意表达，图中竹筏和船只暗示观察者的运动状态和方式。将武夷山九曲溪流域范围内的三十六峰、九十九岩、沿岸村落以及标志性人工景点浓缩于画幅之内。武夷山九曲溪全图，是在“千尺”人居风景尺度层级构造“九曲”这一整体构造图式的，而每曲具体的景观空间感知是以情景图式进行构造的，通过身体的运动和时间的累积形成完整的空间感知体验。

按游览曲序从武夷宫至下星村逆流而上，分别为：一曲武夷宫前与晴川一带；二曲进入玉女峰、一线天；三曲雷磕滩湾环小藏峰；四曲经卧龙潭至大藏峰以及小九曲等景点；由小九曲北上进入五曲，这里玉华峰和隐屏峰相峙而立，空间开阔；一路北至高潮六曲，行程虽短但景色最胜，有主峰天游峰以及仙掌峰等山峰巍然耸立；短暂经过六曲进入七曲，其北岸有区域最高峰三仰峰俯察武夷全景；接着到达水天辽阔的八曲，众多形态各异的（如上水狮石、下水龟石等）奇石出水；最后行至九曲尽头齐云峰下星村，星村桥横卧水面，村舍隐约。以动态的行止感知串联起山水自然环境、村落、标志性建筑空间、桥梁水利、林地、茶园等各类空间要素。若将每一曲看成一个空间模块（$S_i$），则武夷山九曲溪的整体空间路径对应空间图式句法结构：$S_1—S_2—S_3—S_4—S_5—S_6—S_7—S_8—S_9$，而每一个空间模块（$S_i$）可以理解为 $S_i \rightarrow NP_i + VP_i \rightarrow NP_i + V_i + PP_i$，即一组传统人居风景的空间单元是公共空间与自然环境的有机交织（图6-6）。

图6-6　武夷九曲溪全图

（资料来源：自绘）

## 6.2　文化赋予的隐喻方式

隐喻的本质是一种跨领域映射，一个概念领域到另一个领域的部分映射，是创造意义的概念工具[127]。隐喻不仅是一种语义修辞活动，而且是一种认知现象。“公共”是抽象概念，不能以某种孤立方式定义，而是需要通过我们明晰的其他概念（物体、空间等）来理解和掌握，依据其在各种自然经验中的作用定义，因此公共空间的伦理功能的表征是通过隐喻实现的。那么隐喻是如何赋予形式以意义的呢？能够理解其他抽象领域的经验其基本领域是一个结构化的整体，是一种人性化的普遍产物，主要由三个方面产生：一是体验主体的身体经验，隐喻基于经验的相互关联，与个体身体经验有关的触觉、视觉、嗅觉和温度等具体概念与心智、情感等抽象概念或高级心理过程形成隐喻联结的认知过程被称为具身隐喻（embodied metaphor）[128]；二是体验主体与物质环境的交互，即如何对周边客观物体进行操作的经验认知，人们所能认知到的现实内容是塑造其物质世界经验方式的某种产物；三是所处文化中与集体和他者的互动，包括宗教、政治、经济和文化等制度性因素，因地域文化的差异也表现出地域性的不同。

乔治·莱考夫（George Lakoff）和马克·约翰逊（Mark Johnson）在合著的《我们赖以生存的隐喻》（Metaphors We Live By）中，指出人类思维很大程度上是隐喻性的，列举并论述了人类的身体经验如何与某些概念形成无意识的隐喻联结[129]。其中，乔治·莱考夫提出隐喻回路（metaphor circuity）的概念解释身体经验与概念的隐喻链在头脑中形成一种神经回路的生理机能[130]。作者进一步指出了思维与语言的三种隐喻方式，分别为方位隐喻（orientational metaphor）、本体隐喻（ontological metaphor）和结构隐喻（structural metaphor）[131]。三种隐喻方式的综合使用帮助人们在实际空间认识中理解更为抽象的相关概念，从而理解在空间营造过程中，通过空间结构形式、方位抉择和本体特征等表达的文化寓意、社会关系、情感好恶以及精神寄托等空间语言的意义和内涵。

### 6.2.1 方位隐喻

方位隐喻是通过组织一个相互关联概念的完整系统来理解对象概念的方式。在理解传统村落中公共空间所蕴含的文化意义和社会概念时，大部分是根据一个或多个空间化隐喻组织形式，形式包括了“内-外”“中”“上-下”“前-后”等空间方位概念的空间意象图式。这些空间方位概念以村落所处的自然环境和人们的文化经验为基础，即由其在身体和物理环境相互作用中发挥的作用决定，形成人们赖以生存的基本概念。每个形式稳定空间隐喻的内部是一个连贯的体系。

#### 6.2.1.1 “内-外”

容器隐喻即人在公共空间中（里），表达的是一种内外有别的归属关系，同时隐喻一种社会归属关系[132]。在传统村落中，聚落整体环境经常以“容器”进行隐喻：传统聚落选址一般位于山峦围绕之地，前山低而背山高，左右群山相护，水源充沛且水系绕村而出，又辅以人工林、廊桥、塔在水口处形成屏障，自然要素与人工手法的双重叠加使聚落成为一个多重山水环绕、内外有别的天然“容器”——相对封闭安全的人居环境。

而微观公共建筑层面，洞穴、祠堂、宗教建筑、民间信仰建筑、戏台、书院、集合民居等建筑内部的公共空间符合内-外（容器）图式，属于一种外部为实体、内部为场所的内向型的公共空间结构。这类带有一定社会功能的公共建筑内部空间，也符合中国自商代以来“藏礼于器”的礼仪文化。上述公共建筑中的主要仪式公共空间为厅堂、殿堂空间，作为内部举行礼仪活动和公共事宜的重要空间。以“出”“入”这种

“容器”空间来隐喻与该社群组织的关系变化。如外姓媳妇嫁入门，从娘家出阁出门，经过跨火盆进入夫家门，新人在厅堂空间举行拜堂仪式，代表家族团体的接纳，是一种身份归属的转变；家族有新生男丁，全族人在祠堂挂花灯举行“赏丁”仪式以表达新的成员诞生；抑或是家族成员的逝去，在厅堂后轩空间入殓，最后进行“出厅”仪式出殡，以该仪式纪念家族成员的离去，并在厅堂太师壁或神龛位置供奉先人牌位，以另一种形式和周期性的祭祖仪式活动接纳离去亲人的回归。

此外，内外有别的内-外（容器）图式也隐喻了传统空间公共性辩证关系，在公共空间与私人空间之间的界限也并非绝对性的。一方面，由于存在公共空间与私人空间之间空间权属关系模糊的空间，如宅间空地、入户空间和檐下空间等。这与日本建筑师黑川纪章提出的建筑室内外过渡的“灰空间”概念，以及上文卢健松定义的村落“隐性”的公共空间概念相似，即私人空间中一定条件下可转变的非正式公共空间。这意味着，某一空间会随着权属关系的转变而发生公共性与私有性的转变。另一方面，私人空间中存在发挥公共性作用的非正式公共空间。日本建筑师山本理显，基于对世界各地聚落和民居的调查，从住宅的建造传统和空间布局上，将存在于私人空间中的公共空间称为“阈空间”（图6-7）[133]。阈空间的概念试图解释传统聚落中在私人领域中存在一个阈空间与公共领域衔接，私人领域并不是完全封闭的空间单元，其边界存在一个可转换的空间门阈，承担着一定的社会公共生活职能。这种空间布局和使用分区在传统住宅中与性别存在较明显的相关性，传统权力体系和价值观的局限性很明显。但阈空间的概念揭示了传统村落公共空间边界的不确定性、渗透性和模糊性。

以永泰县丹云乡和城寨为例，由于受传统礼制等级规范和性别伦理约束，在同一座大型集合住宅中表现出不同程度的公共性和私密性。主要通过墙体分割不同公共属性的空间区块，加以不同规格的门洞开闭控制空间之间的流通和活动范围[134]。首先，在城寨的外围环绕一圈高大厚实的庄墙，划分出庄寨家族内部空间与外界村落公共空间，以血缘特征在地缘空间中划分出特征群体，表现出典型的防御功能，寨墙作为防御边界而三个寨门则作为防御性门户；其次，中轴院落两侧的高大封火山墙和后座的封火山墙，将内部空间主要划分成由中轴尾座、下座和正座构成的男性主导的公共区域，两侧扶楼与后座为女性的生活空间；再次，庄寨正门作为主要的礼仪性门户，侧面两个寨门为日常生活进出通道，而在封建时代走廊上的所有门洞正常情况都是关闭的，来宾与家眷相互规避，妇女受伦理约束不得步入中轴公共区域，从而划分出了主客空间与性别空间，表现出鲜明的内外有别和男尊女卑；最后，正座正堂所在的核心空间则为家族礼制空间，为家族议事、祭祀、仪式等公共事务处理场所，礼制边界界面也是整个庄寨装饰的重点，雕刻精美的梁架、灯梁和各式轩棚，墨线施彩或悬挂联文牌匾装饰，天井正对的官房和厢房门扇多有主题雕刻。而一般来宾或普通公共生活则只能停留在门厅或礼仪厅区域，如同阈空间与外界社会进行公共交流，而不会进入家族礼制核心空间[135]。由伦理秩序等级规训的空间内外层级，划分出句法结构的层级，而界墙为边界约束条件，界门则为空间之间的连接形式，界门的开闭受伦理功能支配（图6-8）。

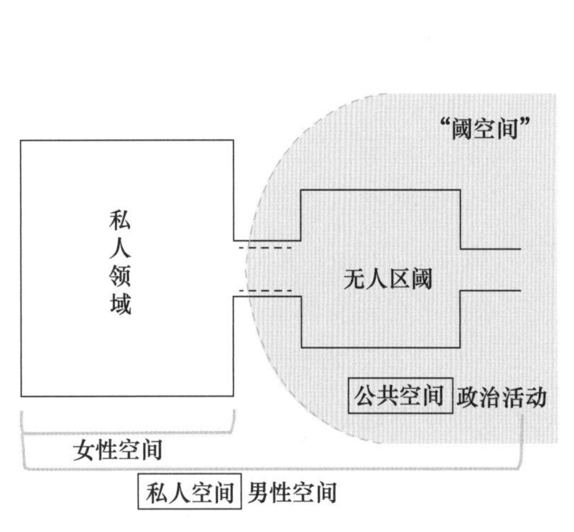


图6-7　阈空间的概念图式

（资料来源：自绘）

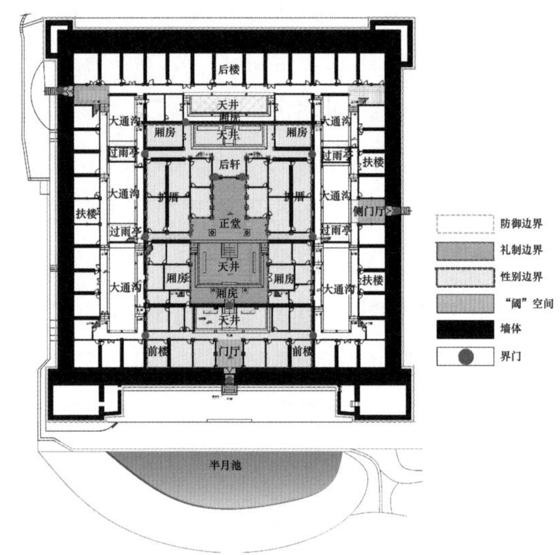


图6-8　永泰县丹云乡和城寨空间边界与等级结构

（资料来源：自绘）

### 6.2.1.2　“中”

在中国传统语境下，“中”是指于二至、二分时以立杆测影的方式，东、西、南、北四至方位连线交点所在之处，也是传统建筑营建理论中聚落四望山脉制高点连线“天心十字”交会处。“中轴”产生的轴线方向，成为人为对空间方位的文化抉择，如中国一度曾以东方为尊，建筑物坐西朝东，影响日常起居，而外部空间组织中，外部空间布局多为坐北朝南。传统文化中的空间多以水平轴线为中心、两侧展开的布局方式。对应中国传统文化、建筑、场所在布局中的对偶性与思维上的正反，在传统村落中祠堂、宫庙、民居等建筑结构和空间布局都依照中轴对称的原则，并且主要仪式空间和公共空间沿中轴线呈序列分布，以空间的秩序隐喻乡土社会的内在秩序。

另外一种情形就是形成“中心-边缘”图式，突出了中心空间的重要性和统领地位，边缘为从属部分和次要地位[136]。空间的拟人化，使空间具有人的身体方位，区别出文化和社会层面“中正”“居中”“中心”“中原”等含义，进而扩展到两端、四方、边缘等范畴。以上表达的是一种空间领域范围内的主次关系，同时隐喻一种社会主次等级关系，往往重要的居于核心重要位置，次要的位于边缘，符合“华夷之辩”以及传统皇权统治的“家国同构”文化心理。在传统村落布局中往往表现为祠堂等重要公共建筑位于村落核心位置。这种以人居中的空间图式强化了以中间方位为尊的多方位平面空间图式。

以永泰白云乡竹头寨为例，坐落在山垄田中独立的鲎形台地上，前高后低落差 15 ~ 37 米，视野开阔。面前山垄田，面对猫尾山为案山，望山为石岸山，远山为石龟仑，背靠坐山坪仑山，空间通常较为紧促，多为林地园囿或阶梯状花台；左右两翼为山垄田护绕，左护山为对面山，右前方可望见右护山狮子山，左、右护山后高前低约 10 ~ 15 米，与护山之间是水田，面前一条山溪西北向东南流淌。“千尺”半径范围内，涵盖了案山、坐山、护山以及田地溪流等景观环境要素，“千尺”之外的四望则为多重朝山、护山及主山等大的山水环境。庄寨主体与周边山水、田地、古木的多层次景观空间方位，具有宇宙图式的性质，承袭了传统民居和聚落营建智慧并形成广泛影响（图 6-9）。

图 6-9　福州永泰白云乡竹头寨“千尺”尺度格局分析

（资料来源：自绘）

#### 6.2.1.3 “上-下”

在语言中，“上-下”或“高-低”这类在垂直维度上的空间词汇用来隐喻社会等级、长幼尊卑、时间、情绪以及状态等抽象领域的现象，这是人类认知结构中“上-下”意象图式这一垂直空间隐喻对抽象领域的映射机制[137]。其中，在抽象经验中，积极领域通过“上”的空间方位映射理解，而消极领域通过“下”的空间方位映射理解。“上-下”图式这种认知结构同样存在于人们传统文字的阅读方式上。自上而下的阅读，不仅是视觉在文字上下空间的移动，也是认知过程的时间顺序，形成一种空间统一的认知方式存在于人们的大脑中。

在传统村落中，除了山地村落的建筑和公共空间分布依山就势，沿等高线呈现上下错落的立体空间分布外，大部分的村落建筑和公共空间是沿水平方向铺展开来的，村落中只有具有宗教或民间信仰性质的塔、阁楼等强调垂直线，强调纪念性和标志性，如文昌阁、寒光阁等多层阁楼建筑。还有出于防御性的需求强调这种垂直性，4～5 层高的土楼以及结合地形前低后高阶梯式的寨堡建筑，这种“上-下”高差除了具有便于眺望和攻击的军事实用性外，也是对权力威慑力的隐喻，对敌对威胁的威压以及乡土社会的氏族或家族势力的地位凸显都起到积极作用。

此外，在传统村落中，这种“上-下”图式关系是通过空间轴线序列延伸进行强调的。如嘉禄庄公共空间的轴线分布（图 6-10），大型乡土建筑各院落的命名是以“上-下”顺序依次分为上座、正座、中座和尾座，前后纵向中轴线上为前禾坪—门厅—下天井—礼仪厅—中天井—正堂—后轩—后天井—祖厅（楼）。在剖面关系上也表现为下位低上位高，上座、中座和尾座一般分三层台基逐次抬升，顺应地形条件的同时也符合当地民众“步步高升”的传统营建理念。民居建筑中公共空间的“上-下”图式隐喻了乡土集体的社会结构和儒家礼教观念。空间的使用和分配上以不同的空间方位隐喻尊卑、长幼、亲疏、男女、嫡庶关系。具体体现为：门厅为迎宾送客空间，礼仪厅为待客空间，二者体现的是亲疏之别，以“宾礼”为核心；正堂是祭祖、婚丧嫁娶和家族议事的空间。山墙面两侧摆放长条“懒汉凳”，男丁按辈分大小上下有序入座。太师壁前摆放八仙桌，左右有太师椅，左为尊右次之，供一族长辈端坐。后轩是逝者凭吊空间。两侧官房和厢房空间的分配也是依照上述原则，正堂左官房为一家之主居住，左厢房为长孙居住。正座部分空间体现的是严格的长幼尊卑、男女有别，以“伦理”为核心的上下秩序；而上座部分的后楼、后花台和绣楼等空间为女眷、孩童生活起居空间，祖厅（后座厅）等为读书学习和休闲空间，该部分体现的是内外有别，以“日常伦理”为核心。

#### 6.2.1.4 “前-后”

在语言中，“前-后”这类前后维度的空间词汇与“上-下”类似，可以用来隐喻社会等级、长幼尊卑、时间以及状态等抽象领域的现象。

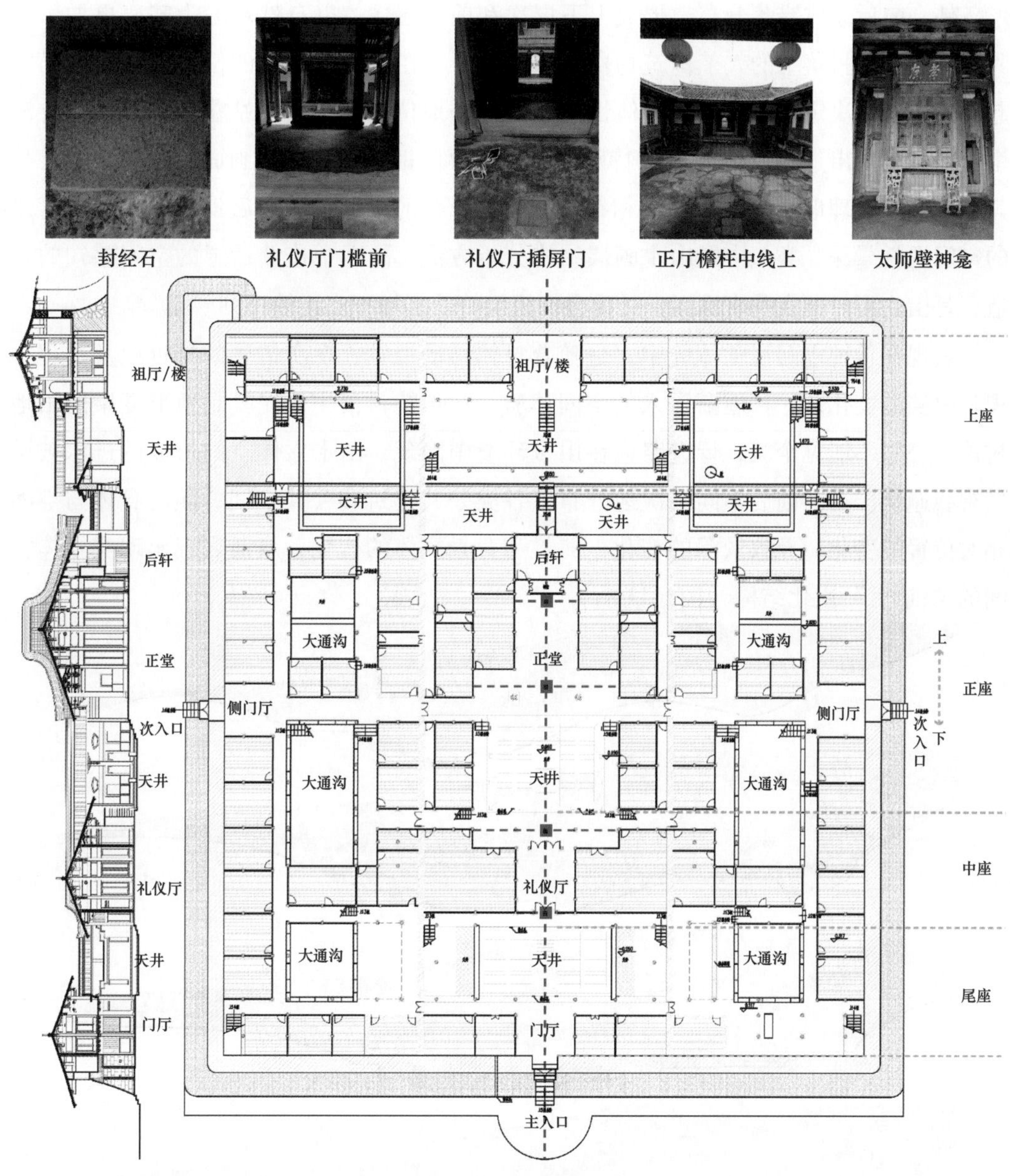


图 6-10　嘉禄庄公共空间中轴线封经石分布

（资料来源：自绘）

在视觉层面，空间的“前-后”关系符合格式塔心理学“图形-背景”的视觉心理。通过隐喻将情景的经验完形附加于与其完形的维度相吻合的情境要素上，作为“图形”的空间或实体是隐喻所凸显的部分，而作为“背景”的部分则被淡化或隐藏。一方面，前景与背景形成了视觉上和心理上的主次关系，在传统聚落中一般建筑物等人工构筑物作为前景，尤其是造型和装饰突出的公共建筑，而山体与植被等自然环境一般作为背景环境。以桂峰村为例，蔡氏宗祠、蔡氏祖庙以及其他大型民居建筑，顺应山地地形条件，前后立体错落分布，形成上下层次和前后层次，以自然环境为基底更加彰显其空间特色。村落中的人工构筑物作为空间前景，在自然背景中的位置和村落格局中起到的作用，决定了该要素在整体情景中的心理地位和作用。如站在桂峰村入口看整个村落，呈现出“飞凤衔书”的特殊形态，而蔡氏祖庙则在整个画面的视觉中心，与其在村民的心理地位和实际功能相符。另一方面，前景、中景和后景的空间层次营造的空间视觉景深，类似中国山水画层结构分析方法，画面中连续后退的空间感知的营造，是山、石母题在垂直画面上的重叠、墨染等手法堆积出连续序列[138]。

表现在传统空间视觉体验中，是随着身体移动视觉、现实情景的拉近以及过程中视觉阻挡的变化，一种逐渐深入的空间体验。在传统村落中，尤其是地形复杂的山地村落，一眼不能见全貌，行进路径在山水环境中隐现，山水立体空间形成的进深被层层视线遮挡。街巷前后不同层次地分布着各类公共建筑和公共空间，随着身体与空间相对位置的变化，导致景深的变化、前景和背景主体的变化，从而表现出现实立体空间的“前-后”层化结构（图6-11）。

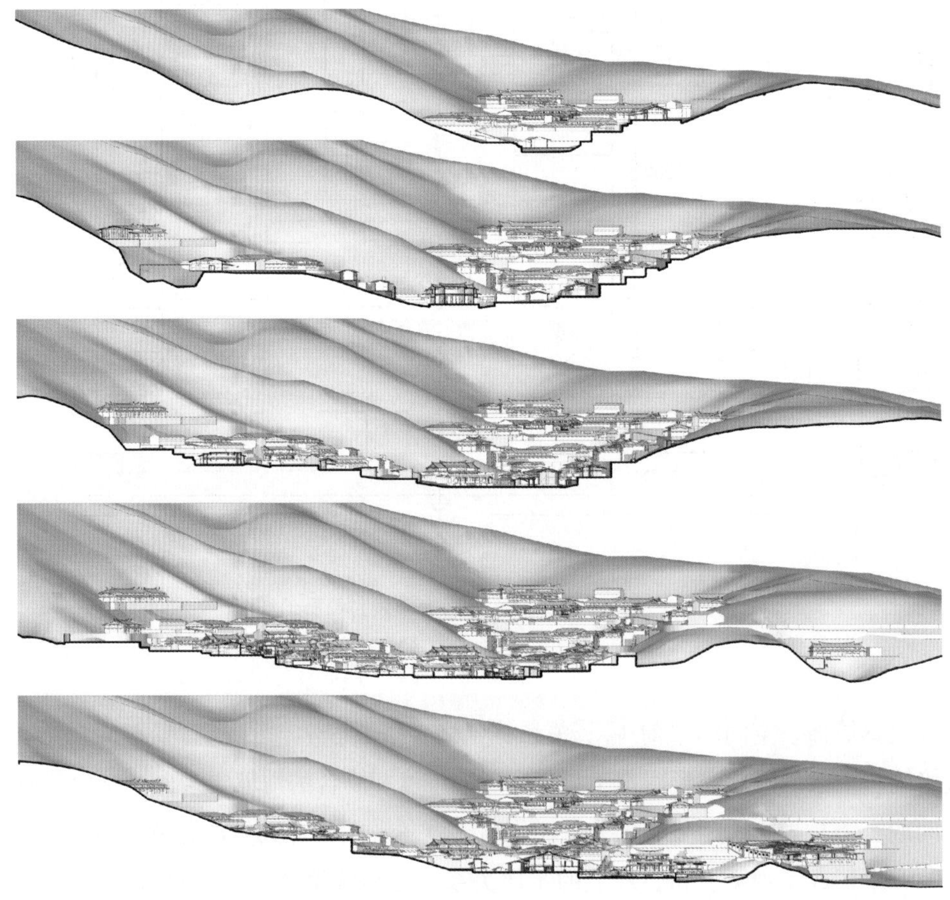

图6-11　三明尤溪桂峰村的立体空间的“前-后”层化结构

（资料来源：自绘）

空间的前后关系也与“深度”概念关联，隐喻公共性的强弱关系变化。前后景深空间的推移是“深入”这一方向性动作，越往深处移动，空间界线的封闭性越强，即神秘性和私密性越强。从公共性层面看，前景空间的深度较浅，一般为公共性较强的入口空间、入口广场或水尾宫庙、廊桥等公共空间和建筑，深度越深，公共性越弱。中景一般为村落核心，宗祠等重要公共建筑位于该层次。村落中的街巷也随着空间的深入公共性减弱，私密性加强，进而连接各深度层级民居建筑的日常出入，通过岭道延伸至作为背景空间的山林园囿空间，最终视线消失在山脊线与天空的交际处。

### 6.2.2 本体隐喻

我们对自然物体（尤其是自身身体）的经验为多样化的本体隐喻提供基础，即提供了把事件、活动、情感以及想法等看成实体和物质的方式。在传统村落公共空间中，本体隐喻的两种主要表现形式为“无形→有形”和“无界→有界”。前者是以物理存在的实体去隐喻无形的文化寓意和丰富的含义，后者通过将物理现象视作如人体一样有表皮界限的离散个体，即由表面所界定的实体，以人类动机、目标、活动及特点等来理解非人类实体的经历。最明显的本体隐喻是自然物体被拟人化的隐喻。在传统村落空间选址、建筑营造、空间观景等互动经验中，本体隐喻我们认知和体验空间的整个过程，将空间或物体拟人化或作为自身身体的延伸，以具身性方式形成一个个稳定的、普遍的“身体-空间”图式。

#### 6.2.2.1 无形→有形

在传统村落中常见以动物神兽代指选址环境形态和方位、以建筑和空间布局形态代指天象寓意、以建（构）筑物数量寓意吉祥或故事典故、以具体装饰造型代指朴素哲学观念或文化信仰、以物质空间来理解我们的文化经验。位于古田县大甲镇的邹洋村（又名邹陵）最为典型，属于典型的山间盆地型传统村落，该村总体空间格局如图6-12所示。

邹陵阮氏祖屋为母子双狮形，坐向子午兼壬丙，五座朝山山形如虎，构成“五虎朝狮”的景象；村东开凿上、中、下三口人工湖，相连如“黄虾上水”，村落中有“日井”“月井”“墨斗井”“书楼井”“六公井”“观河井”“水口井”，七井连线如天上星斗拱卫村庄；祖屋二门下坪铺以红、白两色石桥，祖屋二门上正厅有石阶十二级，寓意“十二星辰”；从二门上正厅登石阶十二级，再由正厅登上主楼，共有三十六级，称为“三十六禽”；祖屋正厅廊下建一字低屋（照庭），实为尺形，寓意李白“玉尺量才”之训；先祖便以云台二十八将（“二十八宿”）功绩勖勉后人；邹洋村由七丘田起一直往下经北岭、方正坪，再到村尾宫下坪，共有72石级比喻孔子门生“七十二贤人”，勉励后人。

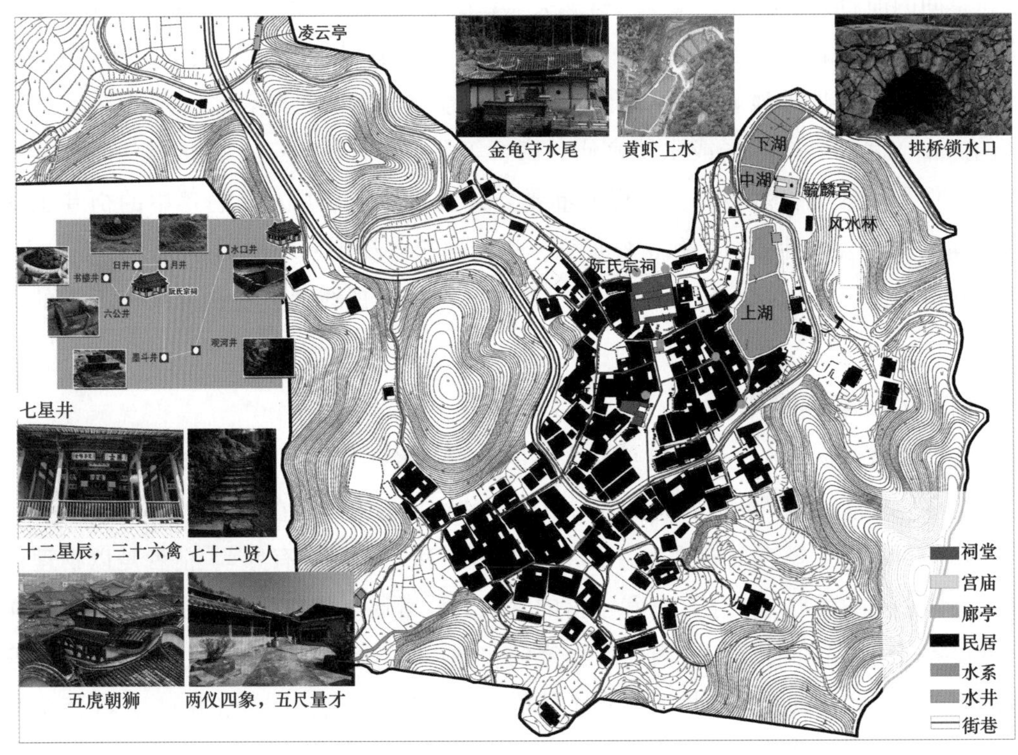


图 6-12　邹洋村节点空间布局与本体隐喻

（资料来源：自绘）

可见，邹洋村的空间布局已经非常成熟，传统地方营造理念的地理选址、《周易》“崇效天”的理想追求、天文星象的天人感应、道家关于时空的朴素哲学观以及对于人文历史典籍的寓意都隐喻其中。公共空间节点承载村民日常生活和仪式功能，在空间体验中给各类空间形态赋予内容和文化意义，同时体现地方宣扬儒家思想和伦理教化的重要载体，寓教于空间，潜移默化中将有意识的教化内容传输给长期生活于此的居民。

#### 6.2.2.2　无界→有界

在一定传统村落空间领域中，我们将自身身体这种有表皮界限和内外方向之别投射到空间这一体验对象上，将固定的物体视作有了内外之别的“容器”，并以体验者的视角和目的进行解读。这种体验观和互动观都强调了人作为空间认知主体的主观能动性，以本体隐喻方式的认知空间。传统村落中各类空间的营造过程，就是一个出于人类领域观念本能，以生存、防御、审美等特殊人居目的，在自然环境中创造各层级、各样式的界限界定领地，而这种界定和量化的方式就是空间营造，从自然的无界向人居的有界转变，进而形成的隐喻方式深植于我们对日常经验的理解。

1. 身体隐喻

“空间性”是我们在与客观世界互动中最根本的身体经验，空间是我们身体（包含视、听、嗅、触等多种感官）首先能体验到的，包括了空间的位置、方向、运动等。身体隐喻，即以“身体-空间”互动的方式建立起基础认知方式和感知体验，通过物质材料与象征手段转换为物化形式，主体的体验感知转化为客体的建成空间[139]。在中国传统空间认知和营造中同样存在大量类似观念，如《周易·系辞传下》记载描述远古伏羲氏治理天下时，象天法地，观察自然万物规律，通过“近取诸身，远取诸物”的分析方法，以通晓自然万物的规律趋势，对自身及周围环境变化进行形势判断。而《黄帝宅经》则点明了传统营造中的具身性认知理论：“宅以形势为身体，以泉水为血脉，以土地为皮肉，以草木为毛发，以舍屋为衣服，以门户为冠带……”将住宅等空间营造人性化，以人的体验隐喻表征各组成要素的伦理功能。

同理，空间图式语言也是基于身体经验和感知，通过空间的符号与形式表达意义，是人们通过身体经验和心智认知与客观世界进行互动的结果，空间形式与空间意义成了不可分割的整体。空间图式作为传统村落公共空间认知工具，是在认知主体体验经验的基础上以图式语言组织空间要素构建多尺度空间转换和嵌套的逻辑体系。整个公共空间体系包括了物质化实际空间以及抽象化体验认知空间，依据胡塞尔的空间概念以“身体原点”为坐标原点，以及梅洛·庞蒂的“身体图式”概念将身体置于空间和时间中，这与传统人居环境择址中拟人化“辨方正位”的空间定位吻合，将身体认知视为体验存在空间性的根源（图6-13）。

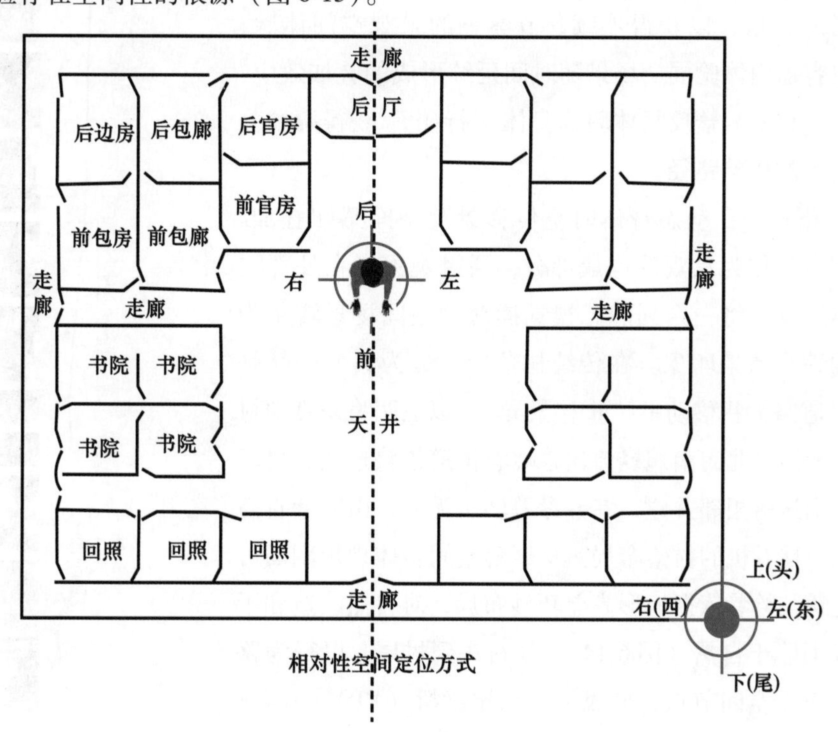


图6-13 传统村落空间营造中的辨方正位

（资料来源：自绘）

将山川自然中适合宅居环境的选址隐喻为人体的“穴”，兼得人与自然环境融洽的优势，在内维持育养生命的宜居空间，在外符合审美的自然景观和生态环境质量。背山、面水、向阳、前低后高、前景开阔的人居环境，适应闽江流域依山傍海的亚热带季风气候以及多山地丘陵的地理环境，一方面能抵御冬季西北寒流侵袭、夏季引入东南风调节微气候，另一方面合理利用地形保持水土、经营农业以及满足一定防御需求。可见，身体始终处于语言和认知的中心，身体的体验和影响，向内渗透至心智认知之中，向外延伸至外空间环境特征。

2. “容器”隐喻

体验者与空间的互动主要体现为两种：一是空间容器与容器之间的移动，如从一个公共空间节点移动到另外一个节点，从外部空间进入建筑内部空间；二是在空间容器中的静态驻足，进而将空间实体拟人化理解。二者给人的体验印象是场所和场景所产生的丰富含义，空间即是场所，而时间即是场景。前者主要通过身体在容器间的移动与停留串联场所片段，以获得连续、节奏感的景观空间体验，后者是在容器内体验同一场景随时间延续形成的叠加效应，以上这一过程的频繁反复体验为身体“行-止”获得两种公共空间观景的体验路径。

（1）路径一：动态身体时空位移景观空间感知叠加。空间实体自身作为景观的构成部分，通过观察者在外部空间的身体运动，将一系列静态视觉捕获的空间场景转化为连续性的综合情景印象。在传统村落中，最为典型的就是身体随着道路街巷移动中“步移景异”。以三明将乐良地村为例，良地溪自北向南蜿蜒流出，岭巷街道依势连接，村落中屋宇依山迭落相邻并建，巷弄参差转折无常，山墙壁直高筑，形成自然有机的村落布局。从聚落空间整体理想剖面可看出，建筑与岭巷依据地形高差巧妙布局，对自然改造和干预最少以消隐于自然（图6-14）。从村头到村尾，以行为路径串联起整个空间节点，形成了“水尾廊桥（VP）→河道（PP）→集灵宫建筑群（NP）→岭道驿道（V）→村道（V）→文武庙（NP）→庙前空坪（VP）→过街门楼

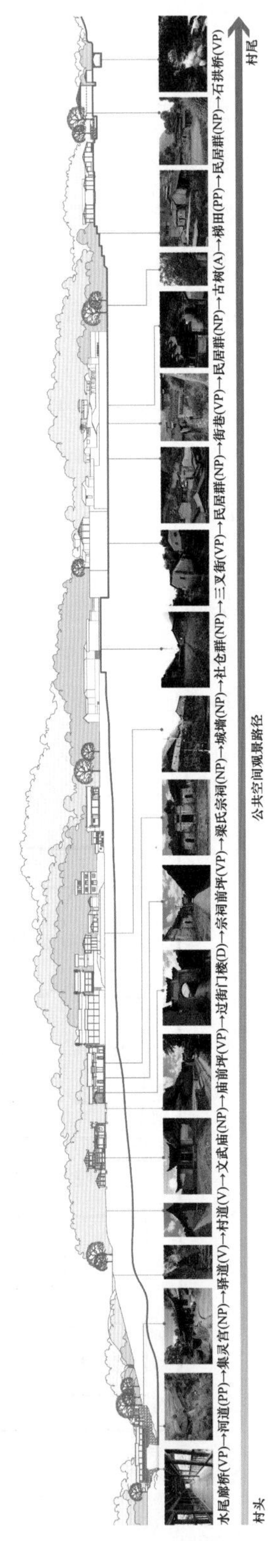

图6-14　将乐良地村观景路径
（资料来源：自绘、自摄）

（D）→宗祠前坪（VP）→梁氏宗祠建筑群（NP）→过街门楼（D）→城墙（NP）→社仓群（NP）→三叉街（VP）→民居群（NP）→街巷（VP）→民居群（NP）→古树（A）→梯田（PP）→民居群（NP）→石拱桥（VP）”的公共空间观景路径。

若以实体空间作为观景核心，正如标志物的指示性作用，作为空间参照系以明晰村落其他空间的方向和位置。以永泰爱荆庄为例，由远及近观看庄寨，能从千尺以外距离观看庄寨与整体环境的关系以及建筑轮廓气势。随着距离的拉近和路径角度的切换，沿多级岭道和台阶移动，在百尺距离内能从多个侧面观察庄寨建筑形体空间构成与材质细节特征。以上两类动态空间路径，经过长时间和居民日常生活经验不断地重复积累，成为当地居民头脑中的意象地图，进而形成稳定的图式结构。这样有限的行为路径在日常生活中或仪式活动中日复一日或年复一年地反复体验，形成了村民相似的空间图式构想和空间意义的共享（图6-15）。

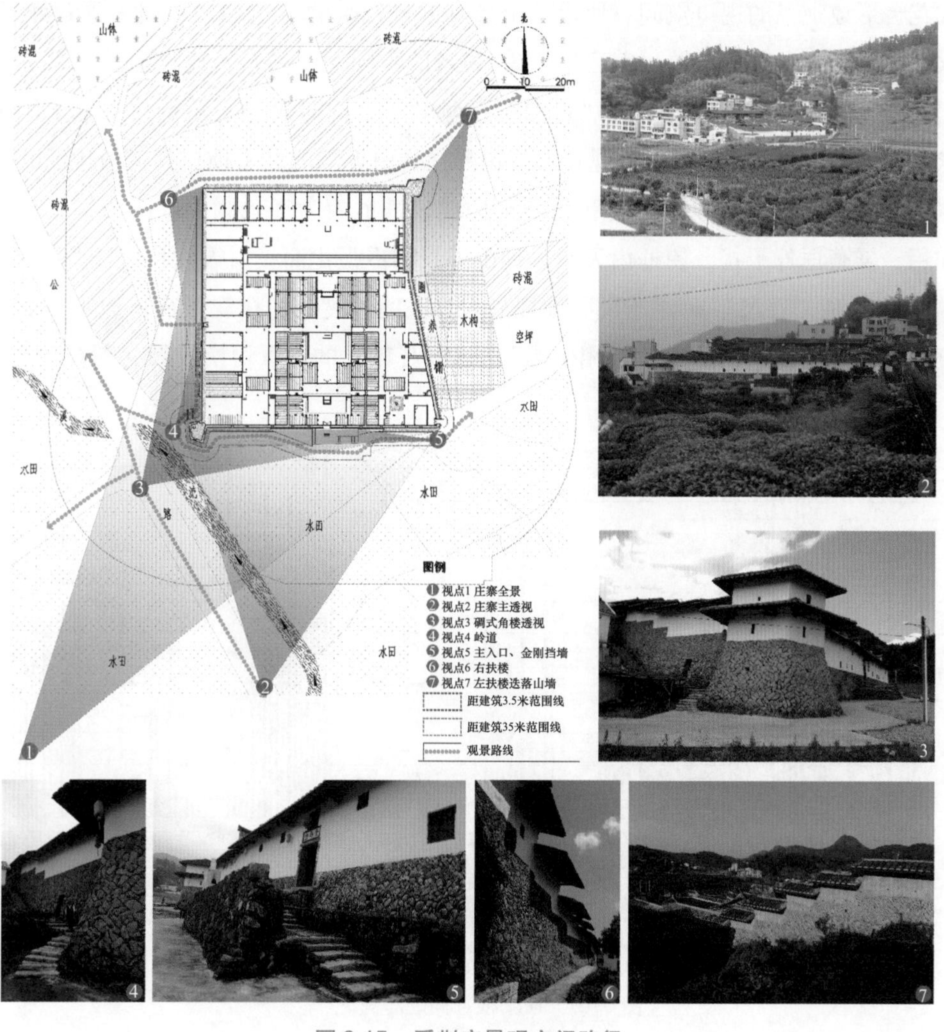


图6-15 爱荆庄景观空间路径

（资料来源：自绘、自摄）

（2）路径二：静态“过白”观景视口历时性情景叠加。在公共建筑单体层次，除了寻找与自然环境的宏观联系外，另需个体与自然发生对话，将自然引入内部形成微观景观营造。屋内天井与院落连通，堂前通过天井与院落的“过白”与远处的天和山势对望呼应。屋后形成饱满半圆形“化胎”，一方面作为自然山势的延伸，另一方面蕴含美好寓意。通过依山筑院墙在内部打造庭院园囿景观，以小见大，在内（单体）-外（聚落）-远（四望）三重环境圈层与环境发生对话。当人置身于公共空间内部，透过庭院空间观景时，体验者所处的空间具备“人格化”，从景观本身向观景主体转变，此时的公共空间具有“身体像”的概念[140]。这样的空间体验路径是相同场景从一个时间点向另一个时间点的推移，该历时性路径叠加了习惯性的情景图式而具有图式的普遍性。

例如，观察者身处庄寨的厅堂神龛或太师壁前的位置或檐廊空间，透过天井、通沟和花台形成观景的视口空间，形成一个具有框景效果的“过白”处理。通过统计19座永泰庄寨横纵向剖面落差，前后呈0.3~3米的不同程度高差，通过前后高差和庭院适当间距，形成不同视野大小的“过白”视觉效果，同时满足了防御与观景上的视野要求（图6-16、图6-17）。景框观景视口边界往往由近景的厅堂檐口封檐板边缘和中景两侧屋面轮廓线以及前方屋脊轮廓线共同构成，景框内为远景画面。因为框景具有完形作用，屏蔽框外干扰，使框内天空、远山等景物更强化而吸引人注目。“过白”空间为“十尺”和“百尺”向“千尺”及以外尺度空间过渡处，在观景视口边缘完成不同尺度观赏重点的切换，达到“近相住形”“远以观势”的观景切换效果（图6-18）。

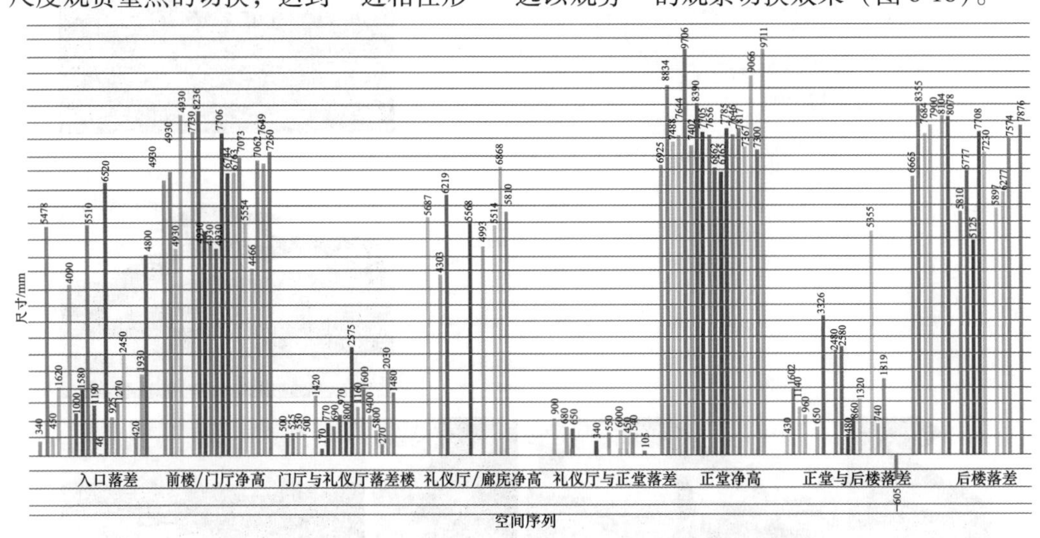


图6-16　庄寨横剖面的净高/落差

（资料来源：自绘）

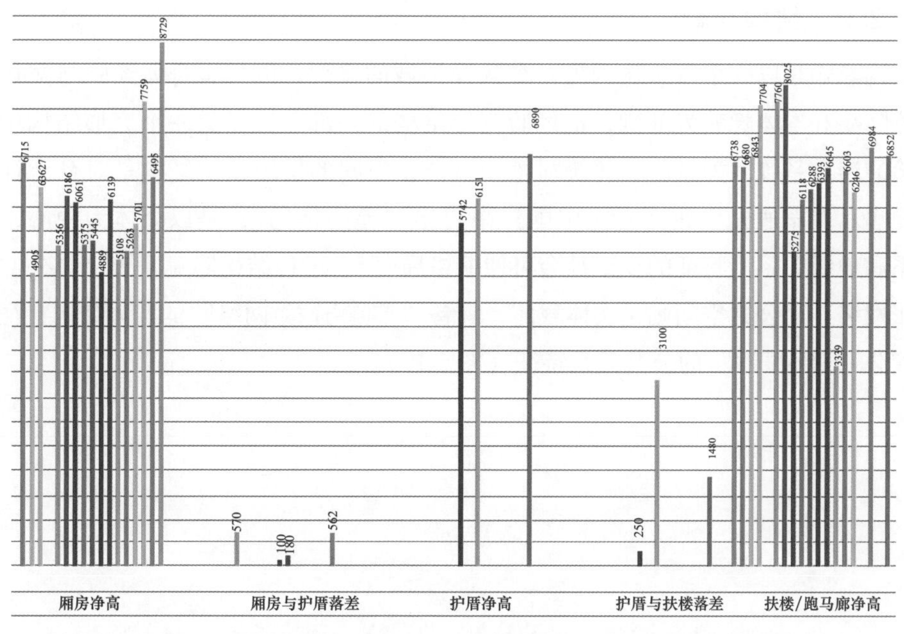


图 6-17 庄寨纵剖面的净高/落差

（资料来源：自绘）

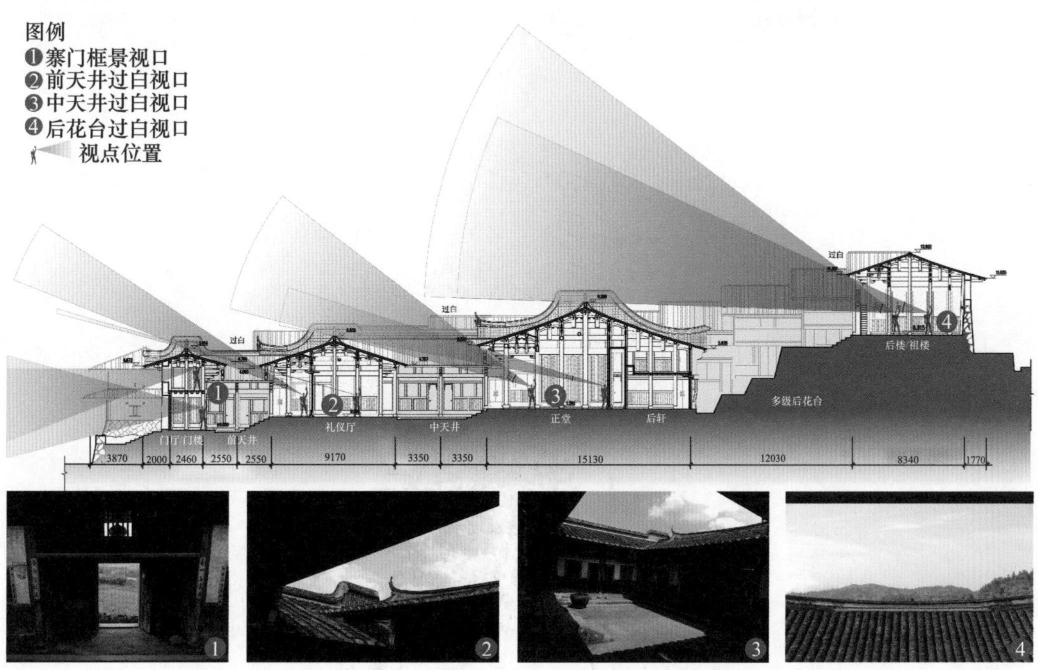


图 6-18 爱荆庄静态“过白”观景视口历时性情景叠加

（资料来源：自绘、自摄）

### 6.2.3 结构隐喻

结构隐喻是以一个概念建构另一个认知领域的概念，以具有身体经验与文化经验的方位隐喻和本体隐喻为基础，把经验完形结构的一部分置于另一个完形结构中，建构经验的连贯系统性关联。在传统村落中，公共空间的层级系统结构是对乡土社会关系的隐喻。费孝通先生在《乡土中国》中提出“差序格局”，是以个体为中心，以血缘关系和地缘关系为特征的乡土社会可伸缩格局[141]。这种结构隐喻乡土社会公共关系是一张网络，而公共空间则是实体载体，具备“节点-连接-网络”的实体结构特征，对应“个体-关系-事件”的公共关系特征（图6-19）。

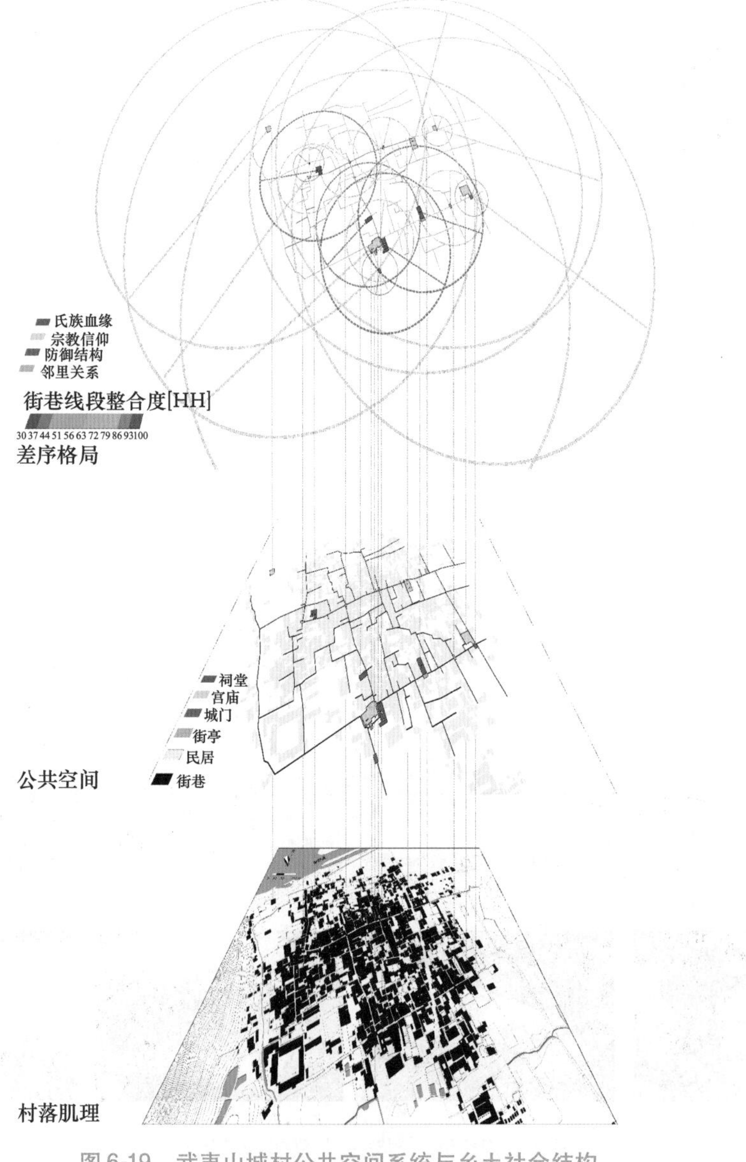


图6-19 武夷山城村公共空间系统与乡土社会结构

（资料来源：自绘）

在此结构隐喻的构建过程中，具有因果联系和活动连贯的结构，提到这些具体公共空间能让生活在村落中的居民联想到其背后相关的公共事件和相应的行为活动。公共空间所承载的公共活动主要有两类：一是各类自发进行的日常仪式活动，包括一日三餐和起居出行；二是经过精细设计的周期性、程序性的仪式活动，包括宗教和民间信仰的活动、祭祖的氏族群体活动以及婚丧嫁娶等家庭仪式活动。正是这些仪式活动和日常公共活动在各类公共空间中不断周期性地重复和结构化，在此过程中居民赋予了这些公共活动以结构与意义，不同的公共空间进一步将其固化，深深根植于乡土社会结构中并被延续和继承，最大限度地避免了在村落中彼此间对各类空间行为的误解和差异，实现空间意义的共享和传递。

#### 6.2.3.1 空间节点

村落中村口、桥头、树下、街亭等各类公共空间节点，作为村民日常休闲聚集场所，其分布特征和服务范围，一般隐喻范围内村民邻里关系结构，发挥着联络日常情感和排解邻里矛盾的作用。除此之外，宗教和民间信仰的场所作为传统村落重要的公共仪式节点。王斯福、武雅士和郝瑞等人类学家的研究都证明了民间存在神、鬼与祖先三种最主要的信仰形式，这些超自然存在的某些特征与人类社会结构存在一种共同的象征体系[142]。

闽江流域传统村落中广泛存在上述三种信仰形式，由于地域文化、地理空间分隔和各地方言的不同，宗教和民间信仰呈现复杂性和多元化，即不同区域存在着信奉不同主神的现象。除了广泛信仰的本土道教以及引进历史悠久汉化的佛教，兴建各类道观、宫庙、寺庙等宗教建筑。村落中还存在各类民间信仰，如临水、滨海地区祈求风调雨顺的妈祖和陈靖姑信仰，分别建妈祖庙（宫）和临水宫；祈祷文运昌盛和崇尚儒家的文昌帝君、孔子以及朱熹等信仰，分别建文昌阁（宫）、文武庙、朱熹祠等；各司专职的民间信仰，如药王庙（阁）供奉神农、扁鹊、孙思邈，关帝庙供奉关羽；以及各类地方保护神和凡人成圣，如张圣君、徐登、扣冰古佛（翁）、马仙姑（马五娘）、灶王爷、三济祖师等。以家屋和祠堂为祭祀场所的祖先崇拜，家屋家祠是祭祀直系祖先的场所，宗祠则是祭祀本氏族全部祖先、先祖和始祖的公共祭祀场所。

在宗教和民间信仰隐喻的乡土社会结构中，这些神祇的信仰依据主要源自“法、理、情”三个层次，即一是纳入祀典或曾受到国家政权的敕封；二是依据《礼记·祭法》，在“法施于民”“以劳定国”“以死勤事”“能捍大患”“能御大灾”之类的条款中找到合适的理由；三是依据民情习俗，因其“灵验”事迹而广受信仰[143]。宗教与民间信仰的象征体系，其隐喻的家国同构、村落联盟、敌我关系以及亲疏关系的社会结构与乡庙、宗祠、家屋和外部空间节点的内外公共空间结构存在明显映射关系。此外，对于包括天、地、山、石、水、泉、植物等自然的崇拜，广泛分布于村落周边自然环境或村落内部，形成众多公共空间节点，定期举行公共仪式活动（表6-1）。

**表 6-1 永泰传统村落中公共节点隐喻关系**

| 场景照片 | 案例 | 空间形式 | 信仰类型 | 隐喻关系 | 公共仪式活动 |
|---|---|---|---|---|---|
| | 大展村谢天地 | 室外、门前、天井 | 天地 | | 村民家庭或成员出现灾祸或向天祭告祈求神灵帮助，在“应验”后，通过法式和丰富祭品，举行“谢天地”这一回报性的敬神仪式 |
| | 盖洋暗亭禅寺 | 宫庙、寺庙 | 神 | 层级统治关系 | 村落中供奉儒、释、道各类宗教与民间信仰的神祇，除了日常零散祭拜活动外，在神灵诞辰还会举行大型仪式活动 |
| | 土地神位 | 室外、大树下、土地庙 | 土地 | | 每年阴历二月初二土地公生日，村民会准备香烛、菜肴祭品进行祭祀。遇婚丧嫁娶以及房屋乔迁等，当事者也会前往祭拜 |
| | 爱荆庄祖先神龛 | 宗祠或家屋厅堂 | 祖先 | 主客与亲属关系 | 每逢生辰忌日或逢年过节等特殊时间点，宗族后代或家族后人，每年周期性举行祭祖、祭扫、祭告祖先的仪式活动。遇婚礼、重大事件也会向祖先祭告 |
| | 三捷村无嗣堂 | 村口、路边 | 鬼 | 陌生或敌对关系 | 供奉村中无后代的亡者的香火炉，让路人告慰安抚无后者孤寂的灵魂 |
| | 辅弼岭惜字坛 | 山石、岩穴 | 山石、文字 | 人与自然相对关系 | 每年阴历八月廿三日，三捷村村民及周边信众举行“敬惜字纸、焚化字纸”活动 |
| | 同安镇油杉王 | 植物 + 神祇 | 植物 | | 将一定年龄的、形态高大的植物作为崇拜和祈福对象，一般与其他民间信仰结合，日常作为娱乐休闲场所 |

资料来源：自摄、自制。

### 6.2.3.2 连接关系

通过街巷道路等交通空间连接各节点空间，节点与节点之间通过一个个连接图式和路径图式将各个场景叠加。在闽江流域传统村落中普遍存在各类迎神活动，在仪式活动中具体则是通过“游行”的方式将信仰神祇、宗族血缘、家屋祭祀、外部鬼神祭祀等个体联系成关联网络，构成完整公共活动事件。如福州永泰县梧桐镇埔埕村正月期间的迎神信俗文化，其迎神巡游和椽板龙出游娱神等传统民俗活动，具体流程如图 6-20 所示。

整个迎神游行活动，经过详细的统筹，有固定规程和仪式程序，每次的游行线路都是按事先规划巡境，自明末清初延续至今，形成高度结构化的仪式活动。九种主次有别的民间信仰神灵巡境，代表了村民的不同精神需求，隐喻了控制该区域的不同统治官员的周期性监管。各宅各厝的接驾、宴礼和祭祀是寻求统治力量的庇护和需求而供奉和崇拜，不同姓氏宗祠分时段迎神、游龙灯，隐喻的是乡土社会不同血缘群体的势力角力。而传统村落中街巷道路连接各类乡庙、祠堂、家屋厅堂，在特定场所进行的仪式活动，按时间顺序串联不同场所和层级的仪式活动，将民间信仰的超自然对象与村落世俗生活联系在一起，通过游行行为，串联起乡庙、祠堂、家屋和街巷广场等各类公共空间。所有仪式游行在公共空间系统内起始—进行—结束，反复进行，在此过程中给参与和观看的各类群体反复强化了这一路径意象图式，进一步强化了这种社会结构关系，有利于增进宗族和乡邻团结。

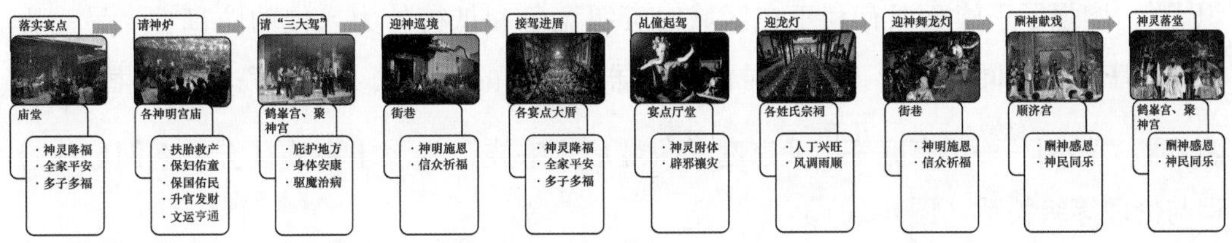


图 6-20 永泰县梧桐镇埔埕村迎神信俗文化仪式流程

（资料来源：自绘）

#### 6.2.3.3 网络结构

村落公共空间的历时性形成过程与结构形态隐喻了以礼制为前提的社会结构关系。以氏族聚居营建形成的村落空间形态，除了受到自然环境影响外，能看出空间随着父系血缘延伸历时性积累演替的过程。村落形态形成的历史进程也是一个家族“择址—筑庄建寨—繁衍饱和—分户—另辟选址……”的生动记载和在空间形态上的映射，表现为围绕氏族血缘“中心”繁衍演替的村落中居祠合一的公共空间秩序。村落的整体空间格局暗合《礼记·曲礼》：“……分争辨讼，非礼不决，君臣上下，父子兄弟，非礼不定……”对亲疏、等级的秩序规范和道德约束。

以永泰县大洋镇大展村为例，从鄢氏第十三世祖宗尹公营建洋尾旧寨（荣寿庄）到后代十七世历代子孙营建出“五寨十六庄”的群落，数量多、规模大、家族式的庄寨，是传统依托血缘而聚居的见证。一方面，建筑空间的选址区位和形制会受到长幼有序、尊卑有别的乡土伦理约束；另一方面，往往是同姓族人世代聚居于此，出于防御性安全考虑，通过筑庄建寨以保全族生命和财产安全。村落择址与生产资料和水源相邻，村落内部道路呈藤蔓枝状延伸，一般为尽端式路径串联各庄寨，路径的可达性较低，但在防御性上反而是优势，易守难攻。庄寨聚落规模同宗族人丁相关，以氏族为合作单位，人口多有利于安全防御，加之兄弟继承祖上遗业的世代积累，从而形成氏族聚居的村落形态。每个庄寨顺应山势地形，遵循传统的聚落营建理念，门前一般是左辅右弼，两护山，前方依次排布开阔稻田、案山、朝山这样的典型格局。建筑选址布局顺应地势，在山岗、山坡、田中、水边有机分布，并形成防御犄势，逢乱时利于居民就近及时进入庄寨内避难防御，并维持较长时间的防御和生活活动[144]。

村落格局则以大型庄寨（荣寿庄、昇平庄）为核心发展。核心庄寨往往是祖厝或大型庄寨，占据村落核心地理位置或战略制高点。借助地形条件，庄寨群在三维空间上形成立体的防御工事。从各庄寨营建时间上可以看出，其余分支迁徙的庄寨或民居则围绕祖厝，沿水源或道路向各支脉繁衍，村落形态由团状向指状演替，并保持血缘和宗族文化的自我认同以及鄢氏“孝悌、和睦”家族风气[145]。一方面，围绕氏族血缘“中心”的空间布局方式，也隐喻了以血缘关系为联结纽带的“继承式宗族”宗族组织[146]，增强了宗族意识有利于在区域内资源竞争和抵御外力入侵的防御性。另一方面，以庄寨为空间载体形成的历时性、以居祠合一的氏族公共空间秩序和演替过程，隐喻了“始祖$\xrightarrow{\text{结婚}}$小家庭$\xrightarrow{\text{生育}}$大家庭$\xrightarrow{\text{分家}}$继承式宗族”的乡土宗族社会关系网形成过程与伦理等级关系（图6-21）。

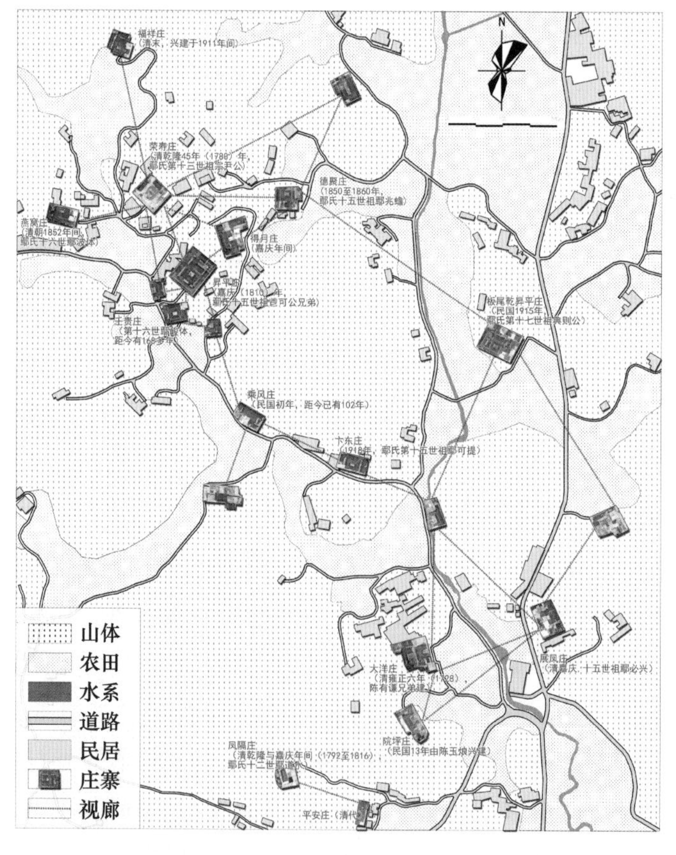


图6-21　永泰县大洋镇大展村“五寨十六庄”形态与血缘关系结构

（资料来源：自绘）

## 6.3 语境限制的适用规则

从语境论的观点来看，物质载体形式结构逻辑需要与实际的社会情景联系起来。正如苏珊·肯特（Susan Kent）重申了文化与空间的双重一致性，即“一个人群对其文化的组织决定了其对建成环境和空间的组织与使用”[147]。而彼得·布伦德尔·琼斯（Peter Blundell Jones）指出空间秩序不仅反映社会秩序，亦通过其自身的组织逻辑保存社会关系和创造社会秩序[148]。认知语言学家兰盖克（Langacker）指出观察者不可避免是非中立的、与身体关联的、有限认知的、与个人相连的，其经验的形成受到生物特征与进化史的约束，是与结构性环境互动的结果。语言具有社会性，空间物质环境同样具有地域性，是地方文化的、心理的和社会的部分现象，涉及村落的选址环境、血缘伦理、宗教和防御以及邻里生活等方面。空间语言语境则关注既定形式的生成环境，以及对空间结构表征意义的约束能力。

### 6.3.1 环境营造的“层级”规则

传统村落环境营建的人文传统表明，“人文”是内核，“空间”是载体，“人文”与“空间”的互动具有 3 个基本特征：（1）互动具有空间范围限定；（2）村落、田、林等具有一定的区划特征，以适应农耕经济形态下的生活行为和生产行为；（3）“空间”在落位风景理想、意境追求、空间图式中呈现多层级特征。由此可见，界定空间范围、识别功能区划与空间层级是解析传统村落营造空间理法的基本内容。

#### 6.3.1.1 “三生”空间“层级”

传统村落的选址一般位于多重山水环绕、适合人居的自然环境之中，形成天然的圈层空间。加之村落营造轴线和朝向与周边环境建立起环境参照系和空间坐标系，将建造者头脑中的空间概念和居住理念投射在自然地形环境中。由《尔雅》记载的“邑外谓之郊，郊外谓之牧，牧外谓之野，野外谓之林”可知，中国自古便有整体的空间层级系统，划分为邑、郊、牧、野、林五个圈层[149]。依据“千尺为势，百尺为形”的尺度形势转换和视觉感知，建立起人与空间之间多层级的对应关系，形成“村落-近村-四望”空间与“生活-生产-生态”功能对应[150]。其中邑为村落生活圈层、郊与牧为农牧业生产圈层，而野与林所代表的荒野和山林是村落生态涵圈层。

1. 聚落生活圈层

身之所处的聚居区域，集中了村民居住、邻里交往和娱乐功能，同时通过设置精神场所落位礼乐秩序和宗教秩序。提供了院落、宗祠、街巷、宫庙等村落各个人工环境要素的语境，作为居民日常居住、邻里交往、文化交流、宗教礼仪等活动的承载场所，以礼乐秩序和血缘秩序为内在秩序规则。

2. 近村生产圈层

行之所达的生产范围，是村民为组织生产用地对自然改造的主要场所和空间秩序的“点缀”区域，追求田园图式。提供了村落核心圈层的语境，农田、果圃、池塘等农业景观要素以田园风景图式组织村落的生产场所。

3. “四望”生态圈层

目之所及的生态区域，提供生存保障和生态屏障，同时是村落选址、落实“天-地”秩序、追求自然之美的地段。提供了近村田园景观的语境，是传统村落理想边界和生态涵养区域。三个圈层相互作用、相互渗透，外圈层作为内圈层的空间语境，形成不同尺度空间图式语言的基本限定规则，以此类推，构成有机关联的人居系统，将村落不同层级要素统一到空间秩序中[151]。三圈层将功能与空间尺度结合，统筹视觉尺度、行为尺度、生活尺度，定格了生态、生产和生活的空间区位和依存关系，形成系统关联的乡村人居环境系统。基于共通的价值观引领和社会形态约束，三圈层在传统村落中具有普遍性，为全面认知传统村落的空间特征提供路径（表 6-2、图 6-22）。

表 6-2 村落空间层级与图式限定规则

| 空间层次 | 图式尺度 | 功能 | 活动范围 | 空间语汇要素 | 限定规则 | 空间图式 | 句法结构 |
|---|---|---|---|---|---|---|---|
| 聚落生活圈层 | 微观-聚落 | 生活空间 | 居之所处（300m≤$R$＜500m） | 院落、宫庙、宗祠、街巷、古树…… | 划定场所组织 | 聚落肌理 | 群组、街巷空间、聚落整体空间 |
| 近村生产圈层 | 中观-近村 | 生产空间 | 行之所达（500m≤$R$＜1200m） | 农田、菜圃、果园、鱼塘、牧场…… | 限定景观布局 | 田园图式 | 村落整体空间 |
| “四望”生态圈层 | 宏观-“四望” | 生态空间 | 目之所及（$R$≥1200m） | 山形、水胜、沙洲、林地、荒野…… | 界定聚落边界 | 山水形胜 | 村落整体空间 |

资料来源：自制。

### 6.3.1.2 需求“层级”

村落居民在生理层次、文化层次和精神层次的需求层级，从生存、安全和实用等基本层级扩张到文化、信仰等精神需求层面。与马斯洛（Maslow）1943 年在《人类激励理论》中提出的需求层次理论（Maslow’s hierarchy of needs）中从低级到高级的五类需求具有对应关系。在传统村落中，生理需求层级是由“四望”生态圈层和近村生产圈层中的水体、山林、农田、园圃等满足水源、粮食、生产资料等满足温饱维持生存和生理机能的基本需求；安全需求层级是以地缘条件为前提，由聚落生活圈层中的城墙、城门、寨堡等防御工事满足村落居民人身财产安全，大量的民居为居民提供安全遮蔽和生理隐私的栖身场所；爱和归属感层级表现在祠堂以血缘为纽带形成基本的乡土社会结构，为村落居民提供集体归属感和公共事务场所，而家庭为村落基本的乡土社会单元和繁衍单元，街巷和广场等外部公共空间满足居民基本交通和社会交往需求；

自我实现（精神需求）层级是高级需求，传统乡土社会自我实现的途径是学而优则仕，以“修身、齐家、治国、平天下”为精神追求，通过耕读和参与科举考试实现阶层突破。在传统村落中是以书院、书斋和私塾等实体空间为载体，以儒家核心思想“仁、义、礼、智、信、忠、孝、悌、节、恕、勇、让”等实现个人道德约束。宗教和民间信仰以宫庙公共建筑为载体，承载居民的精神寄托。在总的人居环境层面，是居民对山水环境与传统村落和谐共融的理想人居环境的追求。

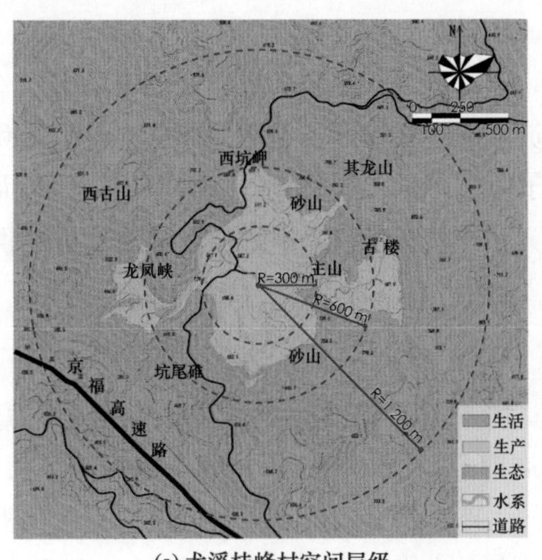


(a) 尤溪桂峰村空间层级

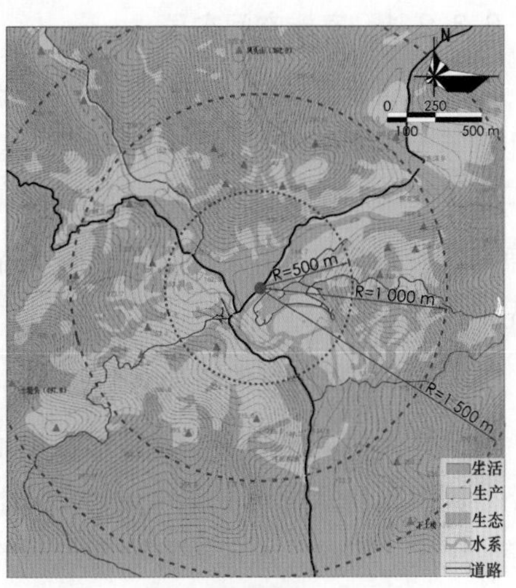


(b) 永泰月洲村空间层级

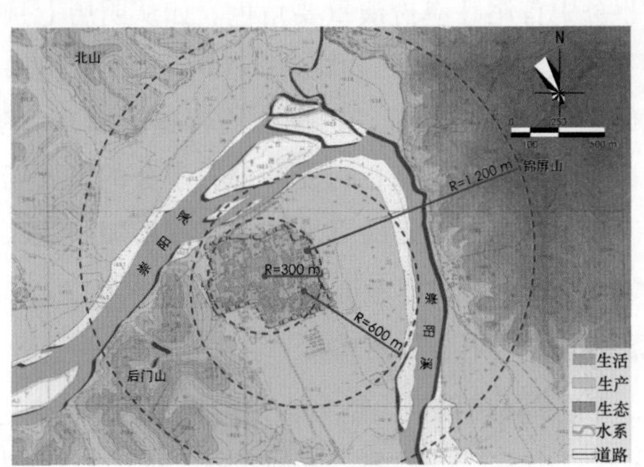


(c) 武夷山城村空间层级

图 6-22　村落“三生”圈层空间尺度图式

（资料来源：自绘）

### 6.3.2　血缘伦理的“中心”规则

传统村落血缘伦理的“中心”规则对应短语意义建构的第一条原则：中心语的意义决定了短语的意义。在乡土聚落中，以家庭或氏族为单位中心，以社会关系形成“邻里街坊”圈子，无数圈子的涟漪式交织组成聚落社会关系网络。在空间上则表现为不同关系中心的组织形式和结构关系，形成围绕礼仪“中心”组织营建的“家庭—氏族—聚落”差序系统层级。敬祖和长幼有序的伦理观念，对建筑选址和规模大小上有较大影响。宗祠和祖屋占据“中心”选址，规模也是较大的，随着子孙繁衍分户迁居，一般围绕祖屋向外扩展，选址位置和规模一般会避免“僭越”，因此方位是社会化的空间。村落空间营造的结构关系暗合传统礼制秩序，与《礼记·曲礼下》中对宫室的营建顺序描述相似：“君子将营宫室，宗庙为先，厩库为次，居室为后。”①

#### 6.3.2.1 家族空间布局

大型民居建筑群往往出于防御性考虑，以家族为聚落单元，典型如三明土堡、永泰庄寨等大型寨堡建筑，上百户在单一建筑内围绕住宅厅堂空间，形成生产生活和防御一体化的微型聚落形态。而厅堂空间位于建筑中轴正座位置，一般为整栋建筑面阔和净高最大的空间，其装饰装修也最为精美，一般于正厅太师壁前设神龛和条案供奉祖先［图6-23（a）］。

#### 6.3.2.2 村落空间布局

以单姓氏为主的聚落，容易形成向心、内聚式的聚落形态。以尤溪桂峰村为例，围绕蔡氏祖庙和宗祠形成双中心，周边民居向心而居，围绕宗祠和祖庙形成集街巷、岭道、民居、书院、埕坪等具有血缘维系的生产、教育、祖先崇拜的空间。蔡氏祖庙和宗祠作为蔡氏族人的礼仪中心，在日常生活中作为氏族血缘关系象征和维系纽带，在祭祀活动等公共事务中首尾呼应扮演重要角色。如从阴历七月初一到十四进行的大型祭祖活动，二者作为仪式的起始点［图6-23（b）］；而武夷山城村形成多姓氏混居的聚落形态，以地缘联系为主要特征，依据公约营建防御、宗教和休闲等公共空间，而林氏、赵氏和李氏家祠作为氏族祭祀祖先和公共事务的重要场所各据一隅，同姓氏民居围绕家祠分布开始呈聚集状态，随着外姓人口的增加和几次历史原因的土地权属变迁，各姓氏居住分布逐步向外分散呈混居形态［图6-23（c）］。

#### 6.3.2.3 村落空间的“中心”图式

在传统村落中，无论单体民居到大型集合式民居还是到整个村落，都存在不同规模和人群覆盖范围的礼仪“中心”，以厅堂、家祠或宗祠的形式，作为整个村落物理或居民心理上的“中心”。以个体到氏族到集体的社会“关系圈子”为依据，位于中心的核心地带空间或实体作为空间语言的核心要素，围绕不同层级“中心”规则组织不同尺度的空间结构关系，而血缘和地缘的伦理秩序决定空间句法逻辑。围绕礼仪“中心”组织营建的聚落空间形态是以血缘和地缘为纽带的树状家族图谱的空间表征。因此，乡土聚落的空间句法结构是乡村礼俗社会的伦理秩序和社群关系的空间投影［图6-23（d）］。

---

① 出自战国至秦汉年间儒家思想典籍《礼记·曲礼下》关于宫室营造的先后礼仪，是解释说明经书《仪礼》的文章选集。

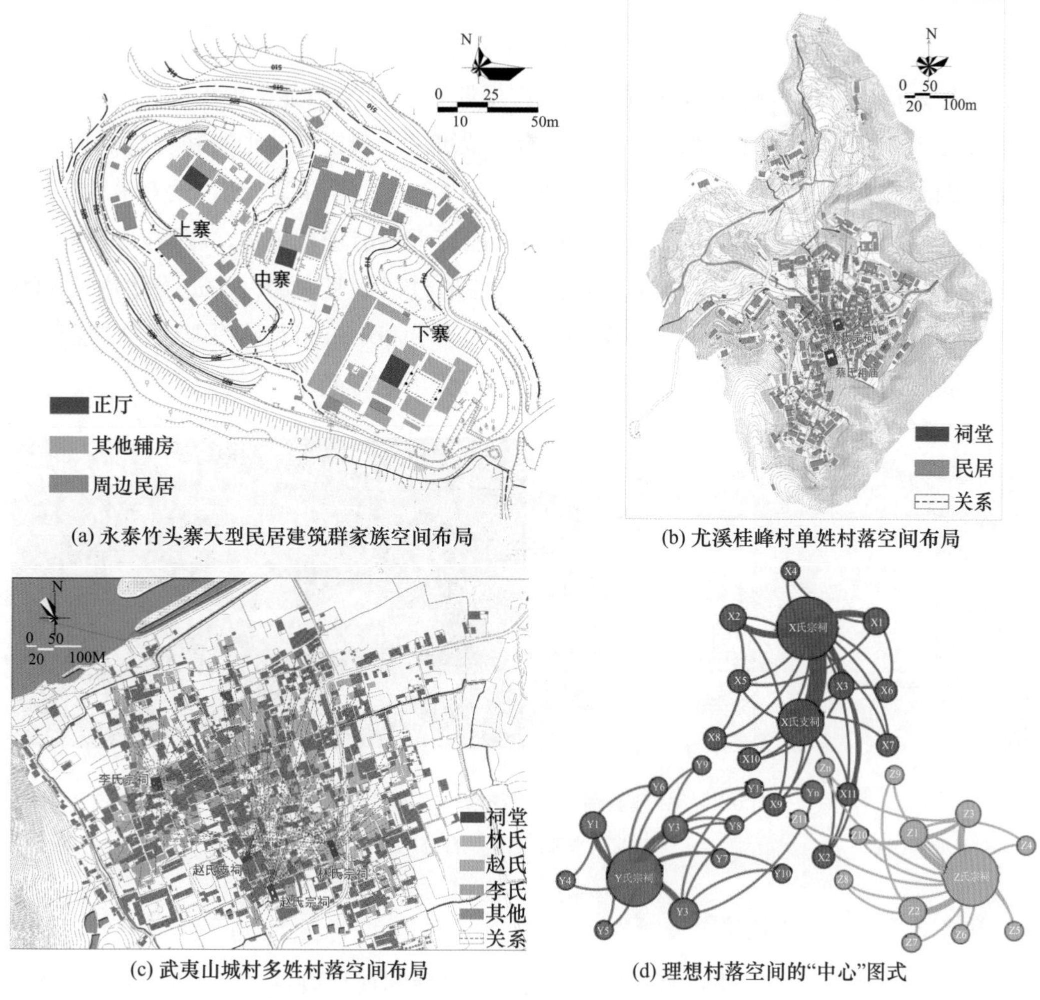

(a) 永泰竹头寨大型民居建筑群家族空间布局

(b) 尤溪桂峰村单姓村落空间布局

(c) 武夷山城村多姓村落空间布局

(d) 理想村落空间的“中心”图式

图 6-23 村落“中心”规则空间图式结构

（资料来源：自绘）

## 6.3.3 宗教与防御的“边缘”规则

### 6.3.3.1 物理“边缘”

闽江流域传统村落以山区地貌为主要地理特征的人居环境，受到该地域多山地丘陵的地理环境的限制，村落多位于河谷或山间盆地“汭位”，处于三面或四面环山的相对封闭环境中。村落建筑选址也一般在四周山脉终止之处范围内，山水等明显地形“边界线”划分出了村落的内与外，山前可见为村落的领域，村民视为内侧，对村中屋舍、街巷、农田的位置和信息了如指掌，而越过山脊线则为外侧，即村民较为陌生的外部世界。

村落，是对生命财产和领域的实体防御，通过墙体、门、水体等人工或结合自然险要形成的实体防御工事，往往作为村落聚落生活圈层的防御性实体边界。以寨堡这类大型集合性防御性建筑为典型，作为村落临时性避难的公共空间。位于尤溪县梅仙镇汶潭村的莲花堡，因地方常有匪患出没，官民惶惶然不可终日。为了族人的身家性命和财产的安全，周之楫于清康熙三十四年（公元1695年）修造莲花堡，一旦发生匪患，本村人员均可携带财物躲入堡之中。该堡防御性功能凸显，外围一圈通高11.5米、厚度2.2～3.5米的厚实墙体，墙体周遭设置可进行射击的斗形窗和竹制枪孔。距堡墙外四周约5米处修有超大的护堡壕，壕面宽约7米、深约2.5米，设有吊桥装置，一旦注入溪水，匪寇便难以靠近土堡，更不可能接近堡墙进行破坏，壕沟是抵御匪徒围攻的“天然屏障”，好似缩小版的城堡。只能通过两侧坚固的门洞进入堡内，1000平方米大天井兼广场的超大空坪，用于危急时的人员和牛羊猪鸡临时避难，二层楼的建筑主要是读书用的书楼和粮仓，还有应急的住房（图6-24）。

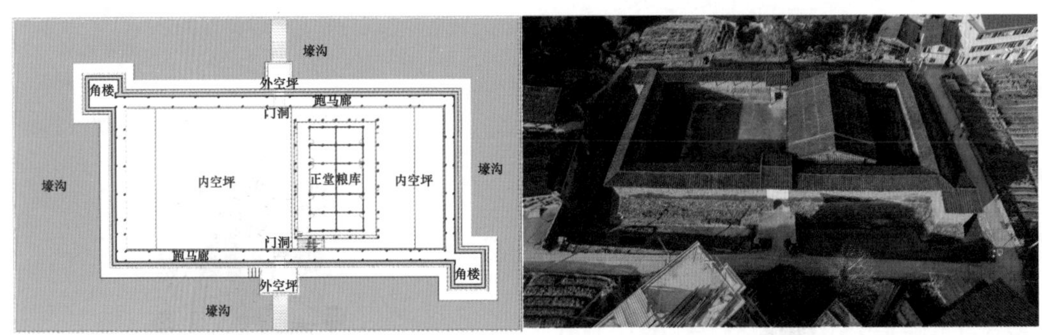


图6-24　尤溪县梅仙镇莲花堡一层平面与航拍图

（资料来源：自绘、自摄）

### 6.3.3.2　心理“边缘”

传统村落所处的“四望”自然山水作为依托屏障和视觉边界，如三明尤溪厚丰村，四周群山环绕，形同聚宝盆，视觉可见自然山脉作为村落的重要边界特征，一般以山脊线作为视觉可见分界线，也是村落“四望”生态圈层的边缘［图6-25（a）］。

除了实体边界外，宗教信仰建筑则是村落居民对自然和超自然对象敬畏的心理防御，通过宗教与民间信仰活动祈福禳灾，往往在村落水口、出入口或周边山麓兴建庙宇宫庙进行镇守。本质上都属于对空间趋利避害的反映，因此在空间上出现明显的“边缘”。聚落整体防御性与心理边界以武夷山兴田镇城村为典型，因其傍闽越王城而建，村落一开始的形制受到闽越王城的影响，具有城和村的双重特征。从历史文献和现存的墙体遗迹可知，城村之前周围有一圈寨墙围合，连接四个方位的城门楼，分别从东面（庆阳楼、锦屏高照）、南面（古粤门楼）、西面（寺仁门）4座城门楼出入，从城门楼进村后为各类民间信仰和宗教（儒、释、道）建筑群锁钥咽喉，体现了聚落在物理层面和精神层面的双重防御需求的重合［图6-25（b）］。具体而言，城村南门楼正对有华光庙（兴福寺）与慈云阁、文昌阁、古佛庙、罗汉堂等庙宇建筑相连一体供奉八仙、马王爷、观世音菩萨、孔子以及十八罗汉等，集儒、释、道于一身，功能齐全。东门楼有关帝庙、药师阁和镇国庙形成的民间信仰宫庙群，分别供奉武圣关羽、药王孙思邈和薛仁贵、薛丁山父子。临溪北渡口建有妈祖庙（天后宫）供奉妈祖林默娘。村中的崇福庵（观音堂）供奉观音大士。紧邻东面入口“锦屏高照”的降仙庵供奉梁山好汉108将。

正如德斯蒙德·莫里斯（Desmond Morris）认为人类发明宗教是反映统治者内心深处对社会统治的需要[152]。将代表“天”的宇宙和神灵与聚落中的神庙、寺院、祠堂等精神空间对应，实现“天人感知”的目标[153]。在永泰月洲村，张圣君祖殿（供奉瑜伽教农业神张圣君）、龙玉堂、碧峰堂、宁远庄（庄寨，供张圣君）、白马大王庙（白马大仙）、少林宫庙以及寒光阁（儒家）等民间信仰建筑，与周边山水形胜融合镇守四至边界，与月洲村传统村落规划范围四至基本重合，同时也形成聚落居民的心理边界［图6-25（c）］。因此，视觉边界范围、实体边界范围以及心理边界范围形成圈层嵌套关系，通过边缘秩序的营建，以及选址定位、区分内外和划分边界以支配空间和控制环境，实现对空间恐惧的防御和诗意的栖居。因此，位于边界的宗教与防御空间要素一般处于聚落空间图式句法结构的“起止”位置，作为其句法规模的“边缘”限制条件［图6-25（d）］。

(a) 三明尤溪厚丰村视觉边界范围

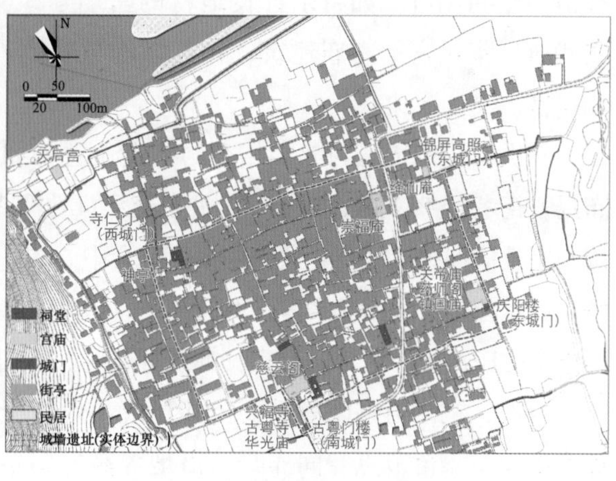


(b) 武夷山城村实体与心理边界范围

(c) 永泰月洲村心理边界范围

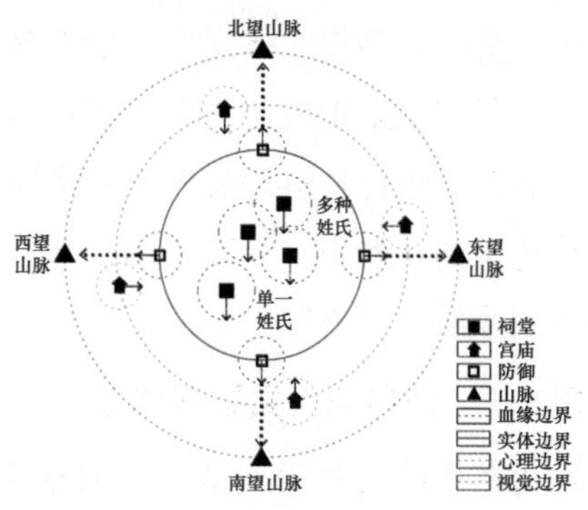


(d) 理想聚落空间“边缘”图式

图6-25 村落“边缘”规则空间图式结构

（资料来源：自绘）

### 6.3.4 人文环境的“节点”规则

在传统村落公共空间结构体系中，为满足住民邻里生活的社交需求，基于传统环境观的影响，在重要“节点”营造的公共空间着重关注于自然、聚落与人之间的相辅相成，其环境观和营建思维与中国传统“天人合一”的哲学框架、宇宙观和审美理想一脉相承。上至宫殿庙宇、城市园林，下至田园屋舍，都表现出“宇宙图式”的特征，即一套运行千年的营建“编码”，象征性的方位、节令、风向和星宿等图式符号，对自然的朴素认知和浪漫情怀。具体表现为内向的邻里生活“节点”和外向的人文景观节点。

#### 6.3.4.1 内向的邻里生活“节点”

传统村落主要公共空间节点的营造都是长时间居民日常邻里出行、仪式信仰以及兼顾微气候环境形成的。

首先，位于出入村落的水口或重要门户位置，多建廊桥或塔，出入口以门（楼）、牌坊等形成入口空间，以上位置往往种植人工林以及兴建宫庙建筑，形成宗教信仰空间场所。如将乐县良地村的宫庙建筑集中于村南水口，村民在此处不仅建文武庙、集灵宫等宫庙建筑，并且修建与官道相连接的水尾廊桥等，使水口景观益加丰富。

其次，位于街道与巷弄相交的节点位置，如武夷山城村此类平地型聚落节点空间布局，街巷经纬交错，在十字、T 字交叉口处抑或与街亭结合形成标志性节点停留空间，或与宗教信仰神祇结合，大街与横街交会中心的一座两层楼亭“聚景楼”，楼上也供有菩萨。以及新街与大街交叉口正西的神亭，供奉“四方佛”，上悬“如是我闻”的木匾，作为整个村庄迎神、送神的起点。抑或有石狮、石碑等镇煞构筑物［图 6-26（a）］。

再次，祠堂与书院等重要公共建筑一般位于村落的最佳地理位置。如尤溪桂峰村此类山地型聚落节点空间布局，沿地势高低错落，街巷蜿蜒如蛛网交织；桂峰村蔡氏祖庙所在位置谓之“飞凤衔书”，往往配有前埕广场等仪式性开放空间，各节点布局灵活，依山就势，表现出立体层次［图 6-26（b）］。

最后，紧邻水系抑或与古井、古桥或古树等历史文化要素结合形成生活性休闲节点空间。因此，传统村落理想的环境格局是外有山峦环护，围合内敛向心的外部空间，形成雅致优美的自然山水景观；内有多样住居空间节点串联成网，营造维持良好居住活力的空间品质［图 6-26（c）］。

#### 6.3.4.2 外向的人文景观节点

传统村落中的公共空间节点一般集中在宫庙寺院、书院、祠堂等处，但公共空间承载量有限。而“八景”等人文景观营造正可以弥补聚落内部公共空间的不足。无论是分布在“四望”生态圈层的自然山水之间、分布在近村生产圈层的田园空间，还是分布在聚落生活圈层的公共建筑和街巷空间，都具有显著的公共性。村落周边郊野土地为集体所有，具备公共空间属性，部分农田和林地等生产土地为承包经营，但作为开放景观空间其外部效益具有公共性。该类型公共空间带有鲜明的自然感，表现为与自然生态之间的协同作用和共生关系，在植被层次上解读是有机的，在解剖学上解读是人文主义的，而在景观尺度上的解读则是浪漫的[154]。村落公共空间通过因地制宜的消解和无限与自然环境亲近互通的方式与自然环境共生，并将周围景观空间渗透进入空间，体现了空间营造的整体性和无限性[155]。一般以自然特征边界如水系、山脊线或农业生产边界如田埂、篱笆等为空间划分，在限定空间的同时也融入周边自然环境和人文环境。长久以来，在村落郊野景观空间进行着丰富的观赏和游憩等自发性公共活动。

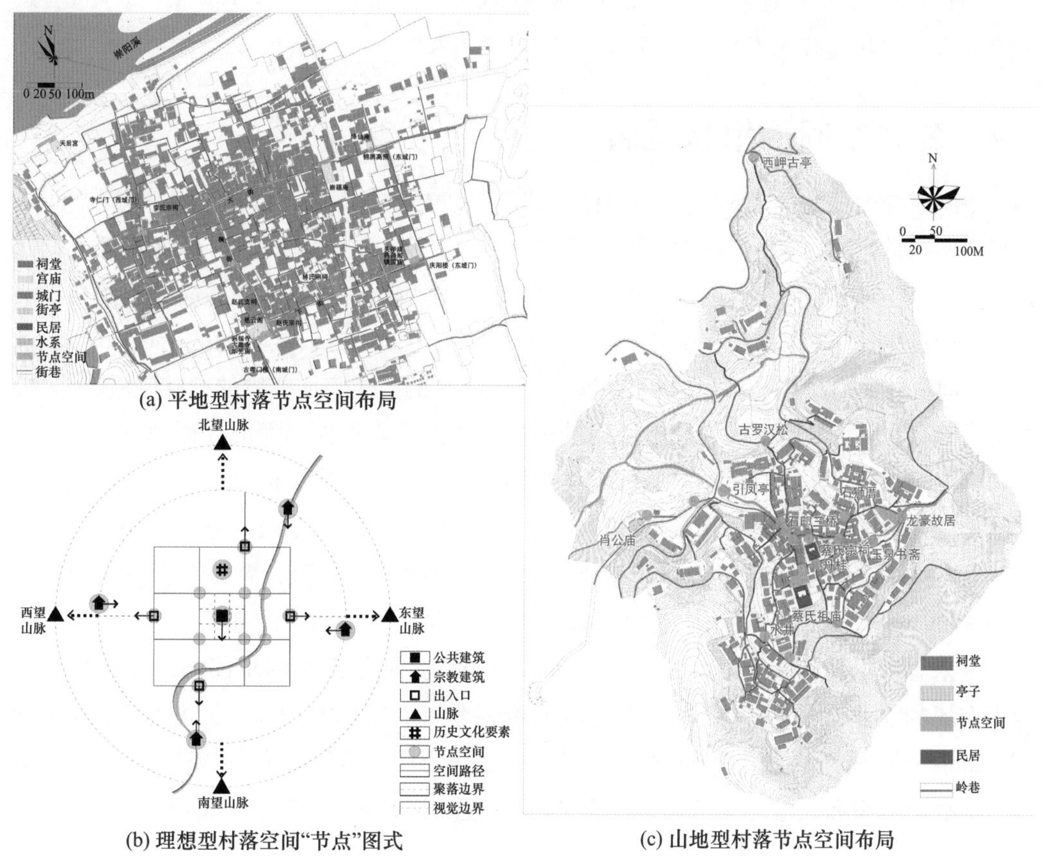


(a) 平地型村落节点空间布局

(b) 理想型村落空间“节点”图式

(c) 山地型村落节点空间布局

图 6-26　村落“节点”规则空间图式结构

（资料来源：自绘）

人文景观创作在村落景观空间营造中发挥着重要作用。自北宋宋迪作《潇湘八景图》伊始，这一“八景”统称，诗、图、文三体结合进行景观叙事的艺术形式成为后世风靡持久的文化传统，对传统村落公共空间节点的景观营造产生深远影响[156]。“八景”以符号化为特征，通过组合式的文本序列解读“八景”文化。将实际体验的自然山水转译为图画表达的抽象线条的舆图，然后将描写勾勒的画面转译为诗文表达。至此，现实体验的自然景观经过体验者心智的认知审视进行再创作和重新组合，将自然的山水景观、图画中的空间意象、诗文中的景观再现统合在“八景”之中，同时也将客观自然、精神审美和地域叙事结合在一起。

“八景”经过地方人文创作和流传，成为地方景观空间的符号，而符号化的显著功能就是使各公共空间节点成为地方的空间地标。“八景”符号中以四字模式最为典型，即由“地名+描述性词语”构成，其中一般包括时间、景观地点、季节、气候、名胜古迹、特殊建筑等信息，掺杂人文的审美感受。在闽江流域传统村落中，“八景”景观公共空间的营造也非常普遍，《蔡氏族谱》记载的尤溪县洋中镇桂峰村的“桂峰八景”：石笋擎天、金鸡耀日、玉泉涌蜜、丹桂飘香、印桥皓月、酒座清风、双际龙吟、三峡虎啸，尤其具有代表性。

## 6.4 公共空间的组构逻辑

空间作为表征的文本形式，其阅读方式就是身体体验，每个人产生的不同空间语序形成不同的空间意义。空间的结构关系能自明公共空间的功能秩序，从而规训人们的行为活动；空间的界面附着则是人们日常生活和文化活动中对空间的适应与利用在界面留下的物质性附着，通过视觉引导、示意人们的行为方式。对公共空间的伦理功能而言，是以空间示能（offer-dance）和空间在场（anwesen）的方式表征整体的精神气质[157]。公共空间的双重属性具体表现为抽象层面的拓扑结构关系与具象层面的界面视觉关系，二者影响人们对空间秩序与在场体验的整体感知：一方面，拓扑结构可从人的心理认知和空间几何关系所对应的离身（disembodiment）认知与拓扑逻辑来表达空间秩序；另一方面，界面关系主要是从身体和眼睛来强调公共空间的在场体验，界面附着对人的具身（embodiment）感知以及界面围合变化对人的视觉感知。在前两者的基础上，以整体性认知维度来思考伦理功能的内涵，礼仪秩序与在场体验则是由空间示能的组构逻辑以及空间在场的文化渗透进一步呈现。比尔·希列尔（Bill Hillier）在空间组构（spacial configuration）理论①中解释空间如何以及为什么作为社会运作的重要组成部分，即空间形态与社会组织和人的行为心理具有较高关联度。以线段模型（segment map）② 和视

① 组构（configuration）是指一组关系，即其中任意一关系取决于与之相关的其他所有关系，空间组构说明空间内在彼此关联的本质，并融入人们不可言表的空间认知中。

② 通过线段来概括凸空间，将空间结构转译为轴线图，抽象成一个拓扑结构，进行空间重映射，采用米制半径和角度模型计算出整合度（integration），并赋予每个空间元素以不同颜色。

线分析[①]方法（visible connectivity）在逻辑结构、视觉感知和身体可达性三个方面提供量化空间公共性的分析方法，并形成公共空间与公共属性关联的理论模型。在第2章“2.3.3空间句法的图式解析”一节中已对相关原理进行了阐述，在此不再赘述。因此，公共空间的伦理功能和公共性表征通过拓扑结构、界面关系以及二者相结合的整体认知维度进行表达，通过物质和精神两个层面的建构，完成对空间的渗透和诠释（图6-27）。

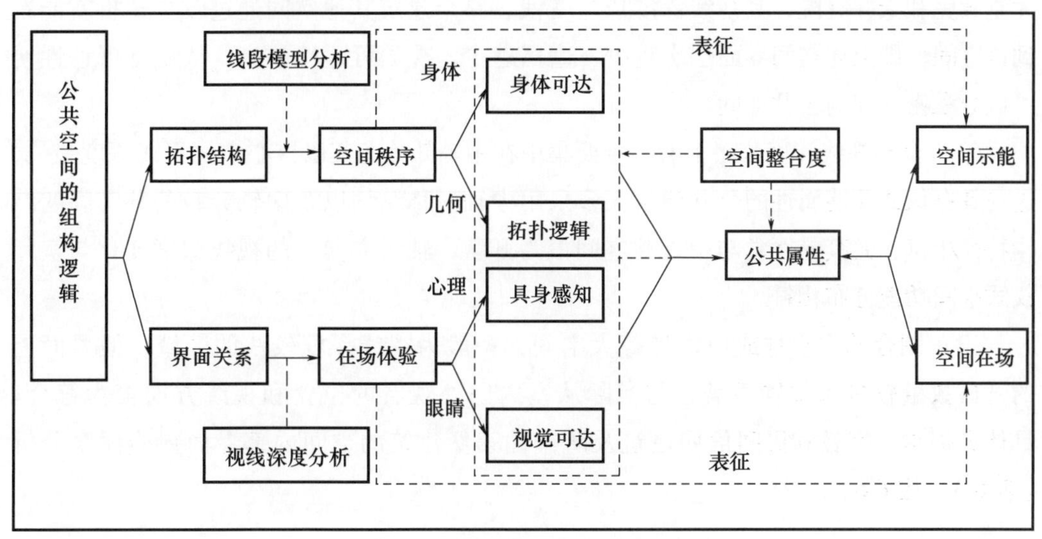


图6-27　公共空间的组构逻辑

（图片来源：自绘）

### 6.4.1　界面关系维度的视觉体验

拓扑结构对于人的空间认知是离身化的理性思考，而附着于结构的界面对于人的空间感知则是具身化的身体性和视觉性体验。弱化空间形式的影响，将住居环境所产生的包裹性和增生性物质的附着放在近尺度空间体验影响因素的首位。通过界面的强化与消解可以影响路径方向与空间形式，界面的围合、颜色、质感、形式以及洞口大小都影响人的体验与心理感知。

#### 6.4.1.1　单体层面

1. 空间可视性与界面特征关联性

从空间界面的立面装饰、色彩、材料和形制上便能判断出公共建筑的性质、功能、礼仪性以及营造者的重视程度。建筑内部界面视觉关系则表现出较为复杂的层次性和

① 空间句法中的视线分析，是分析空间中点与点的视线关系。以一般人流宽度550mm为模数将空间划分为网格系统，即每个像素点为一个人的位置。基于网格的连通性（connectivity），度量直接与每个网格空间相连的其他空间的数量，而视线的连通性（visual connectivity）指将某个元素能看到其他元素的加总数值反馈在该元素上，得到连通性的数值。然后按照从高到低分为10级，将所有元素显示相对应的颜色，生成视线分析图。

深度变化。结合第 5 章“5.3.1 单体空间图式句法结构”一节对各类公共建筑内部利用 DepthMapX 分析工具进行的视线连接度和实际空间使用功能分析结果，发现空间可视性与界面特征具有较强的关联性：

（1）界面的围合程度直接影响空间的视线深度，围合程度从高到低依次为实墙隔断、门窗连通、柱网层透和开敞空间，对应的围合空间一般为起居房间、偏厅配殿、厅堂廊庑和天井庭院，其视线深度依次变浅，整个建筑其他空间通过较少转折就能看到该空间，即上述空间界面层次越少、遮挡越少，视觉可达性越高，从视觉可达性便可区分私密空间与公共空间。

（2）全局视线深度分布上看，主要集中在中轴部分尤其以核心空间视线深度最浅，这与具有仪式功能属性的公共建筑大多采用中轴对称结构以及中轴分布公共空间的结构特征相符，尤其是厅堂与中天井空间最为开敞，轴线方向上的视线深度变化与实际仪式空间功能分布相符。

（3）围合的内空坪或前禾坪等大空间，一般为视线深度较浅的区域，但界面上的开口数量较多和位置显著，与实际从室内向外观看的位置和视线方向较为符合。具体见祠堂、宗教和民间信仰建筑及防御性寨堡建筑的空间内部界面视线深度分析（表 6-3 ~ 表 6-5）。

表 6-3　祠堂空间内部界面视觉分析

| 地域 | 尤溪桂峰村蔡氏祖庙 | 武夷山城村林氏家庙 | 将乐良地村梁氏宗祠 |
| --- | --- | --- | --- |
| 视域分析 | 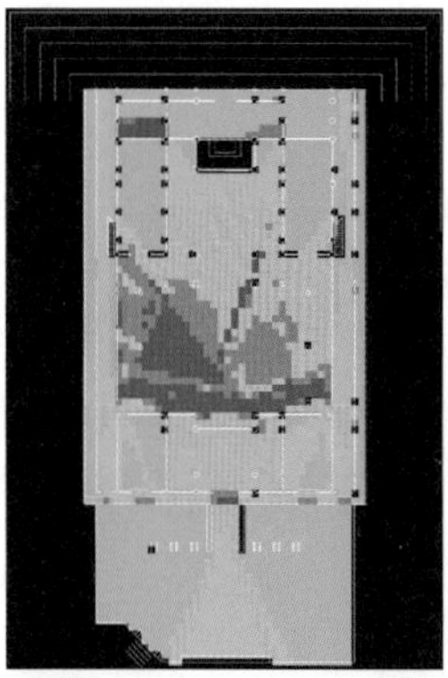 | 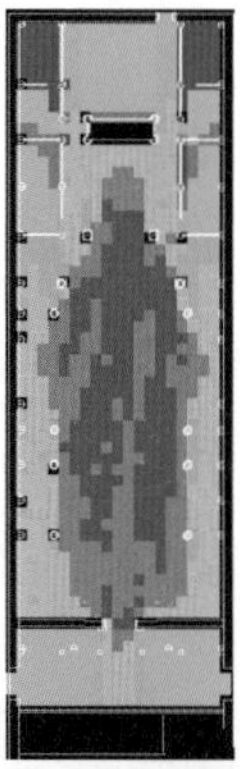 | 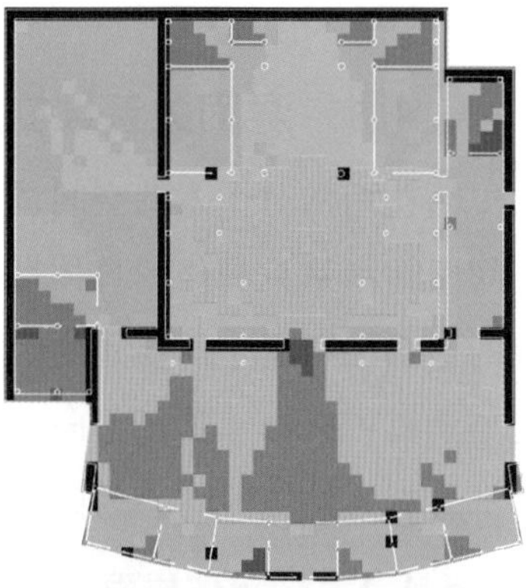 |
| 内部界面实景 |  |  |  |
| 公共性 | 前埕与内部厅堂为氏族集体仪式性公共空间，正立面和厅堂空间界面装饰性要素最丰富，是宗族成员祭祖、议事以及婚丧嫁娶祭拜的场所，日常亦可作为村落休闲聚集的公共活动场所 | | |

注：视域分析中，一般视线连接度越高（颜色越暖）可视性越高。
资料来源：自摄、自制。

**表 6-4 宗教和民间信仰建筑空间内部界面视觉分析**

| 地域 | 顺昌上湖村宝山寺大殿 | 永泰葛岭镇蒲边村桃源宫 | 永泰盖洋乡赤岭村暗亭禅寺 |
|---|---|---|---|
| 视域分析 | 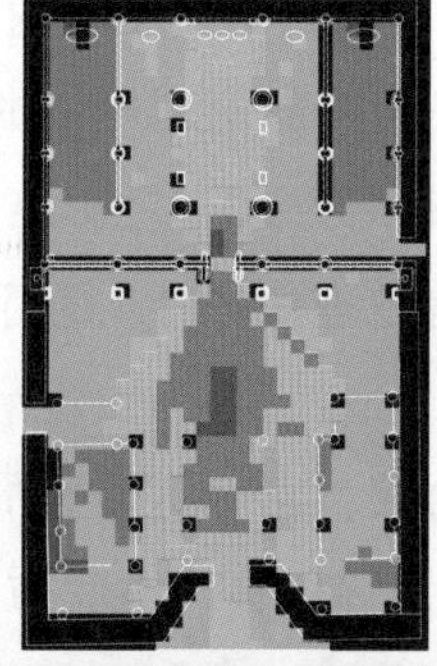 | 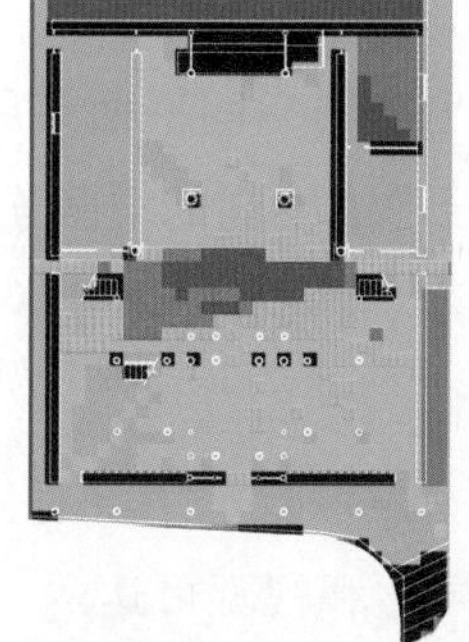 |  |
| 内部界面实景 |  |  |  |
| 公共性 | 一般山门、(钟鼓楼)、前殿、天井和后殿（大殿）的轴线方向视线整合度较高，两侧其他功能房间较低，与视觉引导的礼仪活动路线相符，天井位置视线深度最浅，大殿到神龛位置层层柱网视线深度越高，与空间的明暗变化和神秘氛围营造意图相符 | | |

注：视域分析中，一般视线连接度越高（颜色越暖）可视性越高。
资料来源：自摄、自制。

**表 6-5 防御性寨堡建筑空间内部界面视觉分析**

| 地域 | 大田土堡（泰安堡） | 尤溪土堡（莲花堡） | 永泰庄寨（嘉禄庄） |
|---|---|---|---|
| 视域分析 | 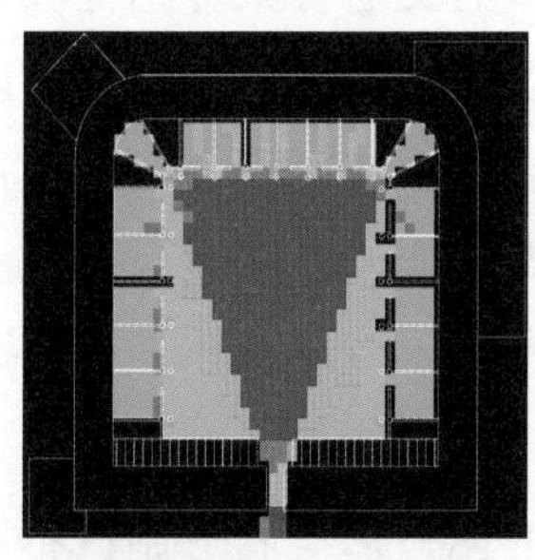 |  | 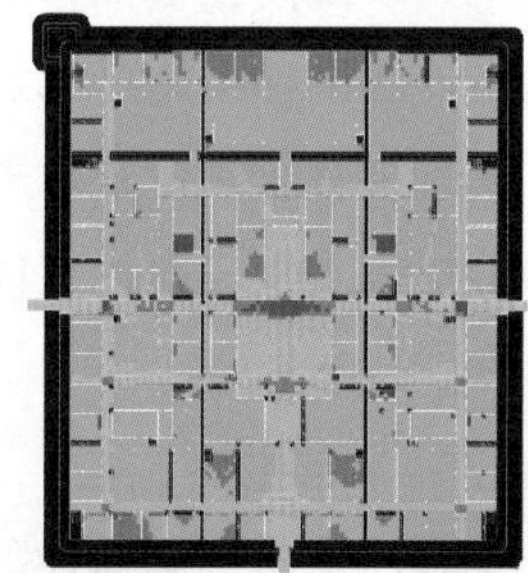 |
| 内部界面实景 |  |  |  |
| 公共性 | 土堡内空坪为避难防御时临时性公共空间，四周为临时居住和存储空间，内部空间视线整合度也表现出内空坪高、周边房间低。而防御与居住并重的庄寨，天井、厅堂和走廊等公共空间与其他房间视线整合度冷暖分明，内部公共空间沿中轴线依次形成序列，随院落深度公共性依次递减 | | |

注：视域分析中，一般视线连接度越高（颜色越暖）可视性越高。
资料来源：自摄、自制。

2. 公共空间多情景下组构特征

以永泰县丹云乡和城寨为例，利用 DepthMapX 软件中的视域分析模型对平面空间布局进行量化解析。在日常生活、仪式活动和防御行为等多情景下，庄寨内部可行空间的组构呈现动态特征。进而归纳出庄寨空间平面布局对家族内部伦理规训的表征规律：可通过空间之间的灵活分隔、开合形成不同的空间连通和布局方式，“身体-空间”耦合变化强化了特定情景下的内外有别、主宾有序、男尊女卑等伦理秩序对人的行为规训。

（1）客观状态

客观状态下的空间组构特征，是假设一个没有伦理约束、无可达障碍的理想参照，以视觉可视分析为手段，从身体可达和视觉可达两个层面，解析整体空间布局与使用功能的关联性，解析空间如何成为帮助庄寨整体形成物质性与文化性场所的重要途径[158]。

首先，和城寨外围高大厚实的庄墙，划分出内部家族居住空间与外部村落公共空间，以血缘特征在地缘空间中划分出特征区域，具有典型的防御功能。庄墙作为防御性边界，而三个寨门则作为内外连通的防御性界门。其次，庄寨中轴对称的布局形式，院落两侧的高大封火山墙划分出围合天井的中轴主体部分和围绕大通沟两侧的护厝扶楼部分。从图 6-28（a）和图 6-28（c）可知，无论从身体可行空间还是视觉可视空间来看，围绕中轴厅堂院落形成了视线整合度最高即可达性最高的公共区域，而前后楼及两侧护厝扶楼视线整合度较低即私密性较高。再次，连接各空间的连廊的视线整合度较高，对应其交通功能，而天井与大通沟作为可视性较高的区域，则对应其通风采光的功能。最后，从图 6-28（b）和图 6-28（d）可知，二层平面的整体视线整合度分布表现为外围高核心低，一方面是内围的连廊作为整体的交通骨架可达性较高，另一方面是外围的独立跑马廊、四个碉式角楼的可达性与防御机动性匹配，以及周边遍布的斗式条窗和竹制枪眼对外防御视野的需求相匹配。因此，从可行空间和可视空间的视域分析来看，庄寨的整体空间形式和营建布局与空间功能、公私划分表现出较高的契合度。

（2）日常生活

永泰庄寨防御和居住等各项社会性功能，除了从上述整体空间形制、布局和防御性构筑可见一斑外，在日常生活使用中，其灵活的空间分隔、连通等导致空间组构的变化。以和城寨日常可行空间视域分析，可发现其内在的空间伦理规训机制。

首先，从图 6-29（a）可知，庄寨的“主门—门厅—尾座天井—廊庑—正座天井—正堂”中轴线公共区域和上座檐廊两区域整合度较高。主要由于庄寨正门作为主要的礼仪性门户，而侧面两个寨门为日常生活进出通道，封建时代走廊上的所有门洞正常情况都是关闭的。从图 6-29（c）可知，来宾与家眷相互规避，而妇女则受伦理约束不得步入中轴线公共区域，从而划分出了主客空间与性别空间，表现出鲜明的内外有别和男尊女卑的等级空间划分。垂直中轴方向的内隔墙，将内部空间划分成尾座、正座

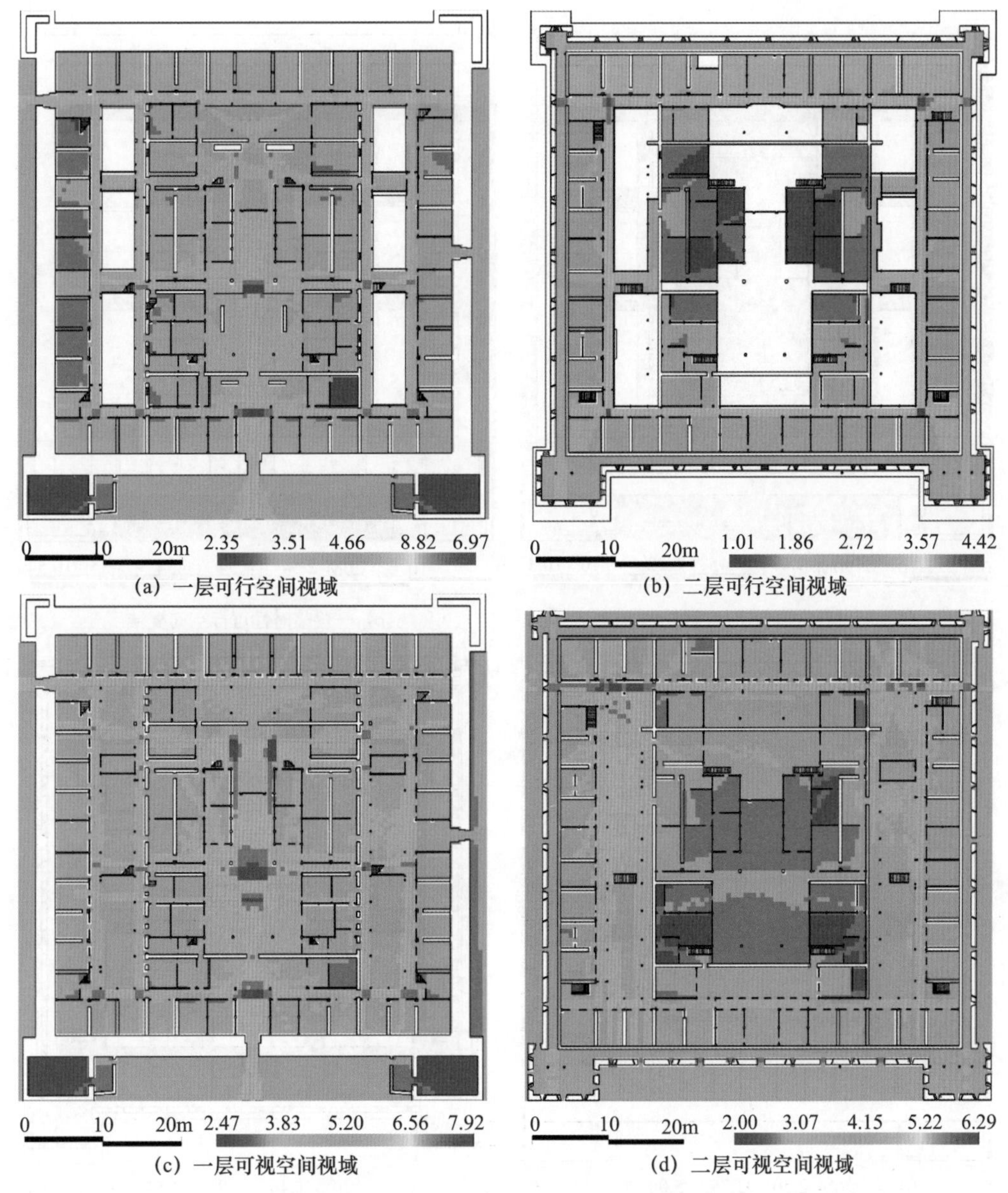


图 6-28 和城寨客观状态下空间视域分析

和上座三个横向区块。中轴线正座公共区域构成的男性主导的公共区域，女性的主要生活休闲空间集中于上座，常见绣楼、书斋、美人靠和后庭院等空间，日常从两侧寨门进出，炊煮浆洗空间也分布在两侧扶楼。其次，一些临时性的遮蔽构件会很大程度上影响某些区域的视线整合度。从图 6-29（b）可知，如在正堂檐柱出挑斗拱上安装卷筒檐帘，粗编谷席或竹帘起到遮阳挡雨的作用，进而引起正堂空间及周围空间的组构变化，可视性降低，私密性增强。起到类似作用的临时性构件还有门厅处在重要仪式时开启的插屏门以及正堂太师壁前的多扇屏风。最后，从图 6-29（d）可知，二层内围连廊表现出较高的整合度，而通向跑马廊的门洞平日一般关闭，只在防御时开启。

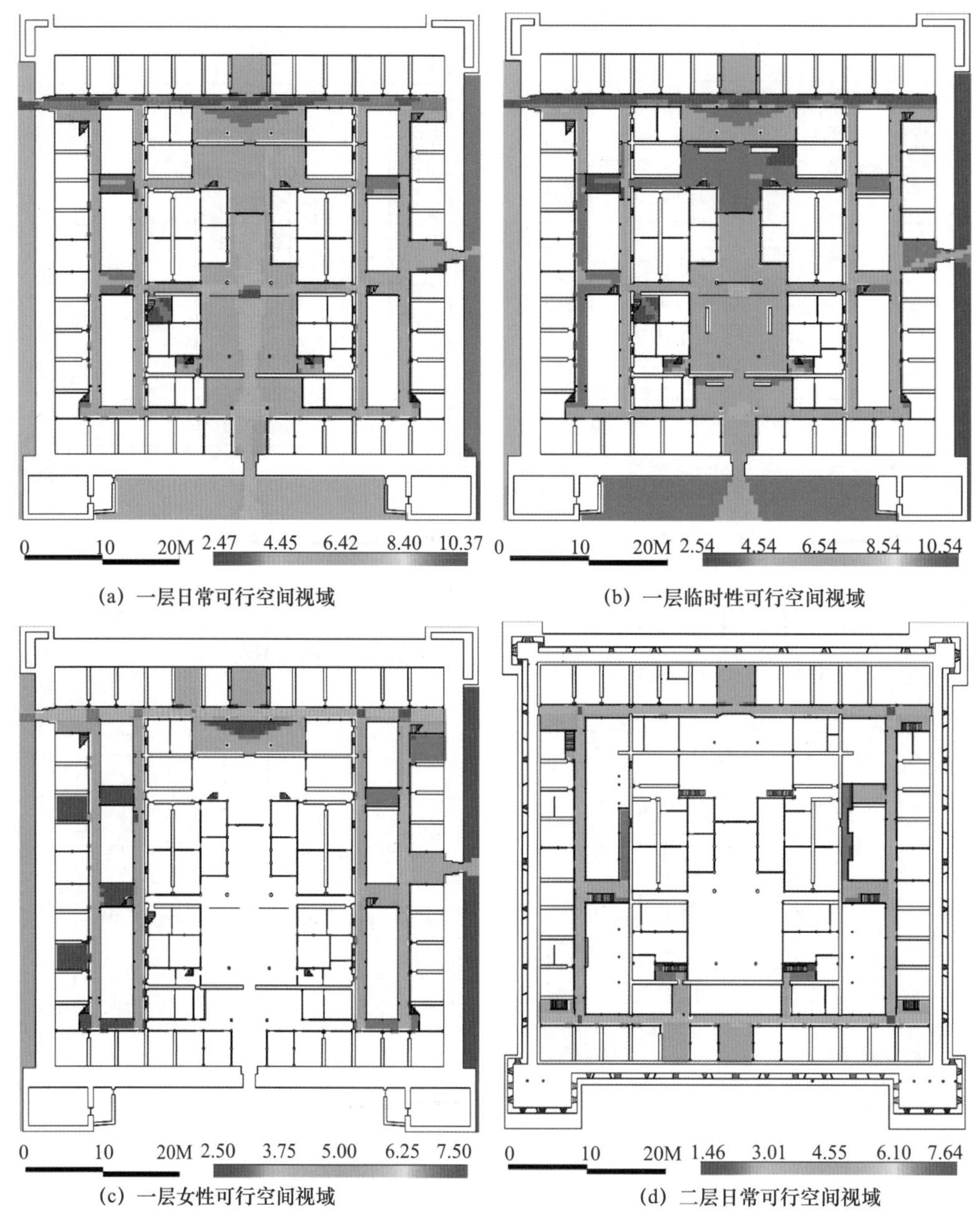


(a) 一层日常可行空间视域　(b) 一层临时性可行空间视域

(c) 一层女性可行空间视域　(d) 二层日常可行空间视域

图 6-29　和城寨日常情景下可行空间视域分析

（3）礼仪活动

正座正堂是家族议事、祭祀、举行仪式等公共事务处理的核心礼制空间。其界面也是整个庄寨装饰的重点，雕刻精美的梁架、灯梁和各式轩棚，墨线施彩或悬挂对联牌匾装饰，天井正对的官房和厢房门扇多有主题雕刻。而一般来宾或普通公共生活则只能停留在门厅或礼仪厅区域，在上述阈空间与外界社会进行公共交流，而不会进入家族礼制核心空间。特别是在节庆或丧葬等重要仪式活动时，较日常生活下的空间组构表现出其特定特征。从图6-30（a）可知，庄寨在举行重要节庆活动时，“廊庑—正座天井—正堂”区域视线整合度较高，而后轩部分较图6-29（a）日常生活情景下整合度降低、私密性加强。通过打开插屏门以及在正堂太师壁前围合多扇屏风，如提亲场合下未出阁的闺女只能躲在屏风后窥探挑选未来夫婿，或者祝寿和过年时作为重要的空间围合装饰，烘托以正座天井和正堂为核心的礼仪空间。而从图6-30（b）可知，在丧葬仪式中，较节庆和日常，太师壁后的后轩空间的视线整合度发生明显变化。这主要是由于后轩成殓遗体之处，太师壁或神龛两侧的门则遵循“左生右死”的规训，日常走“生门”，在家族成员去世吊唁和出殡时开“死门”。

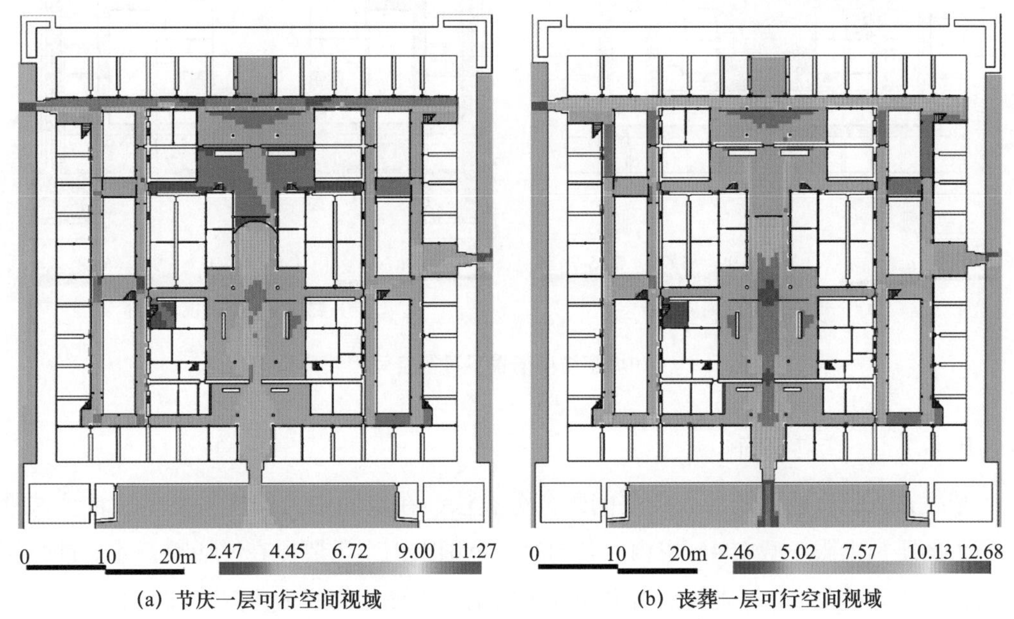


(a) 节庆一层可行空间视域　　(b) 丧葬一层可行空间视域

图6-30　和城寨礼仪情景下可行空间视域分析

（4）防御行为

庄寨的防御体系在封建动乱时期发挥着保全家族和村民生命财产安全的重要作用，防御行为也是日常生活中的重要部分，内部空间在防御时表现出特殊状态下的空间组构特征。从图6-31（a）可知，在防御状态下，一层空间关闭主辅庄门并以多重门板加固，较图6-29（a）日常生活情景下门厅和侧门厅的视线整合度降低，这些阈空间内外交流的功能消失了。而作为公共协商、决策和聚集的重要公共空间的正堂和正座天井等开敞空间，依旧是全局视线整合度较高的区域；从图6-31（b）能明显看出贯通的跑马廊和四角碉式角楼可达性的恢复，视线整合度较高。主要由于二者作为庄寨防御的“生命线”，在调动防御人员、物资以及组织反击等方面发挥着关键作用。尤其是一些在房间内直接开设斗式条窗和竹制枪眼的庄寨，在防御时将私密居住空间变成临时性公共防御空间，空间组构变化更大，如霞拔乡积善堂和白云乡竹头寨等。此外，从前楼房间的视线整合度变化可知，日常关闭的弹药库等防御物资的储存空间，成为战时公共防御空间。

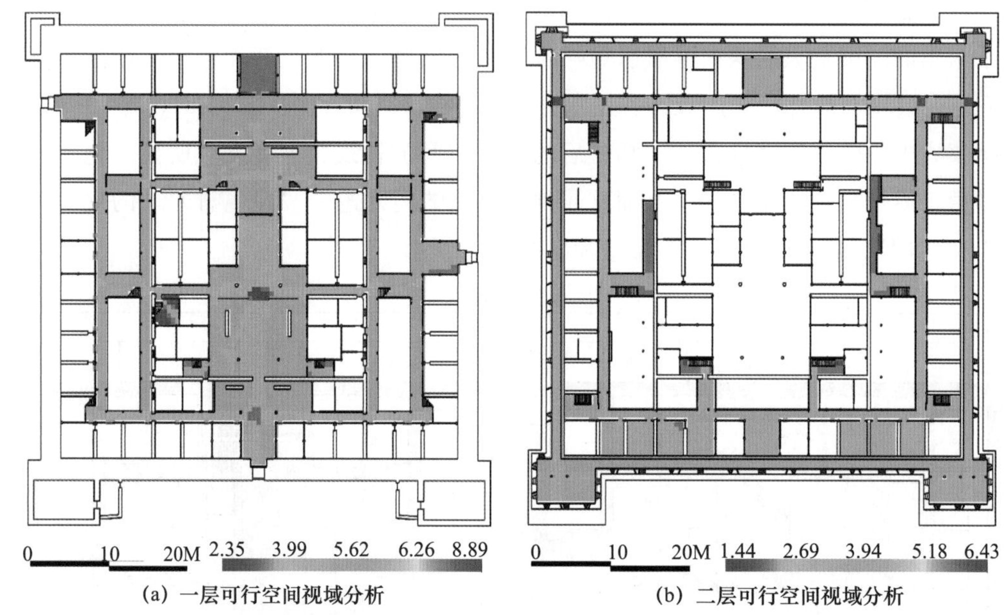


(a) 一层可行空间视域分析　　(b) 二层可行空间视域分析

图 6-31　和城寨防御情景下可行空间视域分析

#### 6.4.1.2　街巷层面

依据被人们普遍认同的人类空间距离分类法，在空间中人们容易发生正常公共社交行为的距离上限一般在 4m 以内，若超过该范围人们则需要提高说话嗓音才能进行正常交流，距离达到 8m 时则辨认对方面部表情困难，该值阈视为可忽略彼此的群体的最大距离即公共距离。在采用 DepthMapX 视域分析时，以 4m 为参数设置视线所及的最远范围，也符合一般街巷宽度在该范围内，计算得出的结果已经辅助证明在视线连接度层面街巷空间中那些空间节点容易产生公共社交行为。

以城村大街、大历村黄历口街、下梅村当溪街和御帘村鲤鱼溪街四条典型街巷公共空间视线连接度进行分析可知：一是视线沿主要街巷方向延伸，与之相连的次级街巷一般视线连接度较弱，私密性较强，突出主要街巷承接公共社交活动功能的职能。二是在开敞度较小、形状率较小的平地型街巷，在街巷交叉口处视线深度较浅，容易形成视觉焦点，在城村大街的神亭、聚景亭、新亭、水井、崇福庵前所在的空间节点在视线连接度上也符合该特征，容易成为局部范围内的公共社交活动聚集点；而在开敞度较小、形状率较大的山地型街巷，一般在街头巷尾以及宫庙前、水井等局部较为开敞处具有较好的视线，如大历村黄历口街。三是开敞度较大的临水的街巷沿水系方向普遍较其他类型街巷具有更高的视线连接度，滨水空间成为街巷最为活跃的公共空间。平地型的下梅村当溪街较山地型的御帘村鲤鱼溪街更加工整，与其临街商业活动相匹配，公共活动主要发生在沿溪风雨檐廊下，滨水空间的视线引导更强烈，而后者临水建筑各自依据背山面水的布局原则，适应山水灵活布置，街巷开敞度更大，将视线引入临街建筑庭院空间和内部坪场，形成散布的公共空间节点反映村落邻里公共生活特征（表6-6）。

**表6-6　典型街巷公共空间视线分析**

| 街巷 | 城村大街 | 大历村黄历口街 | 下梅村当溪街 | 御帘村鲤鱼溪街 |
|---|---|---|---|---|
| *O* | 0.04 | 0.30 | 0.46 | 0.69 |
| *S* | 1.33 | 4.24 | 1.86 | 2.75 |
| 视线分析 | 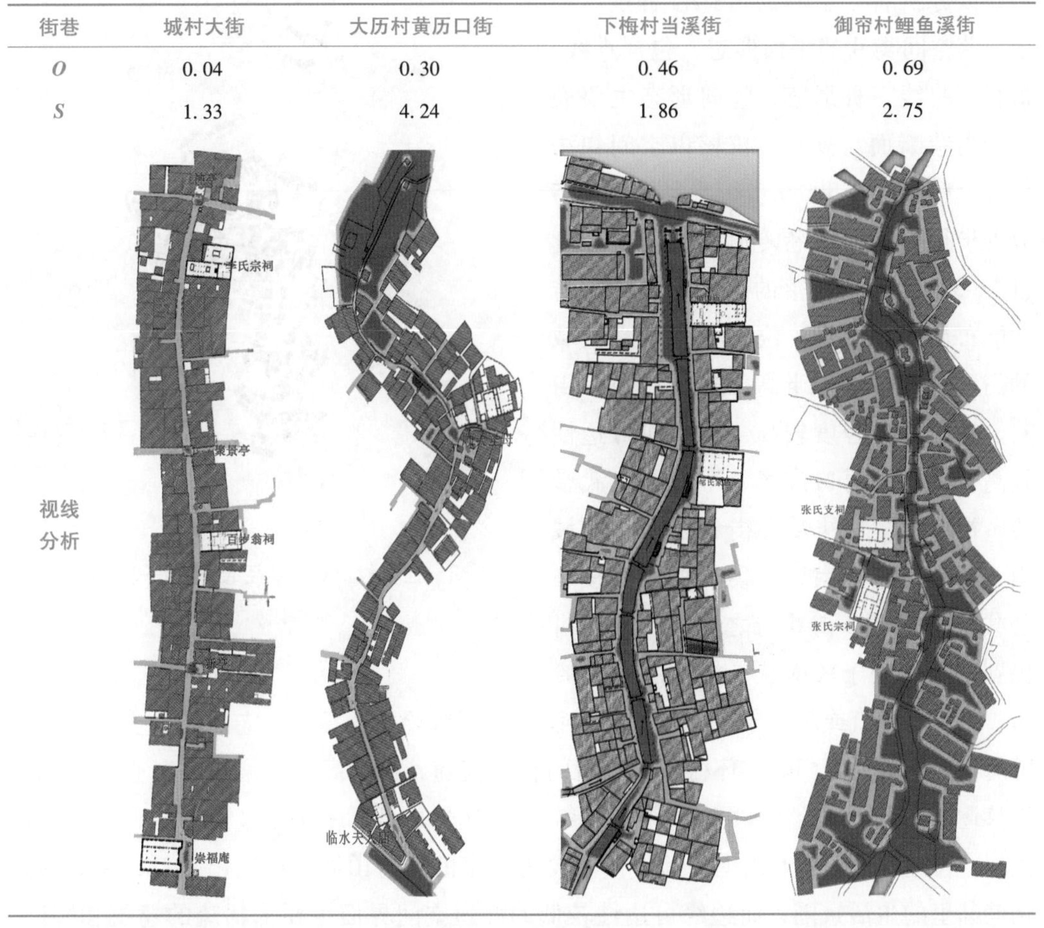 | | | |



注：视域分析中，一般视线连接度越高（颜色越暖）可视性越高；*O* 为开敞度、*S* 为形状率。
资料来源：自制。

### 6.4.2　拓扑结构维度的空间势能

空间对主体主观性感受的影响是直观的，主体对空间的特殊感知形成了场所氛围，需要强调造成此类心理反应背后的空间组构逻辑。公共空间的拓扑结构关系给人以抽象的整体空间结构认知，并无形中暗示场所中人的潜在行为路径，人们可以凭借自己所获取的空间信息，顺“势”进行行动和活动组织，将空间与空间的关系看作一种“势能”。这种空间结构给人带来的可能性，可诱导或抑制人的行为倾向，如行为路径的选择，就是公共空间结构势能的体现。这与空间句法中空间组构的关系对人的社会活动影响机制的研究类似。

以尤溪桂峰村为例，采用 DepthMapX 分析工具建立村落街巷空间的线段模型，通过线段拓扑结构分析计算出空间整合度（integration），即空间吸引到达的潜力，以分析各个空间的可达性程度。山地村落空间街巷的平面形态，包括直线、折线、曲线三种形态，竖向形态主要表现为街巷断面与高程。校核以空间句法线段模型分析其 300m 步行半径内（约 5 分钟步行距离）街巷岭道的线段整合度（图 6-32），可知村落的内在句法结构与功能布局的相关性：位于村落核心区域的街巷、岭道处于半高山谷地中央，街巷、岭道的整合度较高，即空间可达性较高，主要为村口广场、下坪街、武举岭、神龟岭、丹桂岭等街巷，围绕区域内石印桥、蔡氏宗祠、蔡氏祖庙等核心公共空间有更多街巷与之连接，方便村民到达。而处于放射状、枝状的边缘岭道，平行、垂直或斜交于等高线，拾级而上。石狮岭、武举岭、老蓝岭、步云岭、马蹄岭、后门岭、对门岭、环村路等岭道的整合度随着街巷高程的增加和离心向外深度推移逐渐变低，即处于枝状末梢的街巷空间可达性较低，基本以通勤为主，连接其他民居。可达性高的核心街道空间界面主要为密集的建筑山墙和门庭出入口，体会的是街巷邻里的生活氛围，而边缘可达性较低的岭道空间界面主要为稀疏的建筑和园囿、山林等自然环境，更多体会的是山野田园氛围。

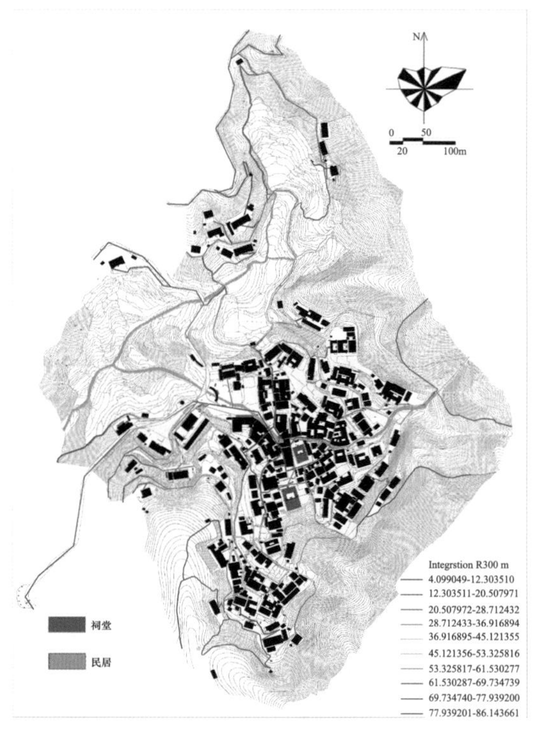

图 6-32　桂峰村 300m 半径的街巷线段模型整合度
（资料来源：自绘）

此外，街巷、岭道所在区域的民居出入口密度与街巷空间可达呈正相关，即实际可达性和公共性更高的街巷空间与更多民居出入口直接连接，方便出行（图 6-33）。并且街巷的可达性与高宽比（*H/D*）为负相关，与断面宽度成正相关，即可达性和公共性越高的街巷空间形态越开敞，临街巷出入口越多（图 6-34）。因此可见，山地型村落的树状放射性空间图式句法结构，空间的可达性和公共性整体上呈现中心主干向末梢层级递减的规律。根据对各街巷断面每小时实际行人流量的初步统计，与整合度基本成正比，即可达性较高的空间，实际通勤的人数也更多（表 6-7）。

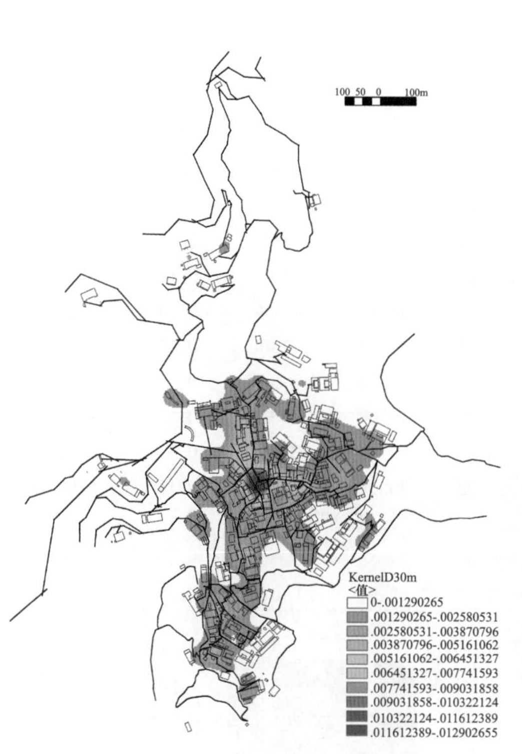


图 6-33　桂峰村建筑出入口密度

（资料来源：自绘）

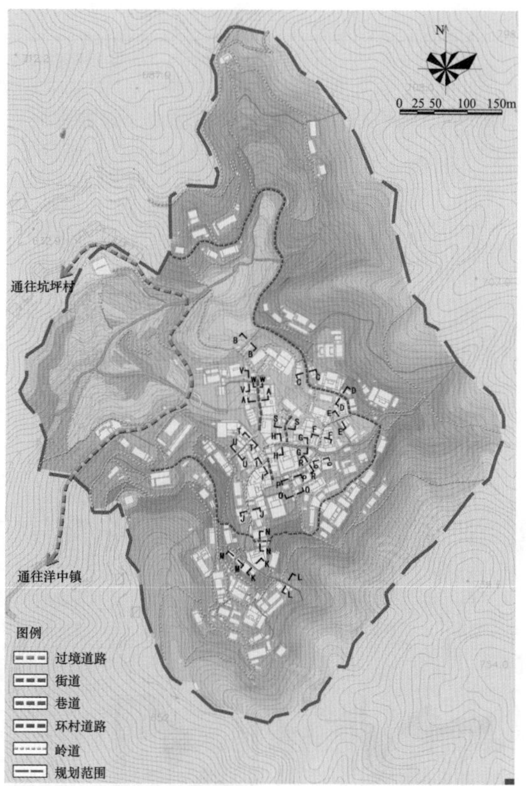


图 6-34　桂峰村街巷结构与断面分布

（资料来源：自绘）

**表 6-7　桂峰村主要街巷空间相关指数**

| 序号 | 街巷 | 断面 | 空间形态指数 | | | 空间句法指数 | | | 人数 |
|---|---|---|---|---|---|---|---|---|---|
| | | | 宽度（m） | 高宽比 H/D | 高程（m） | 整合度 R300 | 选择度 R300① | 街网密度 R300②（$m/m^2$） | 断面人流（人次/h） |
| 1 | 下坪街 | A—A | 1.85 | 1.57 | 590.05 | 80.14 | 12931 | 0.18 | 59 |
| 2 | 三十两岭 | B—B | 1.30 | 1.63 | 609.27 | 53.83 | 5251 | 0.13 | 14 |
| 3 | 环村路 | C—C | 2.85 | 2.25 | 609.03 | 41.07 | 4741 | 0.09 | 57 |
| 4 | 环村路 | D—D | 3.70 | 1.15 | 609.73 | 43.00 | 5051 | 0.10 | 39 |
| 5 | 石狮岭 | E—E | 2.60 | 1.16 | 604.74 | 55.81 | 8442 | 0.12 | 61 |
| 6 | 石狮岭 | F—F | 1.10 | 2.91 | 599.11 | 58.90 | 10810 | 0.13 | 61 |
| 7 | 神龟岭 | G—G | 1.30 | 1.22 | 595.59 | 70.35 | 13629 | 0.16 | 69 |
| 8 | 神龟岭 | H—H | 2.20 | 1.23 | 591.97 | 74.71 | 16708 | 0.17 | 75 |
| 9 | 武举岭 | I—I | 1.10 | 2.07 | 592.81 | 71.56 | 6437 | 0.17 | 57 |
| 10 | 武举岭 | J—J | 1.10 | 1.75 | 602.04 | 64.15 | 14371 | 0.15 | 33 |

① 选择度（Choice R300）是指在半径 300 米的范围内，空间出现在最短拓扑路径上的次数。该指标用于衡量空间的交通负荷水平，描述通过运动的吸引能力，值越高，能承载的交通潜力越大。

② 街网密度（Density R300）是指在半径 300 米的范围内，线段长度与该范围面积比值，密度越高，该空间周边街巷越多。

续表

| 序号 | 街巷 | 断面 | 空间形态指数 | | | 空间句法指数 | | | 人数 |
|---|---|---|---|---|---|---|---|---|---|
| | | | 宽度（m） | 高宽比 *H/D* | 高程（m） | 整合度 *R*300 | 选择度 *R*300 | 街网密度 *R*300（$m/m^2$） | 断面人流（人次/h） |
| 11 | 马蹄岭 | K—K | 1. 40 | 2. 00 | 612. 31 | 45. 21 | 8388 | 0. 12 | 6 |
| 12 | 马蹄岭 | L—L | 1. 11 | 2. 67 | 622. 37 | 38. 93 | 2926 | 0. 09 | 3 |
| 13 | 老蓝岭 | M—M | 2. 80 | 1. 98 | 613. 04 | 45. 16 | 2195 | 0. 13 | 4 |
| 14 | 环村路 | N—N | 1. 20 | 3. 35 | 606. 21 | 42. 25 | 1591 | 0. 12 | 5 |
| 15 | 后门岭 | O—O | 1. 60 | 2. 81 | 608. 00 | 54. 15 | 11584 | 0. 14 | 8 |
| 16 | 后门岭 | P—P | 1. 80 | 1. 59 | 598. 71 | 55. 53 | 8130 | 0. 15 | 8 |
| 17 | 丹桂岭 | Q—Q | 1. 60 | 1. 81 | 600. 79 | 50. 34 | 4138 | 0. 12 | 16 |
| 18 | 丹桂岭 | R—R | 1. 10 | 2. 41 | 600. 60 | 60. 00 | 4931 | 0. 13 | 3 |
| 19 | 曲巷 | S—S | 1. 00 | 2. 91 | 593. 11 | 60. 46 | 3844 | 0. 17 | 12 |
| 20 | 百阶岭 | T—T | 1. 30 | 4. 29 | 594. 02 | 83. 96 | 13386 | 0. 18 | 11 |
| 21 | 百阶岭 | U—U | 1. 60 | 3. 11 | 602. 51 | 77. 16 | 12844 | 0. 18 | 11 |
| 22 | 对门岭 | V—V | 2. 70 | 1. 32 | 590. 04 | 57. 85 | 2536 | 0. 15 | 13 |
| 23 | 下坪街 | W—W | 1. 60 | 2. 85 | 590. 12 | 69. 90 | 12162 | 0. 16 | 39 |

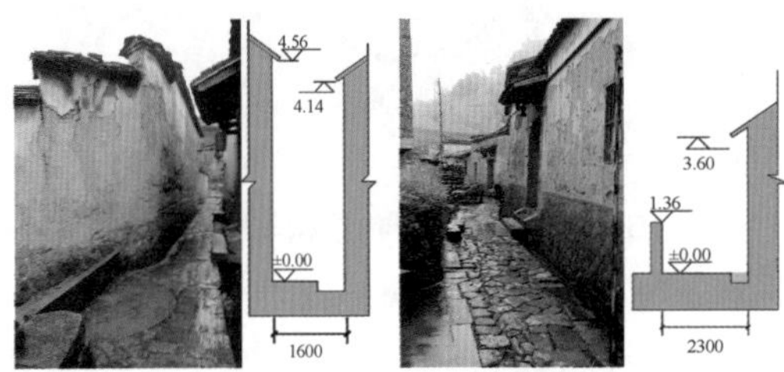

下坪街 W—W、A—A

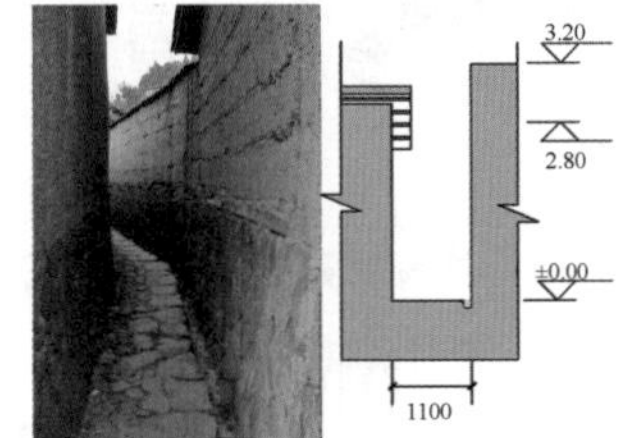

曲巷 S—S

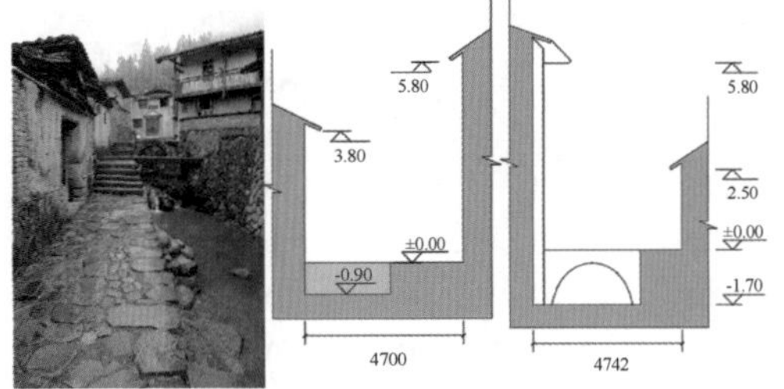

神龟岭 H—H、G—G

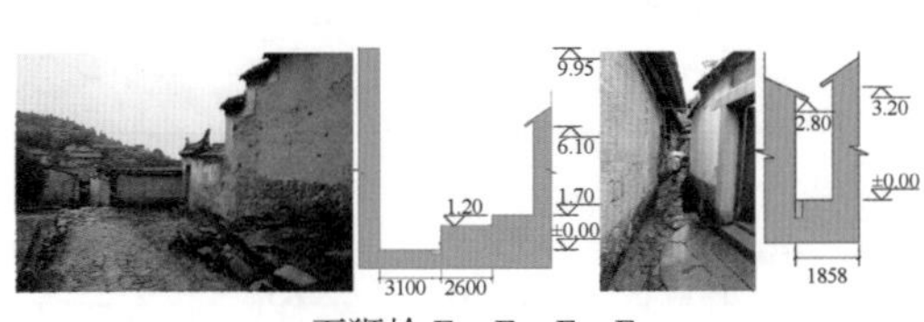

石狮岭 E—E、F—F

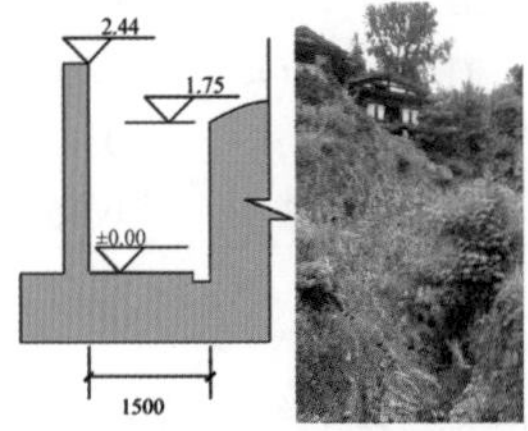

三十两岭 B—B

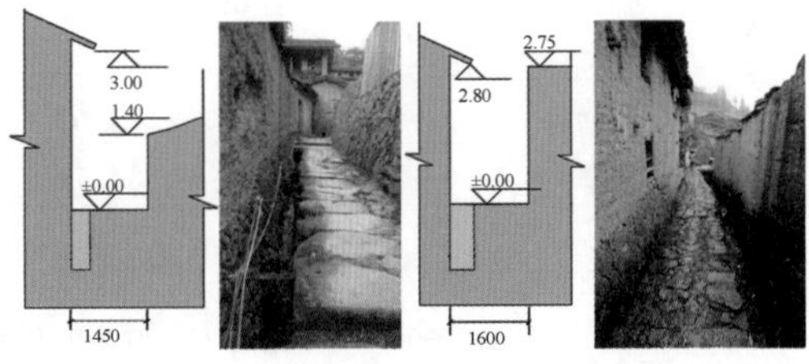

武举岭 J—J、I—I

续表

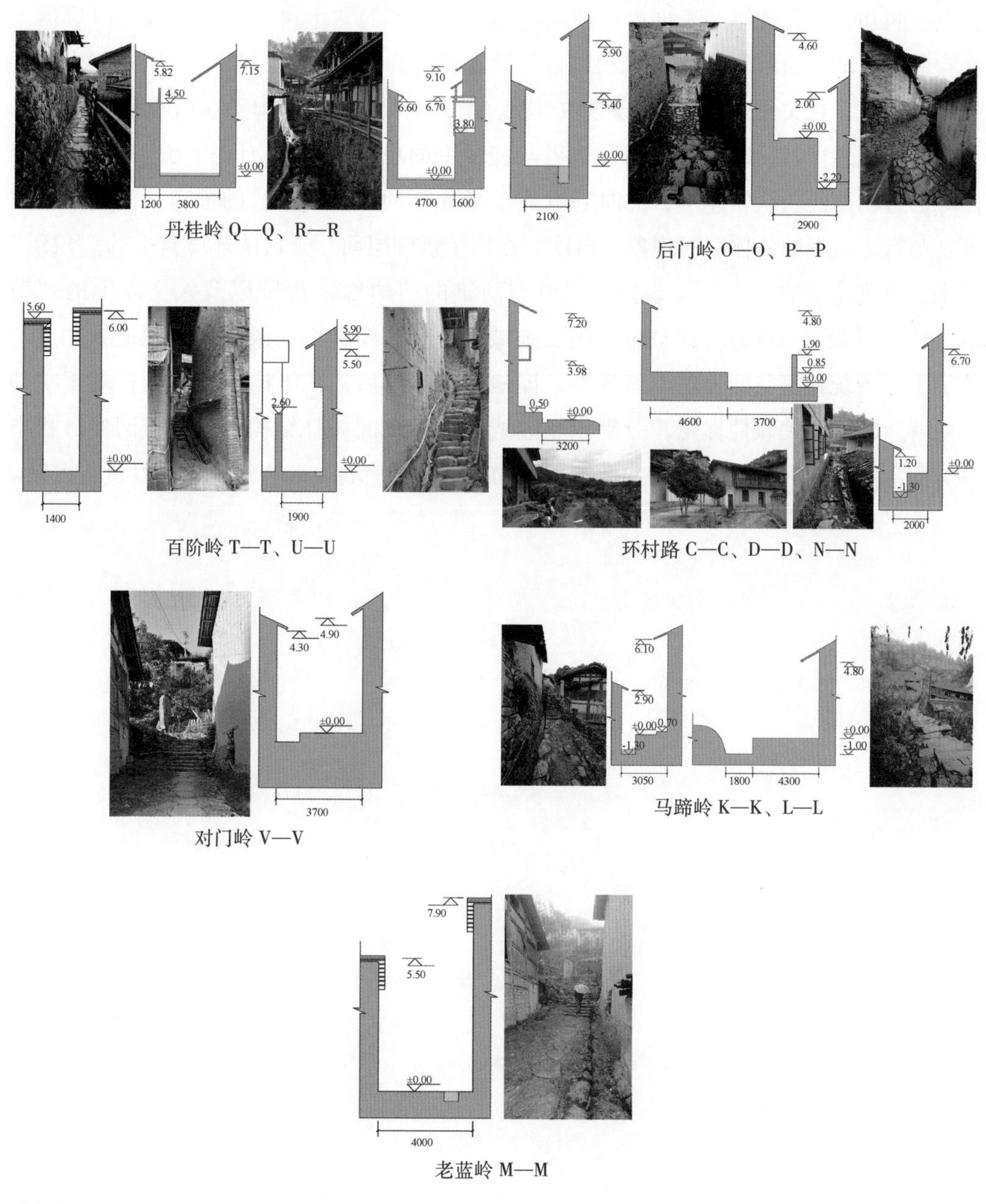


资料来源：自制。

## 6.5 本章小结

本章围绕意义是基于体验的核心思想，将空间作为意义的表征文本，以身体体验为“阅读”方式，从知觉尺度、文化隐喻、语境规则和组构逻辑四个层面分析传统村落公共空间图式语义的表征方式。首先，在知觉尺度层面，将对不同尺度公共空间的身体感知纳入到空间图式中。身体通过尺度与乡土环境产生关联，以此解读传统村落公共空间知觉转化规律。表现为以住居生活景观为主的“十尺”人居单元、以聚落人文空间为主的“百尺”人居格局和以自然景观环境为主的“千尺”人居风景三个主要尺度。其次，在文化隐喻层面，通过方位隐喻、本体隐喻和结构隐喻解读传统村落的文化普遍概念。其反映公共空间营造者与使用者的思考方式与空间行为。反之，符合隐喻的行动使经验认知连贯，此时隐喻成了指导行动和自我应验的预言，体现了空间营造与行为规训的一体两面现象。再次，在语境规则层面，分别从环境营造的“层级”规则、血缘伦理的“中心”规则、宗教与防御的“边缘”规则以及人文环境的“节点”规则讨论对空间意义的理解。因受地域条件和认知能力的限制，不同地域和文化语境下的传统村落空间表现出差异性，即地域性。最后，在组构逻辑层面，基于空间句法背后的社会关联性理论，分别以轴线线段分析空间拓扑结构，以视域网格分析空间界面深度。此时，空间“公共性”的潜力通过体验者身体和视线的可达性进行度量。

# 7 转译-重构：基于图式语言的村落公共空间设计方法

“假设罗马不是一个人类居所，而是一个具有与之相当的悠久和丰富历史的精神产物。在此产物中，物体一旦出现就不再消失，以往的所有发展阶段一直与最新的发展阶段并肩相存……我们只有通过不同空间的并置，才能表现出空间意义上的历史顺序，因为同一个空间不可能具有两种不同的内容……”

——西格蒙德·弗洛伊德（Sigmund Freud）《文明及其不满》

在处理村落公共空间营造与更新问题时，应认识其作为复杂系统具有自组织性、自适应性和动态性的事实，适应性衍生出多样性，多样性演化成复杂性的规律[159]。除上文从图式语言的视角描述和解释现存传统村落公共空间的组织规律特征与内在空间意义外，同时也应该关注当前传统村落公共空间营造方式传承和转译的困境，尤其是设计方法与语境剥离形成的村落空间建设乱象。本章主要论述在城乡开放性环境下，为适应当下村落语境的变迁，针对村落公共环境改善和传统空间更新发展问题，一方面是局部尺度的公共空间节点更新改造，一方面是整体尺度的公共空间系统结构重构，建立以转换生成语法为核心的图式语言设计方法体系。从设计语汇生成方式与系统结构递归变化两种路径，对应图式语言的语汇与语法工作机制，形成“大词库、小句法”的设计模式。以厚美村和桂峰村两个典型案例，针对村落公共空间节点改造和公共空间系统重构两个层次的更新设计进行实证分析（图 7-1）。

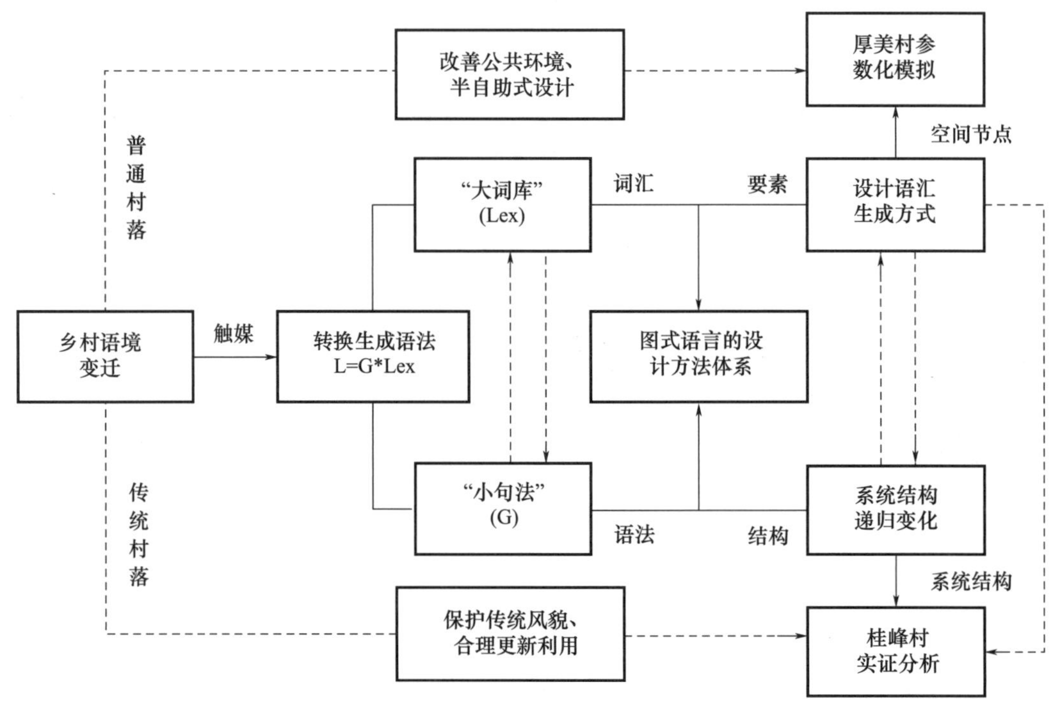


图 7-1　基于图式语言的村落公共空间设计方法框架

（资料来源：自绘）

## 7.1　乡村振兴背景下的村落语境变迁

### 7.1.1　乡村公共空间现状

当前乡村面临快速城镇化、现代化和工业化的冲击，短期内由封闭乡土环境走向开放城乡环境，乡土语境变迁不可避免。随着城乡要素双向流动、土地权属与社会环境的变化，土地所有权与空间使用需求的矛盾性和复杂性程度越明显，对自然环境、文化遗产、土地利用以及社会结构产生深远影响。传统村落公共空间作为乡土社会各类公共活动的空间载体，当前现状面临空间特色缺失和乡村建设乱象的两难问题。主要包括村落空间整体空心化、传统公共建筑的衰败和闲置、公共空间的破败、环境卫生脏乱、界面风貌不协调、后期建（构）筑物随意搭建、基础设施落后以及生搬城市建设模式等问题。因此，回应 2018 年中央一号文件《中共中央　国务院关于实施乡村振兴战略的意见》，提出包括持续改善农村人居环境和土地制度改革在内的要求。为适应当下城乡关系和空间环境变化，因村提出村落公共空间更新的设计方法和策略，具有重要的实践应用价值（表 7-1）。

**表 7-1 乡村公共空间特色缺失与建设乱象**

| 空间特色缺失 | | 乡村建设乱象 |
|---|---|---|
| <br>公共建筑的破败闲置 | <br>外部空间的荒芜 | <br>生搬城市小区模式 |
| <br>街巷界面风貌不协调 | <br>公共空间节点破败 | |
| <br>街巷空间的破败 | <br>后期建设风貌失调 | <br>生搬城市景观模式 |
| <br>环境卫生脏乱 | <br>公共服务设施落后 | |

资料来源：自摄。

### 7.1.2 语境变迁的触媒效应

从历时性角度看，村落空间的发展历史性变化呈现出自组织特征。在不同空间尺度上，村落空间是历代不同主体自发营建和历史积累形成的，从而不断适应自然环境和社会环境的变迁；从共时性角度看，在每个特定时间片段，村落内各空间要素之间的影响是不确定、非平衡、模糊性的非线性关系，聚落空间形态在不同尺度下呈现多样性。空间在创造和支配一种环境，空间成了特殊语境下群体自身行为举止的外在延伸，由深层次结构决定，反映社会、心理深层次需求，同时也规范人的行为。正是由于文化与空间的双重一致性，在外部条件发生变化时，推动了二者的交叉适应，从而引发了空间营造的时效性。

村落的空间实物遗存和营建智慧，为当下空间形式的创造提供了丰富的灵感源泉。而在不同空间语境下，空间的设计引发社会性的、习俗性的规范形成，以群体空间共同想象和价值认同为基础，当下住居环境的语义语境构成空间转译的限制约束原则，其时效性要求其满足当下的使用需求。传统村落空间图式语言结构的普遍性，在不同时期通过结构性调整和语汇的变换以满足人们的需求。通过阐明空间使用与文化语境的相互关系，空间图式语言句法结构模式加强了我们对空间形式与行为活动的理解，同时可以确切判断过去和未来对建成环境和空间的使用方式，以及引导未来的空间形式发展。

村落公共空间营造和维持的基本语境主要涉及空间环境和社会环境两方面的变化。一是外在的空间环境，包括气候水文、地形地貌、山水格局等地域性自然环境，一般为不以人的意志而改变的稳定语境，侧重的是继承了过去存在的空间形式所赋予的积极意义，强调地域性空间营造所采用形态、材料、技术、结构体系的适用性；二是内在的社会环境，包括组织结构、社会治安、人口结构、家庭结构、土地权属、经济技术、宗教信仰等社会环境，一般随时间的推移发生历时性的变化，侧重的是重组既定的空间形式以获得真实的和创造性的当下意义，强调空间布局的调整和空间功能的转译与重构。在现实村落中，公共空间营造方式的继承和转译与重构两种发展进程将同时存在，新的公共空间发展进程与以往保留下来的形态将并置，这一过程将动态持续发生（表 7-2）。

**表 7-2　村落公共空间的语境触媒效应**

| 语境 | 因素 | 触媒 | 公共空间传承与重构 |
|---|---|---|---|
| 空间环境 | 气候水文 | 温度、日照、通风、降水 | 因地制宜：空间形态的地域性和多样性 |
| | 地形地貌 | 高程、坡度、坡向 | 因势利导：空间结构的灵活性和适应性 |
| | 山水格局 | 山形、山势、水形、水势 | 背山面水：空间择址的方向性与层次性 |
| 社会环境 | 城乡结构 | 城乡人口双向流动 | 闲置空间的衰败与新的外部需求 |
| | 组织结构 | 宗法社会向公民社会过渡 | 乡土仪式性空间与公民公共性空间并存 |
| | 社会治安 | 防御退场与居住为主 | 防御性公共空间的纪念性和功能置换 |
| | 家庭结构 | 从联合家庭到核心家庭 | 集合性公共空间由内向外、由大到小分解 |
| | 土地权属 | 从私有制到三权分置 | 私有空间向公共空间转换的多元并存 |
| | 宗教信仰 | 乡土信仰与民主意识共存 | 宗教信仰与世俗权力主导的公共空间并存 |
| | 经济技术 | 乡土工艺向现代工艺过渡 | 空间材料工艺与结构体系的折中与改变 |

资料来源：自制。

### 7.1.3　当下村落公共空间的更新导向

当下村落公共空间的设计需求是在现状问题导向和语境变迁下产生的。在更新需求上则因村而异，更新对象设计范围从局部节点空间到村落整体公共空间。为论证基于图式语言的公共空间更新设计方法具有一定的普适价值，研究与应用涉及传统村落和普通村落这两种类型村落。

#### 7.1.3.1 传统村落公共空间

传统村落公共空间在较为封闭和渐变缓慢的乡土环境中带有滞后性，面临村落空心化、公共空间破败的问题，抑或是旅游开发造成的建设性破坏。因此，当前传统村落面临的是传统风貌与文化遗产保护以及公共生活提升与村落空间发展利用的双重问题。

在具有典型地域特色和建筑风貌的传统村落公共空间设计中，由于村落整体风貌较为完好，应在保护传统风貌的前提下，盘活与更新闲置土地和房屋，增加现代生活所需的公共空间，重构村落公共空间，确立乡村振兴的空间布局导向。通过土地经营权的转让，引入多元主体和要素协同作用，涌现出多样性的有机空间形态组合，以适应新时期城乡发展需求。正如图式一样有作为空间构想手段和意义共享的认知结构，在空间不同发展过程中“不灭长存”，通过新旧并置在不同时期表现其空间意义。从图式语言的视角重新审视传统村落公共空间的演替和形成规律，采用传承原有空间图式语汇要素，遵循传统公共空间组织逻辑进行重构更新，为村落公共空间在城乡开放环境下的营造方式提供新的启示。

#### 7.1.3.2 普通村落公共空间

在乡村振兴中，普通村落相较于传统村落缺乏鲜明的传统风貌，这类村落往往面临两难问题：一方面，公共服务跟不上城市扩张速度，短期内无法完成此类村落的城镇化，开发成本高，现实条件也不允许；另一方面，由于城乡发展不均衡导致的人口流失，进一步加剧了基础设施的破败和公共空间环境恶化。在村落公共空间更新方面，应避免采取片面、单一地推倒重建的发展模式，对现有公共空间环境采取渐进式的微更新，保留村落空间格局和文脉。

在公共空间更新过程中较少受到文物保护要求和特定风貌特色的制约，对于大量普通村落公共空间的设计，则在结构选型、材料工艺和空间类型上有更大的创作发挥空间。但需要避免千村一面和照搬城市公共空间模式，需要从村落自身场地特征出发。根据现状场地特征和居民对外部公共空间更新需求的回应，结合空间形态特征和公共性潜力，通过空间公共属性的参数化转译，提出与其相对应的设计策略。目前村落内部土地权属问题复杂，村落内部的建造活动自下而上进行，其建造的主体仍旧是当地的村民，具有专业知识的建筑师不能详尽地进入到每一处外部公共空间进行建造实践。建筑师对空间内在属性进行分类与归纳，运用图式语言的设计方法提供适宜的方案选择，对村民的建造活动进行专业引导，形成互动的、半自助式的更新设计机制。

## 7.2 图式语言的设计模式与路径

在解释和描述方法上，图式语言从语汇要素、句法结构和语义表征三大系统，解析村落整体的形成机理和营建智慧。而在设计方法上，并不满足于语言学结构主义的描述和解释框架，而是强调图式语言在图式增益与句法递归方面潜在的创造性。转换生成语法的词法和句法规则，对应村落公共空间更新，从局部公共空间节点设计到村落整体公共空间的结构更新。

### 7.2.1 以转换生成语法为核心

借鉴诺姆·乔姆斯基（Noam Chomsky）语言学的转换生成理论，解析空间的生成机制，将词汇关系“逻辑化”，并以结构图式的形式存入人的大脑，为句子结构的使用奠定了空间离散组合系统的基本框架。语言与DNA的遗传密码一样都属于离散组合系统，可以根据有限的元素生成数量无穷、特性无限的组合方式。无独有偶，心智与生命这两大开放式复杂构造，都是基于离散组合系统或许并非巧合。也印证了列夫·维果茨基以“心理词典”和“心理语法”揭示的语言的工作机制：将所有语汇要素及其对应的概念存储于人的心智大脑中，通过一套有限数的语法规则实现语汇的组合，组织概念之间的逻辑关系和意义表征[160]。

诺姆·乔姆斯基认为语言的使用系统由词库和运算系统组成，研究重点转向原则系统，核心是支配理论，提出由短语结构规则、转换规则、语素音位规则构成的转换模式[161]。定义任意语言（L）为一个由句子组成的集合，词库（Lex）中的字符串集合遵循语法（G）排列组合生成L语句。其中，词库由词项（lexical item）构成，每个词项包括语音、句法和语义特征。三者关系如下[162]：

$$L = G * Lex$$

其中，词库（Lex）是语法（G）的定义域，语言（L）为值域的函项，*表示单调向上。因此，以丰富词库换取简单语法，有限的语法规则通过生成语法（generative grammar）用语类语法（category grammar）生成无限的句子，其中语类即句法结构成分包括词类和类型词组。而句子的产生是句法动态过程，以短语结构语法为转换生成语法的基础形式，然后通过移位、选取、合并、删略、插入、改变特征、复制、被动化等转换规则，由同一个基础结构生成不同的句子形式。最后，通过生成语法的概括、还原、约束、领属和最短距离等限制原则得出符合语法和语义的句子。

### 7.2.2 “大词库、小句法”的设计模式

同理，传统村落空间图式语汇要素包括不同类型的空间要素单元及要素组合，作为空间转译的语汇词库（Lex）。选择转译生成语法（G）生成空间句法结构，通过空间实际语境深层结构对产生的空间句法结构进行决断，语境限制规则越少则语法的生成能力越强，将符合语境语义的句法生成空间秩序表层结构，最后将若干句法结构进行曲折变化形成整体空间表达形式（L）。空间语境的变化是诱发空间转译的首要因素，由于改造自然环境的能力、营建材料的丰富、宗教信仰的变迁、审美价值的变化以及氏族家庭结构的消解，导致原有空间不能满足新的需求，新的空间形式或功能需要被

创造。诺姆·乔姆斯基的语法生成转换模式潜在的逻辑，在方法层面为空间图式语言的转译提供了借鉴，分别基于空间图式语言的语汇语类、句法结构的转译，生成新的空间形式。

因此，借鉴空间图式语言的表达形式（L），解析村落整体空间的尺度、结构、秩序和意义特征，揭示村落空间的形成机理和营建智慧，基于语汇要素、句法结构和语义表征三大系统，构成微观—中观—宏观多维尺度嵌套下的聚落空间语汇和语法逻辑体系。在水平维度上，按照语言学的词法和句法将单一维度上的空间语汇类型化单元进行组合拼接，通过图式增益的方式形成丰富的空间语汇词库；在垂直维度上，按照语言学的语法将多维度语汇单元依据语境限制规则折叠和嵌套成复合的物质空间结构。通过环境与伦理的“层级”规则、血缘伦理的“中心”规则、宗教与防御的“边缘”规则和人文环境观的“节点”规则，解析空间语言的语境规则，即既定形式的生成原则对其空间结构具有约束能力。对应在村落公共空间更新设计中，通过典型公共空间要素图谱以及空间要素组合规则形成大量的设计语汇，即“大词库”。空间形态依据乔氏的语法形式［Σ，F］和“推导式”转换规则，形成有限的句法结构，即“小句法”。因此，“大词库、小句法”的设计模式，能在空间节点和系统结构层面适应不同乡土语境的村落公共空间更新。构建的空间图式语言结构认知体系和转译生成方法，为传统村落空间营建和重构提供新的认知视角（图 7-2）。

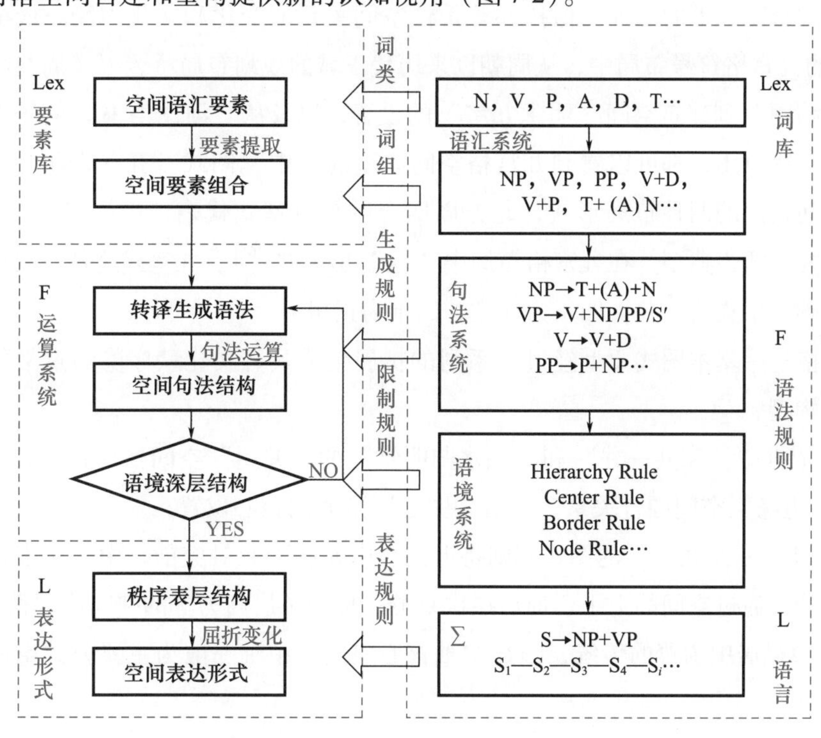


图 7-2　村落公共空间图式语言的设计模式

（资料来源：自绘）

## 7.3 图式语言的设计语汇生成

在空间语汇要素层面，将空间图式作为设计语言的重要原因是图式作为认知结构由一个基本图式通过扩展或形变而生成多个关联图式，图式的这一特征与过程，托尔密（Talmy）总结为“增益”部分。图式增益的特征与过程应用在空间设计中可使有限的封闭空间形式及其图式能适合无限的空间构建[163]。从维特根斯坦（Wittgenstein）提出的“家族相似性”的原型范畴概念和理论，知晓参与空间营造过程的各类原型要素表达的具体空间形态具有模糊性和相似性，在图式认知结构上表现为拓扑或类似拓扑等价性。可以通过基本图式的文化衍生扩展原型、意象图式跨运动状态的构型变化、空间图式跨类型的形变派生以及原型要素跨维度的转换生成四种操作方式形成一系列空间构型。生成具有多样性和关联逻辑的空间语汇要素和空间要素组合形态，形成丰富的空间转译的语汇词库（Lex）内容，以实现“大词库、小句法”，即大量可选择的语汇要素单元通过简便的句法规则生成丰富的空间图式语言的表达形式（L）。

### 7.3.1 扩原型——基本图式的文化衍生

基本图式的形成一般伴随一种文化心理和文化认知结构的成形，通过基本认知结构的文化衍生，能反向催动相关空间构型的产生。以九宫格为空间原型的公共空间，能很好地阐释图式下的三种类似拓扑等价性空间关系的变化和文化内涵。最早出现在《洛书》的九宫格符号布局中，从周朝以来历代王城的规划布局承袭“《周礼图说》营国九州经纬图”到建筑空间“明堂九室”的设置，以及从“河图洛书”的先秦图式到井田制的实际应用，都可以看到九宫格空间原型的“中”图式。五室式和九室式为中国居住空间常用的两种布局形式，北方以四合院为五室式代表，中心“围”出中庭，南方则以九室式为典型，在九宫格布局中“挖”出天井[164]。九室式这种布局形式以九宫格为基础，中央为天井，四正为厅堂，四维为正房。

九宫格这一基本图式原型经过一系列的扩展生成具有文化秩序隐喻意义的衍生图式和空间构型。

（1）依据“八家共一井”和“四水归明堂”的“井屋”空间格局布置天井，强调了“中心-边缘”空间围合关系，突出“中心”空间的核心位置；

（2）以“三元九宫”的图式原则将上元、中元、下元对应前、中、后多进院落进行三段划分，通过空间的上下、前后层次划分，标明了居高为尊的空间伦理秩序；

（3）遵循居中为尊的传统，凸显中轴核心空间，中轴一般为主要公共空间和仪式空间序列；

（4）通过“计里画方”的尺度划分，以更精细模数划分公共空间系统；

（5）定位主次空间轴线和座位朝向，坐像朝阳，多以朝东或东南为吉；

（6）依据实际空间使用需求，聚合院落空间布局，形成丰富多元的系列空间构型（图7-3）。

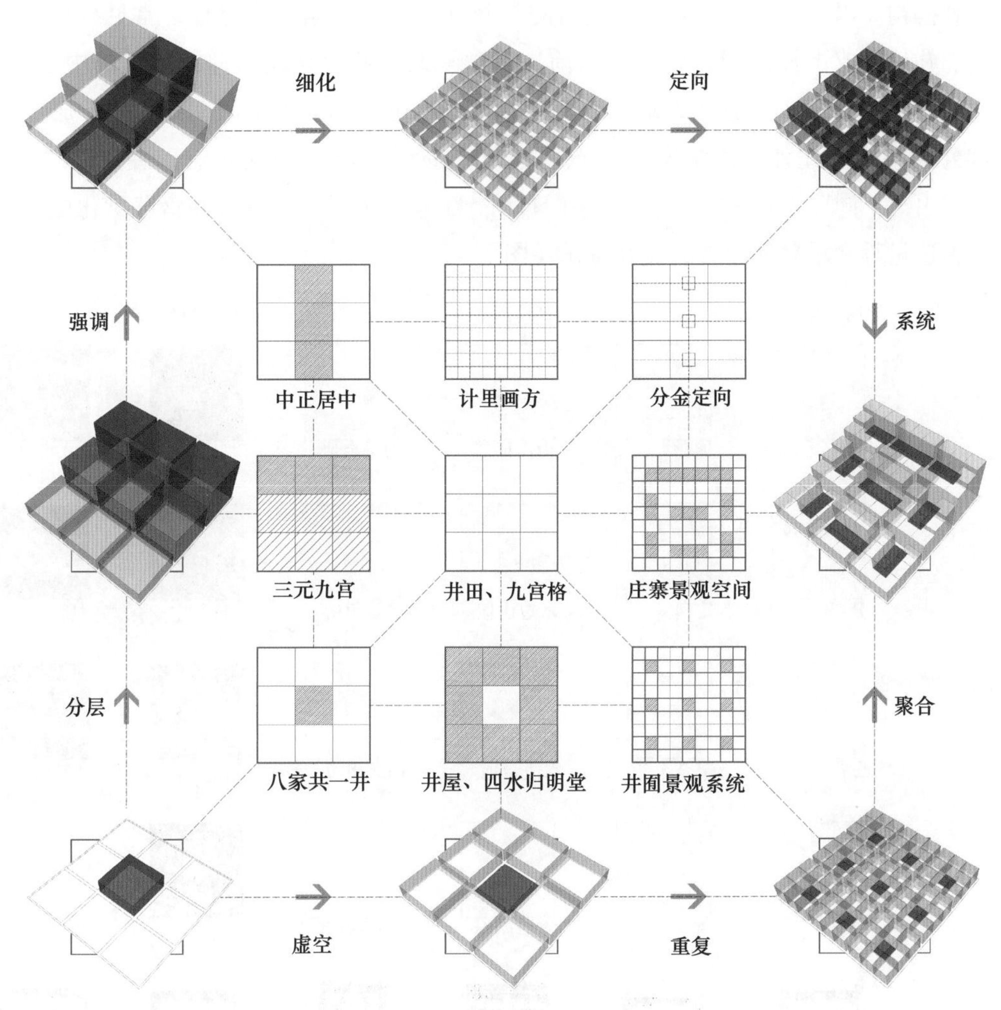


图7-3 九宫格图式原型与图式增益过程

（资料来源：自绘）

因此，从图式生成操作与增益过程可知，由一个共享的空间图式原型，通过拓扑等价变化形成一系列空间构型，进而依据不同的地理环境和文化语境，营造出一系列多样性、个性不同的空间形式。

以永泰庄寨这一集合式防御性乡土建筑为例，探究其内部公共空间图式生成的布局变化规律。庄寨平面多为方形，受地形约束呈纵向长方形或横向长方形，部分呈八边形或异型，以适应山岗、山边、水边、田中、台地、阶地等地势环境。配合外围庄墙与跑马廊作为外围防御体系，围合出整体空间范围。庄寨的公共空间布局，包括了天井、庭院、通沟等露天公共空间，还包括连廊、厅堂等室内公共空间。大型庄寨以井田划分的九宫格为空间原型进行院落空间划分，顺应地势高差变化，通过前后院落纵向空间尺度和横向台基高差依次抬升，两翼护厝与扶楼也依势高低错落，屋面和屋架层叠搭构。以“封经石”作为营造时的“经纬仪”对庄寨分金定位，常见放样埋于门厅、礼仪厅或下插屏门、中厅屏门前、正堂、太师壁神龛地栿抑或后堂的中心点，为表面“十”字阴刻的方形石块，以此为基点，定位中轴线和空间朝向，划分居住空间和公共空间。此外，传统文化寓意对建筑布局形式产生深远影响，讲究以“日”“目”“甲”“同”“册”“回”等文字形布局，工整紧凑，文化抉择在潜移默化中影响空间营造过程和承载使用者的美好寄托（图 7-4）。

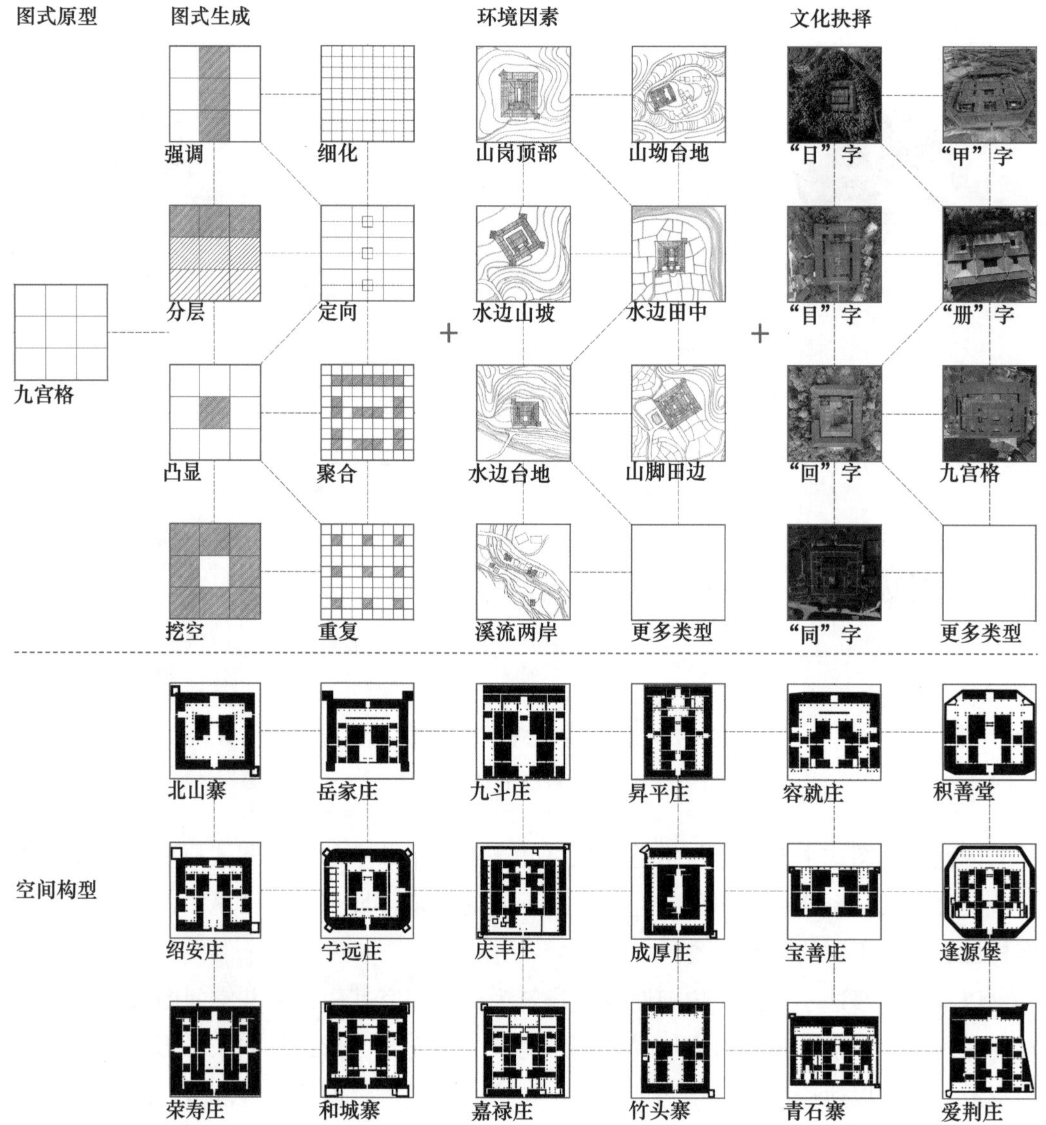


图 7-4 公共空间的图式生成特征与空间构型

（资料来源：自绘）

### 7.3.2 跨动态——意象图式的构型变化

空间意象图式一般可以从一种运动状态扩展为另外一种运动状态，通过空间隔断、路径变化、连接关系以及开口方向和数量控制，影响空间构型方式，进而影响空间句法的拓扑结构、视线可达性和空间可达性，形成一系列不同公共性的公共空间意象图式结构。空间句法这种空间语构方法在聚落空间和建筑层面，显示出对空间语言的人文本质属性的理解力。空间组织的量化，在一定程度上帮助我们理解在空间中身体运动与视觉上的空间体验，以及对人与人潜在关系的体验，正如比尔·希列尔（Bill Hillier）所希冀的通过空间语构空间的社会逻辑[165]。基于意象图式将九宫格空间划分成几种代表性的空间组织方式，可以看出空间的不同划分方式产生不同空间的身体可达性和可见性：

（1）“内-外”空间意象图式，可以理解成从外部公共空间进入内部公共空间。如从街道广场进入宫庙或宗祠等空间，内部封闭空间在可达性和可见性方面较低，表现出神秘性和礼仪性，但提高了出入口正面部分的外部空间的可达性和可见性，可理解为重要公共建筑出入口处空间一般需要一定场地容纳公共活动。

（2）“中心-边缘”空间意象图式，可以理解成中心广场这类可达性和可见性较高的核心公共场所，从多个方向汇集公共活动人群。

（3）“中轴-对称”空间意象图式，可以理解成传统村落中仪式性较显著的空间，如大型集合性民居中多进厅堂-院落空间，组织其他居住和辅助性功能房间，在中轴区域承载氏族或家族集体日常公共生活和仪式性公共事务。

（4）“路径”空间意象图式，可以理解成空间中的线性运动事件，运动轨迹伴随着身体和视线的多次转折。如在村落中走街串巷，线性路径串联不同空间，在中间区域表现出较高的可达性和可见性，一般处于村落聚居的核心区域。

（5）“上-下”空间意象图式，可以理解成需要克服重力作用的垂直空间运动方式。如在建筑中通过一定斜度的楼梯穿越上下楼层，以及在室外空间通过一定坡度的缓坡或一定斜度的台阶克服地形高差。从轴线和视线角度分析可达性和可见性，可以理解空间中以斜线交叉克服重力具有普遍性，而视线则为垂直方向，不受身体限制。

（6）“前景-背景”空间意象图式，可以理解成实体与空间或公共与私密的图示转换关系。如街巷交叉口之于两侧建筑，作为公共空间的街巷与私密空间的建筑在可达性和可见性上具有鲜明对比，交叉区域则为潜在人流活动密集区。

（7）“连接”空间意象图式，可以理解成两个不同空间的一般连接方式，重点在于作为连接纽带的区域和连接方式将影响两个空间的可达性和可见性。

（8）“部分-整体”空间意象图式，可以理解成通过部分空间进入整体空间。如通过门楼、牌楼、城门等空间进入村落空间，在可达性上表现出从部分进入整体的路径顺序，在可见性上则是较为强烈的视觉对景，而部分空间在整体空间系统中的位置决定该空间的重要程度。

因此，在传统村落重构更新设计中，依据不同空间意象图式的特征，根据设计场地的空间拓扑结构、可视性和可达性，选择适宜的空间构型方案，满足不同程度公共属性的空间需求（表7-3）。

**表7-3　典型空间组织的空间语构图解**

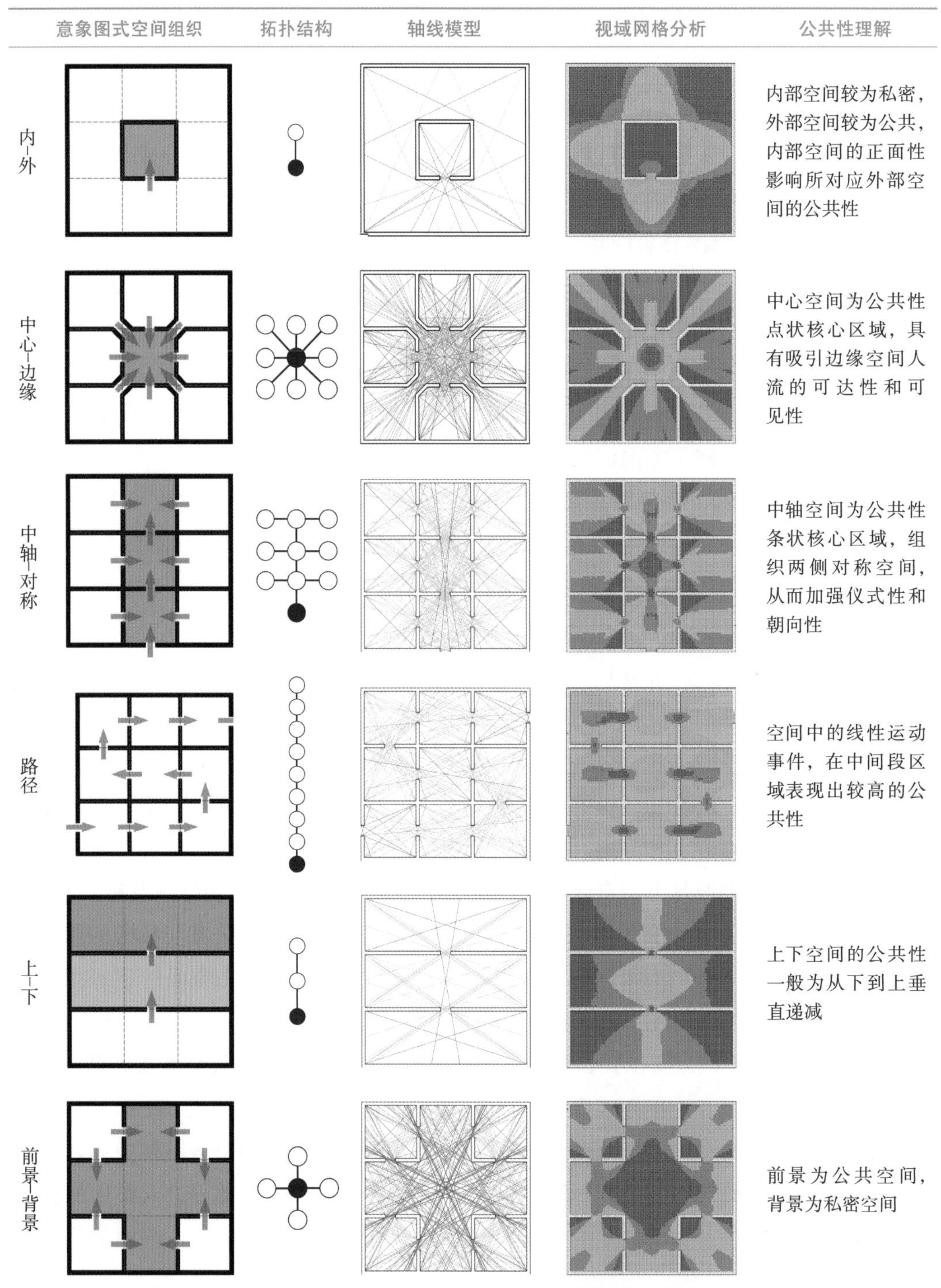

| 意象图式空间组织 | 拓扑结构 | 轴线模型 | 视域网格分析 | 公共性理解 |
| --- | --- | --- | --- | --- |
| 内-外 | | | | 内部空间较为私密，外部空间较为公共，内部空间的正面性影响所对应外部空间的公共性 |
| 中心-边缘 | | | | 中心空间为公共性点状核心区域，具有吸引边缘空间人流的可达性和可见性 |
| 中轴-对称 | | | | 中轴空间为公共性条状核心区域，组织两侧对称空间，从而加强仪式性和朝向性 |
| 路径 | | | | 空间中的线性运动事件，在中间段区域表现出较高的公共性 |
| 上-下 | | | | 上下空间的公共性一般为从下到上垂直递减 |
| 前景-背景 | | | | 前景为公共空间，背景为私密空间 |

续表

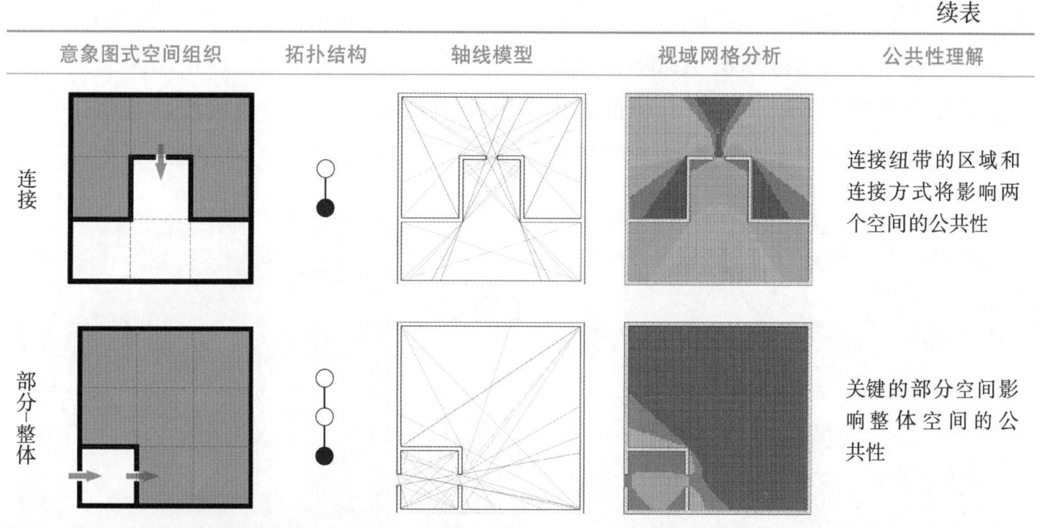

| | 意象图式空间组织 | 拓扑结构 | 轴线模型 | 视域网格分析 | 公共性理解 |
|---|---|---|---|---|---|
| 连接 | | | | | 连接纽带的区域和连接方式将影响两个空间的公共性 |
| 部分-整体 | | | | | 关键的部分空间影响整体空间的公共性 |

注：轴线模型中，线段整合度越高（颜色越暖），可达性越高；视域分析中，一般视线连接度越高（颜色越暖），可视性越高。

资料来源：自制。

### 7.3.3 跨类型——空间图式的形变派生

卡尔·古斯塔夫·荣格（Carl Gustav Jung）以心理学原型理论，指出文化原始意象与几何空间母题的内在关联性，人们往往以方形、正三角形、圆形及十字形等简洁几何母题来表达中心、方向、稳固、围合等空间秩序或对仪式功能的文化需求。空间原型提取是对结构原型离身化空间形式的理性思考，将抽象的结构形式与心理需求相统一，但此时对空间形式的理解剥离了身体的在场感知。荣格指出集体无意识主要包含了本能与原型两部分[166]：本能是指先民在自然环境中营造庇护以达到安居自保行为的推动力和在乡土社会发展过程中通过空间表达伦理功能的文化传承；基于完形的几何原型及其组合延伸基于建造先验本能领会和构筑经验。

在传统村落中，规整、完形的空间形态一般较多出现在具有强烈仪式感的公共建筑中，如方整的厅堂空间、神殿空间以及原型或多边形的戏台藻井等仪式空间。而在传统村落外部公共空间中较少见规整完形的空间形态，受地形、围合建筑的形态以及路径连接形式的多样性等因素的影响，现实中的空间形态因地而异各具特点。但依据维氏“家族相似性”原理以相应的形态变化原则，可以由基本空间图式推理出其他空间形态类型，通过跨类型的形变派生出更多非基本的空间图式。借鉴罗伯·克里尔（Rob Krier）在 *Urban Space* 中以完形的空间原型推演空间的类型分类，通过角度旋转、分割、添加、减除、重叠、变形等调控，影响空间形态的形状率（$S$）、平滑度（$S_t$）、宽高比（$D/H$）和开敞度等相关指数，生成一系列规则与不规则的空间几何形态。进而结合不同高宽比例的空间断面形式，反映断面建筑形态特色与地形特征，加之围合空间的开口数量和路径连接方向，形成封闭到开放的界面围合关系与开敞度。因此，通过比例关系调整和形变调控规则，以上形变派生的空间类型可以产生各种组合空间，以适应实际的场地条件和使用需求。在实际乡土公共空间设计中，以上跨类型空间图式的形变派生操作方法，为具有相似场地条件与地域特色村落的重构更新提供丰富的原型素材和适宜的平面与断面比例尺度参考（图 7-5）。

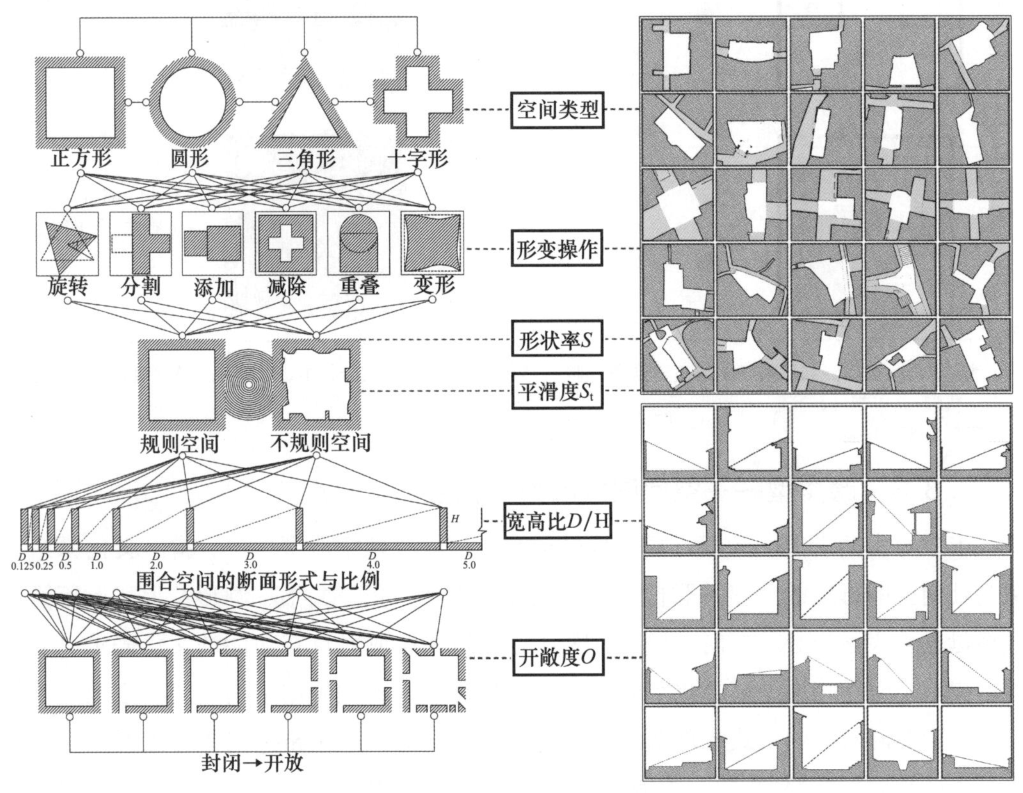


图 7-5　闽江流域传统村落公共空间图式的形变派生

（资料来源：自绘）

### 7.3.4　跨维度——原型要素的转换生成

在新的材料、技术和结构体系下，强调基本图式构成要素在直线、平面和立体三个空间维度的转换，对传统空间图式和构成方式的解构，形成新的空间构型，强调空间生成自主性。如彼得·埃森曼（Peter Eisenman）将诺姆·乔姆斯基（Noam Chomsky）的“句法学”引入到建筑空间的形态生成的自组织理论中，以“梁”“柱”“墙”等空间构成要素抽象为“线”“面”“体”几何元素，对应语言学中的“单词”“句子”“段落”，并制定了“线是面的剩余”和“体是面的延伸”跨几何维度的转换生成手法，发展出一套由点到网络的独特建筑语言。通过该建筑语言“表层结构”与“深层结构”之间的辩证关系，即建筑空间形式与各空间构成要素的辩证关系的转换，以探讨建筑空间形式生成机制。

## 7.4 空间节点的参数化转译——以厚美村为例

在设计过程中，空间图式遵循场地环境条件和功能需求的语境限制，通过形状等价、量值等价和体积等价在其他方面自由变化，实现对场地与空间的物理属性和公共属性的解构转译。将公共空间的基本属性、空间位置、平面形态、竖向形态转译为多义性、开放度和围合感等抽象的空间属性，以空间句法中线段整合度或称集成度（segment integration）、视线连接度（visual connectivity）和宽高比（$D/H$）进行数值量化，最后通过竖向层次、结构密度和模块数量的空间可视形态将量值二次转译。

在此基础上，引入模块化的框架建造体系，将量化的空间属性再一次转译为可视化的建造目标，从而为每一种类型的外部公共空间提出与其相对应的设计策略。通过跨维度的线、面、体三个几何维度将结构要素转换生成柱子、地面和楼板及基本空间模块的结构选型。最后利用 grasshopper 参数化建模来表达转译的句法过程，进而得到一系列符合场地空间区位、可达性、可视性的公共空间类型供设计者和使用者双向选择，通过这种设计互动以满足当下村落对提升公共空间品质的需求。具体转译路径如图 7-6 所示。

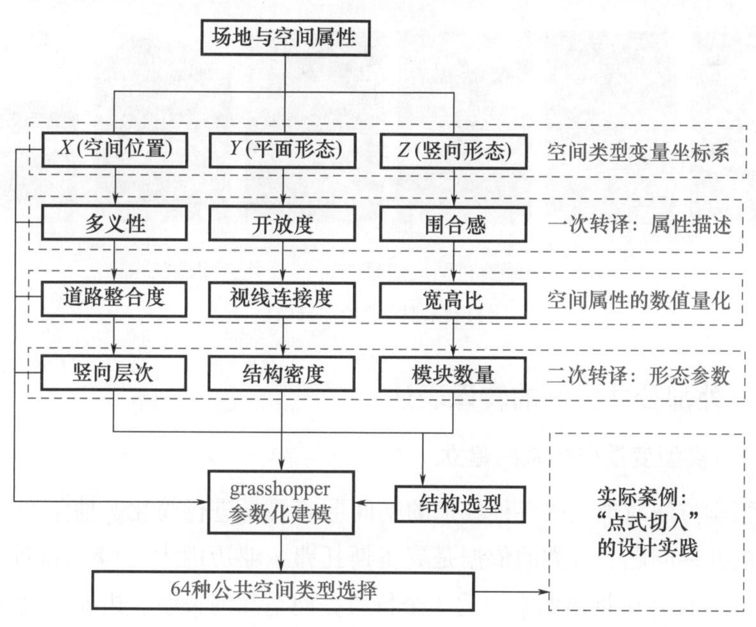


图 7-6 空间公共属性的参数化转译路径

（资料来源：自绘）

### 7.4.1 厚美村外部公共空间现状

选取福州市闽侯县厚美村为研究案例，该村处于城乡交接区域，即城市边缘区[167]。在快速城镇化的进程中，这种城乡混合的空间属于城市向农村扩张的产物，在福州市的新一轮城市规划中处于保护与发展的两难境地。通过田野调查发现村落外部空间开始衰败：一方面是城市扩张引起的外部建设活动的侵蚀，造成村落外部公共空间的建设性破坏；另一方面是现有公共空间与当代需求不匹配，加之村民因缺乏专业知识而进行的自发性扩建和滥建行为，导致外部空间被侵占和破坏。例如外部公共空间环境卫生较差，出现垃圾和杂物的堆放闲置，公共服务设施和公共活动场所的缺乏，因而村落呈现出环境脏乱差、空间利用率低，以及存在安全隐患等消极状态。因此，在厚美村外部公共空间更新过程中，应结合场地条件和居民现实需求，以较低的成本，采用渐进式、半自助式的改造方式（图 7-7）。

图 7-7　厚美村图底肌理与外部公共空间现状

（资料来源：自绘、自摄）

## 7.4.2　外部公共空间的转译表达

### 7.4.2.1　类型变量坐标系的建立

引入类型学方法对现状中各种场地的空间形态要素进行简化、抽象和还原，归纳、总结出内在的共性问题。分类的依据是克里斯托弗·亚历山大（Christopher Alexander）在《建筑模式语言》中指出的空间的 3 个特质，即空间的关系、边界和尺度[168]。在村落外部公共空间中，长度、宽度、高度决定了空间的尺度和边界，而空间的相对位置则决定了空间的关系。因此，筛选和提取空间相对于村落的位置、空间内部的平面形态、空间内部的竖向形态三个变量，反映村落外部公共空间场地条件和组构特点。进而依次定义三个变量为 $X$、$Y$、$Z$ 三个坐标维度，建立参数化空间直角坐标系作为外部公共空间的分类模型。至此，在该坐标系模型中，某一个特定属性的空间类型 $P$ 坐标点（$X$，$Y$，$Z$），以直角坐标系内所有坐标点涵盖了村落中所有的空间类型，即（$X \times Y \times Z$）种外部公共空间类型（图 7-8）。

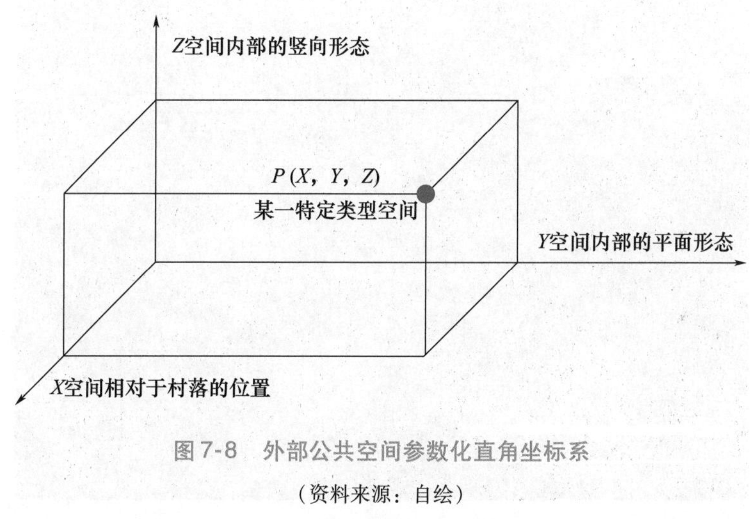


图 7-8 外部公共空间参数化直角坐标系

（资料来源：自绘）

#### 7.4.2.2 第一次转译：空间变量的公共属性描述

基于上述空间分类方法，从空间公共属性的视角对 X、Y、Z 三个变量的物理属性进行转译，以多义性（ambiguity）、开放度（openness）、围合感（envelopment）三个维度的空间属性描述，并通过空间的组构逻辑，将其从定性描述向定量描述转译。对应意象图式构型变化的语汇生成方法，以设计场地的组构特征作为不同公共空间节点构型选择的内在依据。以空间句法中的道路整合度和视线连接度定量描述多义性和开放度，加之以宽高比（D/H）定量描述围合感。通过三个参数同时对空间类型进行变量控制，一定程度上降低了单一变量的权重影响，同时避免了片面依赖某一变量所带来的技术算法局限，确保最终的类型是由三个变量相互制约、修正所产生的结果。

1. 空间相对于村落的位置——多义性

公共空间在村落中的位置，即“部分-整体”图式关系，在公共空间整体结构中的位置直接影响空间的可达性。当位于村落的核心位置（如村落广场、活动中心或村落主路）时，该空间对于整个村落系统的公共性是趋强的，空间内部的活动应是面向村落的、功能多样的集体活动。柯林·罗在 *Transparency* 一书中认为，多功能空间的叠加产生了现象学上的透明性，即多义性[169]。显然，空间相对于村落的位置反映的是空间对集体活动的包容和接纳程度，故采用多义性进行描述。各个公共空间节点都是由街巷道路连接的，可通过所在道路整合度表示其在整个村落公共空间结构中的可达性程度。因此，以整合度反映与该道路相连的公共空间是否具有公共属性层面的多义性。根据空间句法软件 DepthMapX 的计算结果，将 X 轴按照整合度数值梯度分为 $X=0$（空间未与村落道路直接相连）、$0<X\leqslant3$、$3<X\leqslant7$、$7<X\leqslant10$ 四阶，作为对空间多义性的量化（图 7-9）。

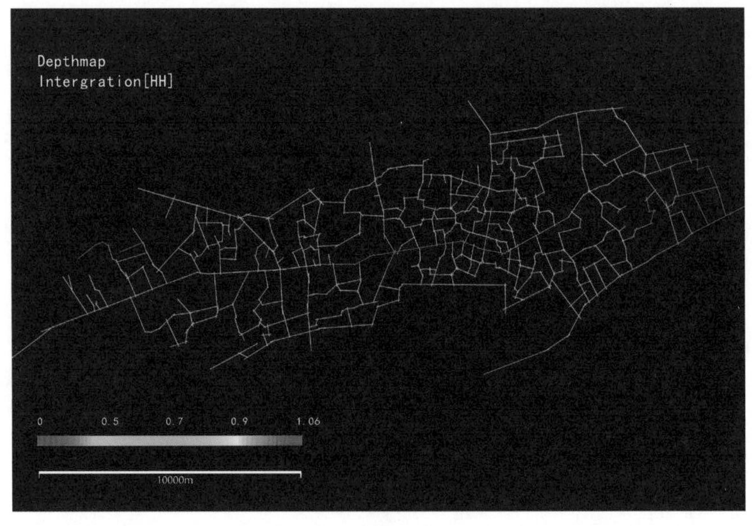


图 7-9　厚美村现有路网的道路整合度图

（资料来源：自绘）

2. 空间内部的平面形态——开放度

空间内部的平面形态大体分为封闭、半封闭、半开放、开放等形式。当平面受到较少的阻隔、遮挡时，空间视域较为开放，当平面受到周边物体的多重围合时，空间视域较为封闭。因此，可使用开放度描述空间内部平面形态公共属性的一个维度。而视线连接度表达的是在拓扑意义上空间内部的平面上某一点视域范围内看到要素的多寡，连接度越高能看到的要素数量越多，其数值能够反映出空间内部的开放度。根据空间句法软件 DepthMapX 的计算结果，将 $X$ 轴按照连接数值梯度分为 $0 < X \leqslant 2.5$、$2.5 < X \leqslant 5$、$5 < X \leqslant 7.5$、$7.5 < X \leqslant 10$ 四阶，作为对空间开放度的量化（图 7-10）。

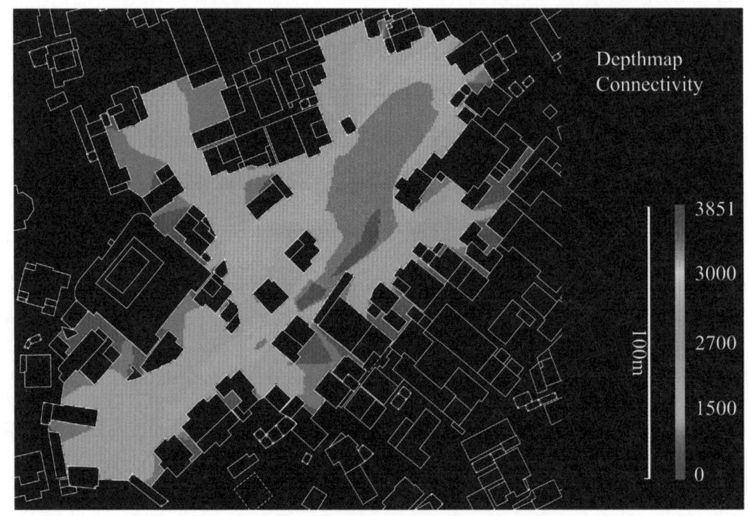


图 7-10　厚美村某一外部公共空间的视线连接度图

（资料来源：自绘）

3. 空间内部的竖向形态——围合感

个体由于自身生理特点，对空间内部竖向形态的感知主要取决于空间的范围以及围合这个范围的周边建筑的高度，二者共同作用产生的比例关系形成个体所能感知到的围合感。正如在《街道的美学》一书中，芦原义信通过空间理论分析不同比例尺度的街道和相应空间感知所说的：当竖向形态是一个合理的比例关系时，空间尺度较为亲切，能够形成宜人的围合感[108]。因此，研究将空间内部的竖向形态转译成围合感这一空间属性。鉴于空间句法只能量化空间的平面形态这一局限性，研究引入宽高比这一量化指标，对空间的围合感进行衡量。空间内部的宽高比数值的大小，表示空间内围合的强弱，决定了空间整体给空间内部的人造成的心理感受。将 $Z$ 轴按照宽高比数值分为 $Z \leqslant 1$、$1 < Z \leqslant 2$、$2 < Z \leqslant 4$、$4 < Z$ 四阶，作为对空间围合感的量化。

至此，本研究基于细分程度的可操作性，使用定量分析工具可得到 4 × 4 × 4 即 64 种类型的外部公共空间（图 7-11）。

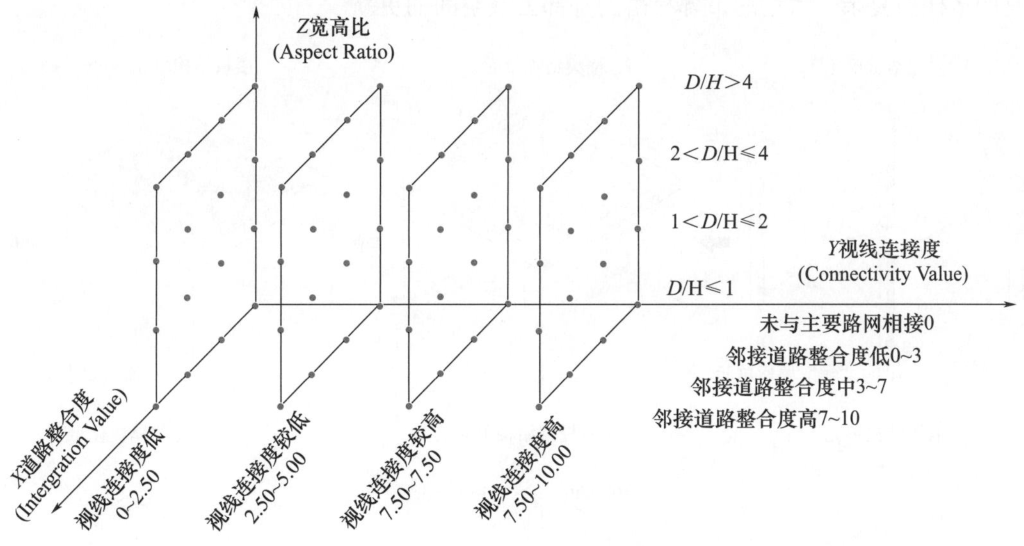


图 7-11 64 种类型空间的坐标划分

（资料来源：自绘）

### 7.4.2.3 结构选型

弗里德里希·冯·哈耶克（Friedrich von Hayek）将社会秩序分为自发秩序和人为秩序[170]。基于对地域性的、互动的和规范的自发秩序的尊重和维护，研究试图在村落外部公共空间引入一种具有潜在应用能力的结构形式，它能够提供一种开放、系统且富有弹性的设计策略，不同于常规的趋于静态结果的具象形态设计，而是让最终结果成为建筑师和使用者共同产生的一种合力，实现空间理性认知和单元结构秩序指导下村民基于自发秩序的多样性表达。

结构形式以3.6m×3.6m×2.7m的框架结构为基本单元，单元间可以自由进行模块化组合（图7-12）。该模数尺度一方面能够保证人在最小模块单元内部活动时具有较好的舒适性（满足人体工程学中的展臂、转身、跳跃等尺度要求），同时可以满足工业化模块生产的标准［参考美国标准：宽度最大值为3.96～4.88m（极限）；高度最大值为3.66m］①。借鉴彼得·埃森曼（Peter Eisenman）的"线是面的剩余"和"体是面的延伸"跨几何维度的转换生成机制，实现柱网、梁架、楼板、地面和体块单元的灵活组合和变化。在此基础上，村民可以根据生活习俗、功能需求、审美倾向、邻里亲疏等实际因素，基于这种结构进行杆件、板片、屋面、家具等构件，以及表皮装饰、绿化配植等二次精细化设计。同时，其模块化的整体形态也能根据具体的场地边界进行自适应调整，它既有利于建立合理的模块化"设计-建造"系统模型，从而实现真正意义上的专业设计与村民建造相互结合，又具有在时间推移和场景切换过程中不断调整和变化的能力，从而避免村落改造"千村一面"的情况发生，可以广泛应用于中国现有的多样、复杂、大量的市郊村落的外部公共空间的更新。

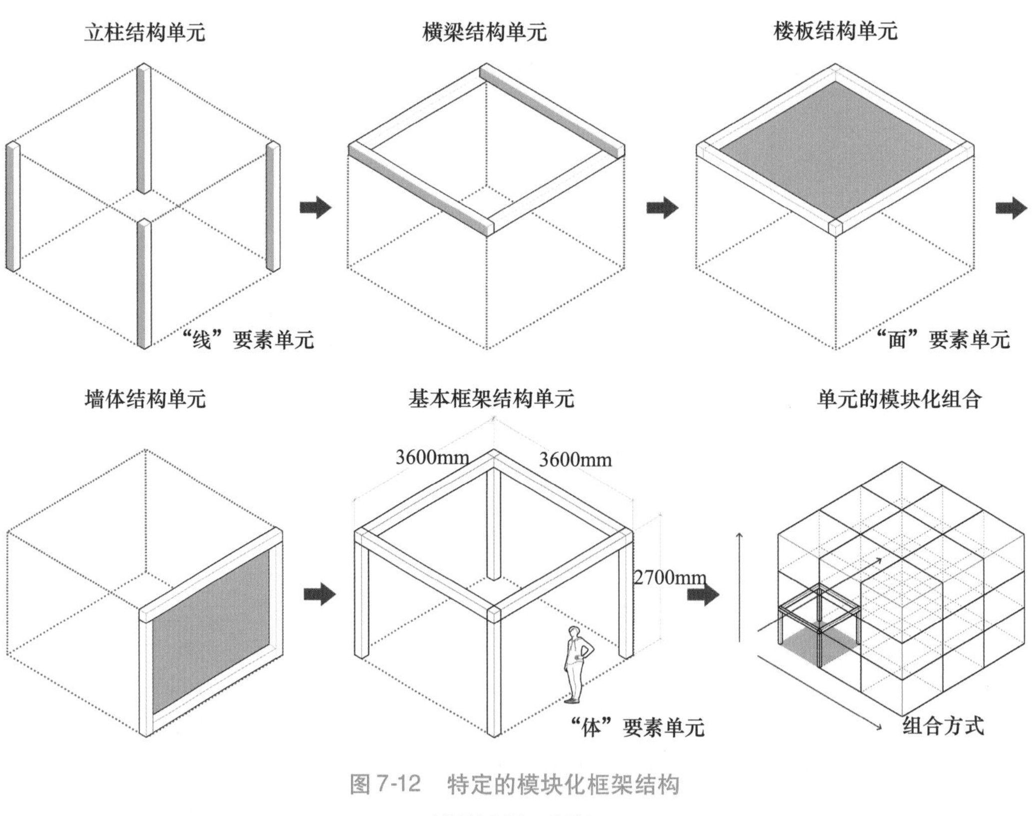


图7-12　特定的模块化框架结构

（资料来源：自绘）

① 参见：Ryan E. Smith. Prefab architecture：a guide to modular design and construction［M］. New Jersey：John Wiley & Sons，Inc.，2010：169.

### 7.4.2.4　第二次转译：空间数值的可视形态

在引入框架结构之后，通过对第一次转译得到的三个空间属性，进行第二次转译，形成控制框架结构实际物理形态的三种变量：竖向层次（vertical hierarchy）、结构密度（structure density）、模块数量（module quantity）。其中，竖向层次表现为框架结构的层数，结构密度体现在框架体系中结构柱的数量，模块数量则是体系中单元体的数量，在三种变量的共同作用下，使其形成适用于某一种特定空间类型的特定框架结构（表7-4）。

**表7-4　空间属性图解与物理形态关系图**

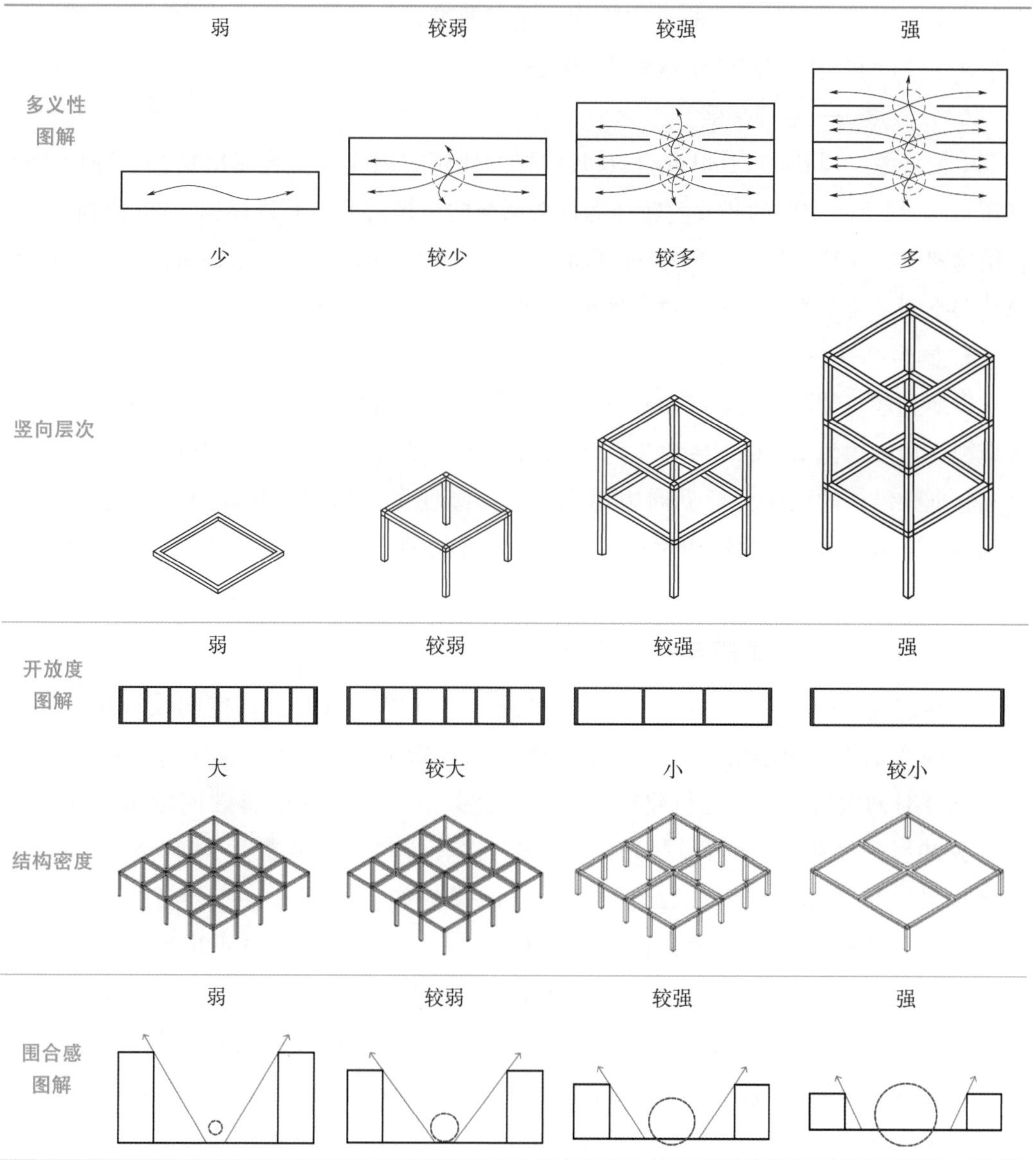

| | | | | |
|---|---|---|---|---|
| 多义性图解 | 弱 | 较弱 | 较强 | 强 |
| 竖向层次 | 少 | 较少 | 较多 | 多 |
| 开放度图解 | 弱 | 较弱 | 较强 | 强 |
| 结构密度 | 大 | 较大 | 小 | 较小 |
| 围合感图解 | 弱 | 较弱 | 较强 | 强 |

续表

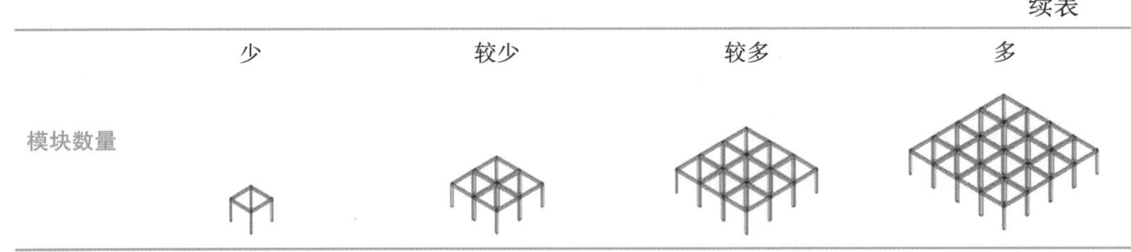

| | 少 | 较少 | 较多 | 多 |
|---|---|---|---|---|
| 模块数量 | | | | |

资料来源：自制。

1. 多义性——竖向层次

空间多义性表示多种功能空间的叠加程度。多义性越强，功能越多样，使用人群更加复杂，空间也具有更深的叠加程度。通过改变框架结构的竖向层次，产生不同层数下水平空间和竖向空间的渗透和叠加程度。

2. 开放度——结构密度

诺伯舒兹（Christian Norberg Schulz）强调建筑空间应当契合场所精神，顺应它的气质[171]。研究将空间的开放度转译为框架系统的结构密度，通过根据空间开放程度进行结构密度的调整，让公共的空间更加公共、私密的空间更加私密，从而使村落的外部公共空间从模糊无序形成梯度分明的序列，契合其所在的场所特征。

3. 围合感——模块数量

奥地利建筑师西特（C. Sitte）认为开敞空间的尺度需要有合理界限，在该范围内人体视觉角度约为$25° \leqslant \alpha \leqslant 45°$[172]。为了使人在框架结构内部活动时获得舒适的视觉视角，框架结构的范围会根据周边建筑的竖向高度做出相应调整。围合感弱的地方，空间较为开敞，单元体数量相对较多；围合感强的地方，空间较为封闭，单元体数量相对较少。

### 7.4.3 参数化建模与转译表达

依据前述空间公共属性的参数化转译路径，在厚美村的公共空间设计中，通过三个空间变量的共同作用以及三个坐标轴存在逻辑上的相关性，利用 grasshopper 参数化软件对两次转译表达进行建模分析。从公共空间定性描述属性向定量描述、从空间公共属性描述向空间可视形态，表达二次转译过程以及最后的 64 种空间类型转译成果。转译过程使用参数化软件表达的优势如下：其一，能严格执行每一步设定的转译步骤和属性参数，使转译过程更加具有严谨性和逻辑理性。设计者可以比较直观地了解分析过程，从相关参数如何一步步影响转译，进而得到最后的转译结果。其二，形成村落公共空间设计转译的模板，使研究思路可复制，更具推广意义。随着相关研究的深入，不管是坐标轴的量化细分，还是相关参数的优化调整，都可以基于该参数化模型进行修改与应用，从而得到相同逻辑下不同需求的转译结果（图 7-13）。

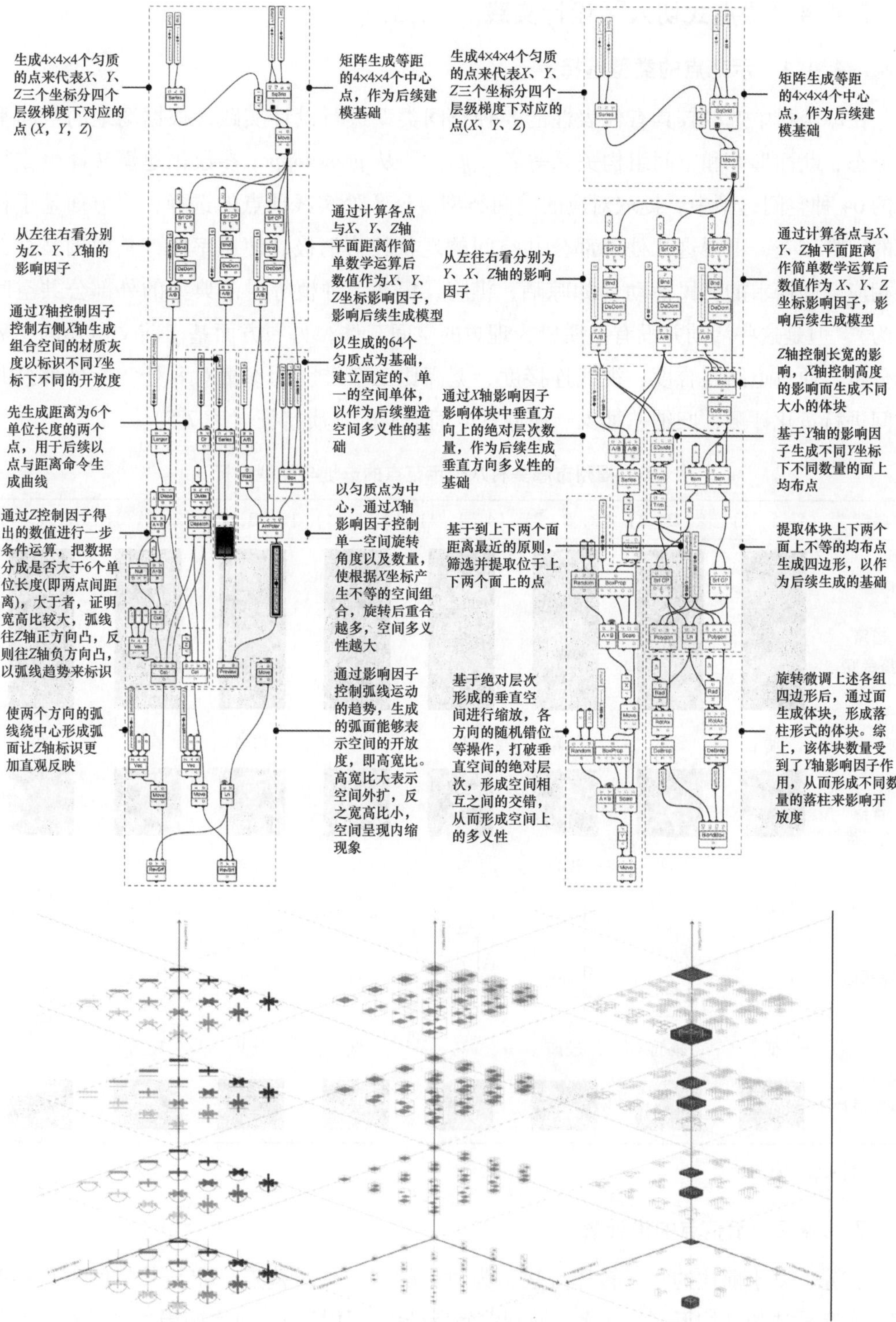


图 7-13　参数化软件的运算过程和运算结果的优化表达

（资料来源：自绘）

## 7.4.4 “点式切入”设计实践

### 7.4.4.1 示范点的类型选择

在厚美村中选取较具有代表性的 8 种空间类型进行设计实践，根据场地的空间平面形态、断面形态和空间组构关系等各项属性，从 grasshopper 参数化建模转译生成得到的 64 种空间选型中，提取对应的空间类型。这 8 处实践地点的选择，一方面基于村中的田野调查，可得这几处外部公共空间的现状较为消极，使用率低，其周围又存在有相应空间需求的村民活动（如晾晒、棋牌、售卖、种植等村落典型的外部公共空间行为），但是这些活动并没有品质较为理想的空间载体；另一方面基于前文所述的参数化分析，通过道路整合度、视线连接度、宽高比三个维度的参量对 8 处实际外部公共空间进行量化评测，归纳、抽象、还原其空间类型的本质特征（表 7-5）。

表 7-5 福州市厚美村八个示范点的选址与类型分析

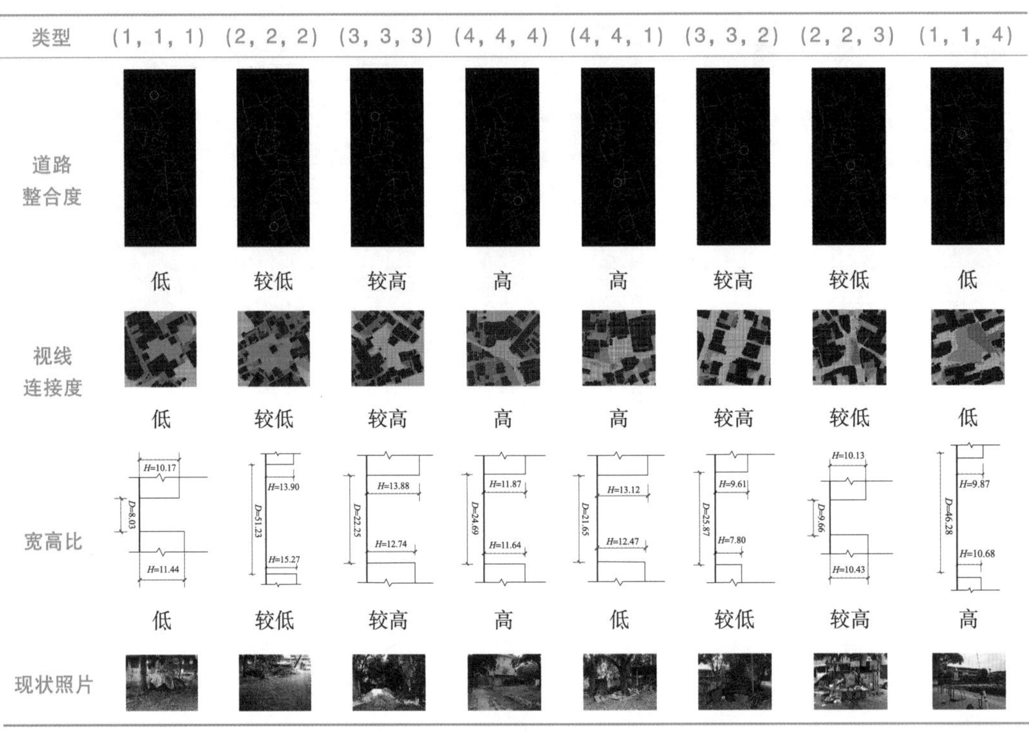

| 类型 | (1, 1, 1) | (2, 2, 2) | (3, 3, 3) | (4, 4, 4) | (4, 4, 1) | (3, 3, 2) | (2, 2, 3) | (1, 1, 4) |
|---|---|---|---|---|---|---|---|---|
| 道路整合度 | 低 | 较低 | 较高 | 高 | 高 | 较高 | 较低 | 低 |
| 视线连接度 | 低 | 较低 | 较高 | 高 | 高 | 较高 | 较低 | 低 |
| 宽高比 | 低 | 较低 | 较高 | 高 | 低 | 较低 | 较高 | 高 |
| 现状照片 | | | | | | | | |

资料来源：自制。

### 7.4.4.2 示范点的设计表达

首先，基于前述的空间转译方法，为村中的每一处示范点确定与其空间类型相匹配的实际建造的结构形式；其次，回到空间所处的具体情境，对空间周边厚美村村民的行为活动进行进一步的实际调研，明确更加具体的空间需求，例如空间类型（1，1，1）周边现有的晾衣、小憩、种植等行为；进而，基于调研结果对框架结构进行实际的功能性填充设计，匹配空间形式和空间行为，密切二者之间的关联度，例如空间类型

（1，1，1）中加入围合条凳、廊架、凉亭等满足村民需求的构件；最终，得到适用于所选的8处外部公共空间更新改造的特定建造结果（表7-6）。这八个方案作为本书研究方法的一种设计实践，旨在借助小尺度、渐进式的“点式切入”更新方式，对厚美村村民的自发性建造行为起到示范和引导作用，以点带面，借此引发其周边环境产生相应变化，作为重塑厚美村村落面貌、提高村民生活质量的物质前提。

**表7-6　福州市厚美村八个示范点的设计表达**

| 场地选址 | 类型 | 结构选型 | 行为 | 二次填充 | 模型表达 |
|---|---|---|---|---|---|
| | （1，1，1） | | 晾衣<br>小憩<br>种植<br>洗菜 | | |
| | （2，2，2） | | 戏耍<br>下棋<br>晾晒<br>闲坐 | | |
| | （3，3，3） | | 表演<br>看戏<br>庆典<br>会议 | | |
| | （4，4，4） | | 集市<br>舞蹈<br>宣传<br>宴席 | | |
| | （4，4，1） | | 登高<br>售卖<br>聚集<br>交谈 | | |
| | （3，3，2） | | 健身<br>戏耍<br>攀爬<br>轮滑 | | |
| | （2，2，3） | | 阅读<br>茶座<br>书法<br>劳作 | | |
| | （1，1，4） | | 种植<br>戏耍<br>圈养<br>散步 | | |

资料来源：自制。

# 7.5 系统结构的递归性重构——以桂峰村为例

## 7.5.1 句法结构的重构模式

在空间营造的句法层面，传统村落公共空间的重构并非无本之木般在空地之上推翻重来，其重构的过程一般经历三个层面：一是尊重现有场地条件与村落公共空间结构特征，继承传统村落过去存在的空间形式所赋予的意义；二是依据具体语境变化，针对特定片段的空间形态及其范围边界进行重构，新的设计语汇往往跨越于以往的空间类型之间；三是将这些片断按照句法拓扑结构的递归性增减的方式来进行重组以获得新的空间意义。

因此，在传统村落公共空间的重构过程中的空间设计的元素与形式一般都是既定的、明确的，但是它们的意义由于语境的变化经过重组而发生改变，以满足当前新的需求。前二者可以通过设计语汇的原型要素图式增益产生新旧空间元素并置的空间形态与类型。而重构的方式则是空间重组遵循的句法规则，这里“递归性”重构适用于各个层级的空间组合和空间结构，就是一种能够在一个空间组合或空间结构中嵌入另一个相同类型的空间组合或空间结构的能力。这是基于图式语言转换规则最具创新的部分，对转换所加工的空间结构进行句法结构分析，进行空间组织模块的并置、替换、拼接、复合、嵌套以及删除等系列“递归性”动作，形成一定空间语言的句法构造，从而生成新的空间系统结构。“递归性”在传统村落公共空间的重构过程中体现为维持、替换、删除、嵌套、拼接、并置和复合（表 7-7）。

表 7-7　传统村落公共空间句法结构的递归性重构

| 序号 | 公共空间结构图式 | 递归操作 | 公共空间重构过程 |
|---|---|---|---|
| 1 | 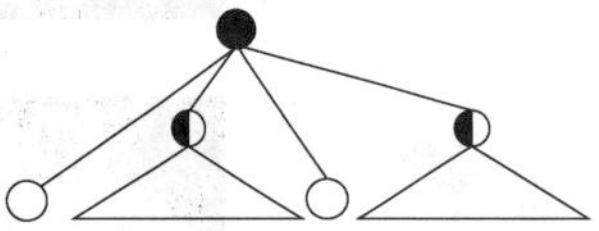 | 维持：继承原有空间形式 | 通过空间功能置换与改造更新实现私有空间向公共空间的性质替换，继承原有空间形式的基础上赋予空间新的公共职能 |
| 2 | 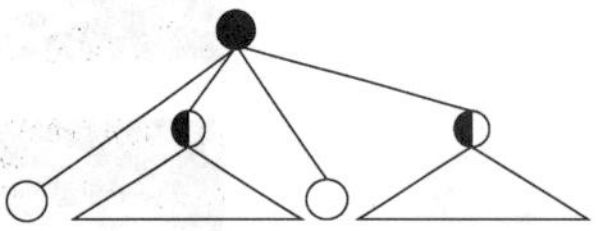 | 替换：公共空间有机更新 | 将破败、空置或使用时段性的公共建筑或空间节点，通过修缮或改造扩建的方式植入或添加新的公共属性 |
| 3 | 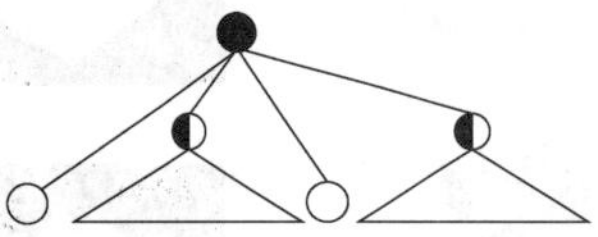 | 删除：优化空间结构 | 在原有空间结构中删除某些不合宜的空间，如后期加建、改建的不符合传统风貌的建（构）筑物或杂乱堆积的荒地等，通过移除这些空间以留白或回复自然植被的方式优化原有空间结构 |
| 4 | 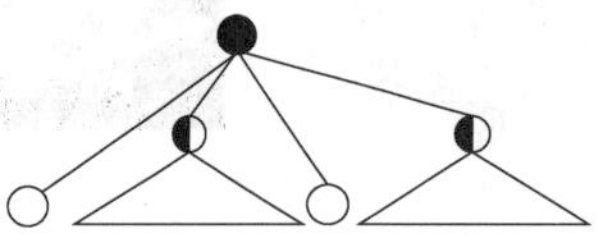 | 嵌套：丰富空间形式内容 | 通过在原有街巷空间、广场空间和节点空间中嵌套新的公共空间抑或形态变化和附属结构增减，重构更新以丰富原有外部公共空间形式与内容 |

续表

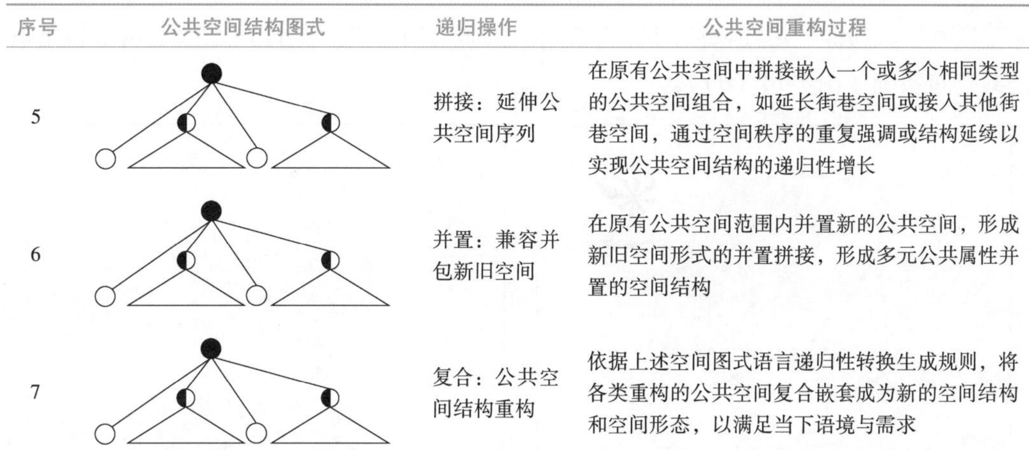

| 序号 | 公共空间结构图式 | 递归操作 | 公共空间重构过程 |
|---|---|---|---|
| 5 | | 拼接：延伸公共空间序列 | 在原有公共空间中拼接嵌入一个或多个相同类型的公共空间组合，如延长街巷空间或接入其他街巷空间，通过空间秩序的重复强调或结构延续以实现公共空间结构的递归性增长 |
| 6 | | 并置：兼容并包新旧空间 | 在原有公共空间范围内并置新的公共空间，形成新旧空间形式的并置拼接，形成多元公共属性并置的空间结构 |
| 7 | | 复合：公共空间结构重构 | 依据上述空间图式语言递归性转换生成规则，将各类重构的公共空间复合嵌套成为新的空间结构和空间形态，以满足当下语境与需求 |

●序列空间 ◐群组空间 ○单体空间 —— 路径 △下层分支

注：各层级公共空间对应的语汇要素，序列空间：句子 S、从句 S′；群组空间：名词词组 NP、动词词组 VP、介词短语 PP；单体空间：限定词 T、形容词 A、副词 D、介词 P、名词 N、动词 V 等。

资料来源：自制。

### 7.5.2 桂峰村公共空间的重构

以位于福建省三明市尤溪县洋中镇的桂峰村为例，当前村落公共空间的重构是在土地权属变迁下，伴随着乡土社会伦理秩序、产权继承与分配、边界效应、血缘结构等传统语境的变化。从土地权属的角度看村落公共空间的演替与形成，其空间形态、组织秩序、边界效应以及服务范围与土地权属性质变更休戚相关。而土地“三权分置”政策为盘活闲置宅基地和房屋提供契机，为村落公共空间更新创造条件。同时，为乡村振兴确立空间布局导向，以适应新时期城乡统筹发展需求。

#### 7.5.2.1 公共空间系统重构

借助空间句法中全局拓扑深度的概念和分析方法，将公共空间节点与公共建筑抽象为一个节点，得到公共空间的拓扑结构［图 7-14（a）］。除了私有宅基地盘活与功能置换以及原公共建筑有机更新外，在桂峰村外部公共空间，在保持原有街巷结构、建筑肌理的基础上，通过街巷和节点空间整治，按照传统村落空间要素序列，增添牌坊、亭子等公共构筑物，在原有空间上打造新的景观节点，拆除风貌不协调的砖混建筑，腾挪空间，打造公共空间节点，以及添加停车场、接待中心、商业设施等公共服务空间［图 7-14（b）］。结合原有农田、水系、林地等生产、生态空间，打造梯田景观、林地景观和山涧景观等人文景观节点和片区。通过上述公共空间节点的有机更新、改造置换和功能植入等操作，实现了整体公共空间句法结构的递归性变化［图 7-14（c）］。

采用 DepthMapX 分析工具将路径上有直接连接的空间节点进行链接（link）操作，分析公共空间系统重构前后拓扑关系和整合度变化，可知随着重构后的公共空间节点密度的提高，具有较高整合度、可达性较高的空间节点数量提升，公共核心区域由原来的石印桥区域扩展至村口、蔡氏宗祠、蔡氏祖庙、下坪街和神龟溪区域，以及在老蓝岭区域形成局部可达性较高的公共区域。从而由内而外、整体多层次重构了村落的公共空间系统（图7-14（d））。

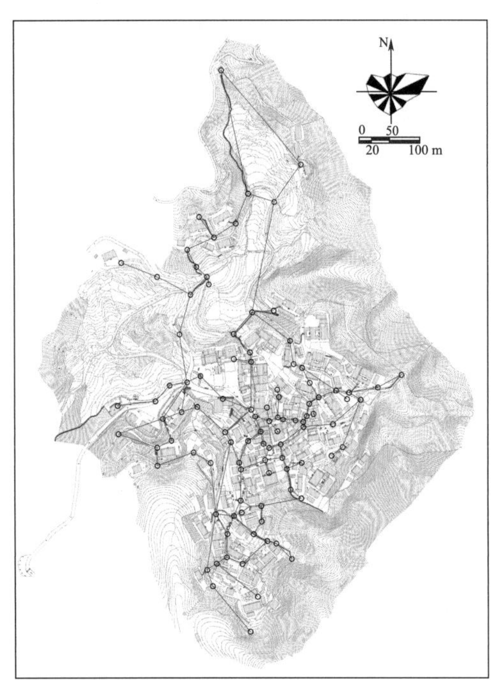


(a) 现状公共空间节点结构

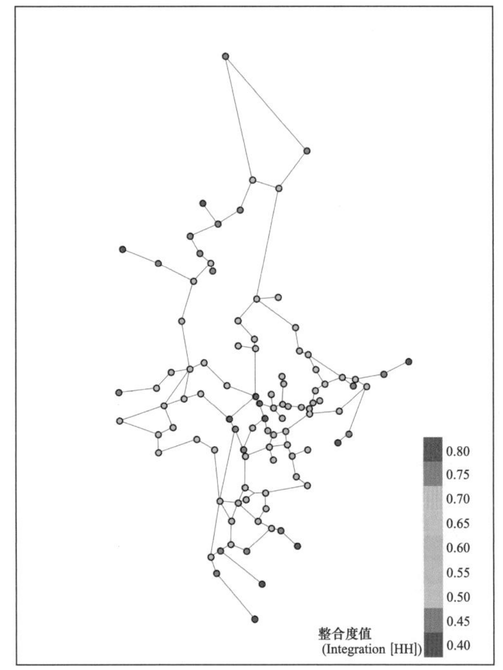


(b) 现状公共空间节点整合度

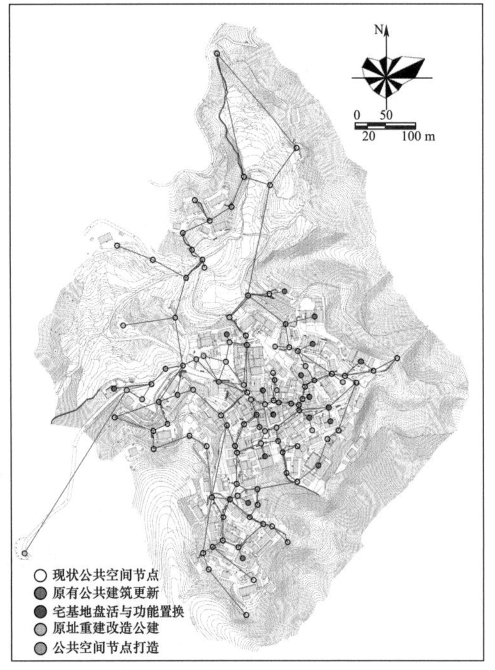


(c) 公共空间节点重构方式

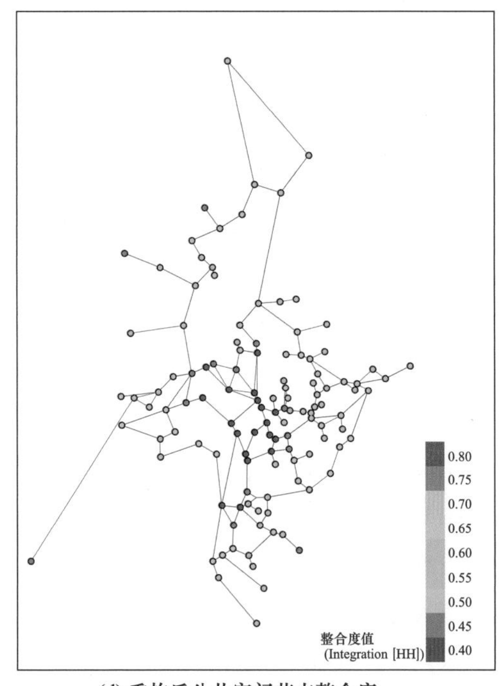


(d) 重构后公共空间节点整合度

图7-14 桂峰村公共空间重构与整合度分析

（资料来源：自绘）

### 7.5.2.2 多元合作的自组织营建

基于农村土地“三权分置”的政策，引入行政部门、城市精英群体、农村企业家、旅游公司等外部主体与村集体和村民个体等形成多元主体。通过“三个激活”——激活主体、激活要素、激活市场，加之上下结合，以自组织的方式营建更新村落空间。村集体和个体以合作或出让宅基地或房屋使用权的形式，盘活闲置的土地资源以获得土地权属收益。政府行政部门及文化和博物馆等部门作为乡村振兴和文物遗产保护利用的组织决策者，通过政策释放与资金支持，扶植乡村自助体系，组织乡村的产业与土地经营。外来精英群体将资金、技术知识、管理经营等城市要素引入村落，村落盘活的土地为其文创、旅游、服务产业提供空间。在土地村集体所有的基础上，将使用权和经营权作为公共使用性质进行转让，以多元合作的方式进行村落公共空间的有机更新和营建，提供适应当代传统村落的现代化的物质和精神需求的公共空间与服务设施（图 7-15）。

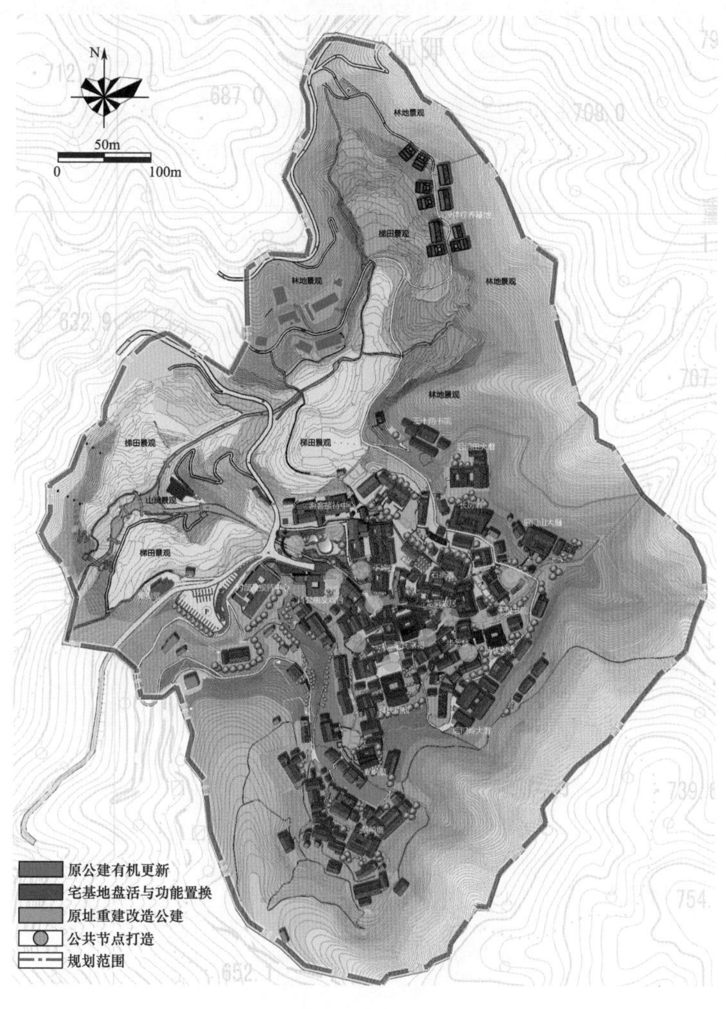


图 7-15 桂峰村公共空间重构总平面图

（资料来源：自绘）

## 7.6 本章小结

本章探讨图式语言作为当下传统村落公共空间更新理论指导的可能性，回应乡村振兴背景下乡村空间特色缺失和乡村建设乱象的两难问题。以图式语言的转换生成为核心路径，建立“大词库、小句法”的设计模式，形成“样本分析—路径制定—语汇生成—属性转译—系统重构”的设计流程。以普通市郊村落和传统村落为实证案例。在设计语汇上，通过基本图式的文化衍生、意象图式的构型变化、空间图式的形变派生和原型要素的转换生成，实现空间原型要素扩原型、跨动态、跨类型和跨维度的图式增益，实现设计语汇词库（Lex）的极大丰富。在语法（G）上，则是从空间属性的参数化转译和句法结构的递归性重构进行考虑。前者针对一般性村落外部空间节点的改造更新，从公共空间定性描述属性向定量描述、从空间公共属性描述向空间可视形态，进行两次转译表达，并通过参数化软件建模模拟，生成一系列可供选择的满足场地条件和功能需求的公共空间类型；后者针对传统村落公共空间的系统重构，在土地权属变迁的语境之下，灵活运用并置、替换、拼接、复合、嵌套以及删除等公共空间句法结构的递归性重构模式，实现村落公共空间系统的更新。

# 8 结论与讨论

本书作为图式语言视角下研究传统村落公共空间的一个阶段性成果，课题融合语言学的离散组合系统逻辑和图式的心智认知结构，构建图式语言分析方法，揭示闽江流域传统村落公共空间的组织模式和内在生成机制，并形成适应性的当代设计应用模式。旨在解决解读与转译技术瓶颈背后的核心科学问题，即传统公共空间的可读性和营造信息的转译应用。以期加强传统空间营造的当代话语权和文化自信，对指导本土传统村落公共空间更新具有一定的理论和应用价值，对提升乡村人居环境质量与传承乡土传统营造智慧有所裨益。

## 8.1 主要结论

1. 在研究方法层面，在传统村落公共空间研究中嵌入图式认知结构与语言类比法具有可行性

将物质空间现象与自然语言现象进行类比分析，是基于空间与语言在传递信息的“中介性”、能指与所指的符号性以及离散组合系统的结构性上的一致逻辑。语言类比法运用于传统村落公共空间的物质文化研究，是在语言形式中发现表达空间逻辑的共同概念，有利于在语言和现实事件的结合面上寻得跨语言共性。建立公共空间的图式认知单元和模块化结构与语言的语汇要素和语法规则的映射逻辑，构建传统村落公共空间图式语言体系。此时，将语言学的结构主义逻辑和图式的心理认知结构的理论方法整合，运用于传统村落公共空间要素和结构的解释和描述具有了可操作性。

将乔氏语言学的生成语法［Σ，F］作为方法论核心，通过递归性转化“指令公式”F：X→Y，将空间形式转换为一套完整语言化的符号链。即从一组有限的空间元素之中，根据生成语法规则创建出无限的特定空间语汇组合，通过横向组合和纵向聚合系统性耦合关联，进而形成单体空间、群组空间、街巷空间和整体空间不同层级的图式句法结构体系。从语汇要素、句法结构和语义表征三个层级维度，由浅及深地剖析传统村落的空间要素组成、结构形式和人文规则，揭示了传统村落公共空间营造的系统性、复杂性和地域性特征。

2. 在研究内容层面，传统村落公共空间形式结构与伦理功能是互为表里的关联性整体

从建筑学领域关注的“表意的”和“赋予其内在意义的”两个核心问题出发，将图式语言作为传统村落公共空间一种逻辑的、分析的工具，通过物理空间到概念空间的隐喻映射以理解空间的形式结构及其传达的意义。在表层结构上，公共空间的形式形态、组织方式和组构关系，表现出地域性和多态性；在深层结构上，体验者大脑中深植认知结构的共同特征，即在村落公共空间中形成自身的行为模式和空间感知，以及对公共性、私密性、礼仪性和监督性等伦理功能的意义“共享”，因而表现出集体性与普遍性。从空间营造与行为规训一体两面的角度，表层结构的形式组织逻辑与深层结构的伦理功能表征，统一于关联性整体框架中。

首先，空间图式的知觉转化，基于体验者的感知体验对空间意义进行构造和理解。“十尺—百尺—千尺”的空间形势尺度转化伴随着“情景—逻辑—构造”的图式构造跃迁，最后在“过去—当下—未来”的时间维度体现空间图式共享潜力；其次，文化赋予的隐喻方式，通过方位、本体和结构三种隐喻方式，理解和构建传统村落的文化普遍概念系统。通过公共空间的结构关系、方位抉择和本体特征等空间意象图式的整合表达，理解其中的文化寓意、社会运行、族群关系以及情感好恶的呈现方式与过程；再次，语境限制的适用规则，从环境营造的“层级”、血缘伦理的“中心”、宗教与防御的“边缘”以及人文环境的“节点”等限定规则，对不同传统村落公共空间图式语言的适用语境和认知的边界，强调其地域性；最后，公共空间的组构逻辑，运用空间句法的理论和分析方法，以视线连接度和轴线线段度量空间在视觉上和身体上的可达性潜力，以表征空间的“公共性”。

3. 在实践应用层面，基于图式语言的设计模式对引导村落公共空间更新具有可操作性

图式语言作为当下传统村落公共空间营造设计指导的可操作工具，是建立在上述图式语言理论分析的基础上。乔氏转换生成语法中由词库和运算系统组成的语言使用系统 $L=G*Lex$，为村落公共空间营造的转译与重构提供设计模式借鉴。即大量可供选择的空间设计要素单元结合灵活变化的空间组合方式，以“大词库、小句法”的方式带来全新的空间组织景象，强调图式语言转换生成的创新潜力。

在设计方法上不满足于语言学结构主义的描述和解释框架，而是强调图式语言在图式增益与句法递归方面潜在的创造性。在设计语汇上，基于传统村落典型公共空间要素图谱作为可参考的要素库，通过基本图式的文化衍生、意象图式的构型变化、空间图式的形变派生和原型要素的转换生成，实现空间图式原型要素扩原型、跨动态、跨类型和跨维度的图式增益，在空间要素单元层面形成丰富的设计语汇词库（Lex）。在设计语法（G）上，强调对现实场地的整体性把握，根据乡村空间环境自身特质和当下语境需求，选择转译或重构的方式。通过对村落公共空间的系统结构进行句法结构分析，进行空间组织模块的并置、替换、拼接、复合、嵌套以及删除等系列“递归性”

动作，从而重构原有的空间系统结构。结构递归性变化与转换规则适用于单一空间、群组空间、街巷空间和整体空间各个层级的空间单元和空间组合，体现了图式语言设计方法体系的灵活性和适用性。以闽江流域内的厚美村和桂峰村为实证案例，适应乡土语境变迁，以村落具体问题和需求为导向，选择转译或重构的方式更新既有的空间形式或组织结构。在单元上强调空间的设计创新，在整体结构上侧重布局调整和功能置换，从而获得真实的和创造性的当下。

## 8.2 研究展望与讨论

后续思考未来关于图式语言研究的发展趋势：

1. 空间图式认知逻辑向设计思维转化

前人在传统聚落营建过程中所融入的生产生活习惯、居住理想追求等观念，是人将客观外界的身体感知转化为心智认知结构的过程。但当下面临的挑战是如何将基于空间图式认知方法向空间设计思维进行转化，落实于传统聚落改造更新的设计实践，以适应当下乡村住居环境品质提升和可持续发展。

在“身体-空间”的多层级认知体系中，“情景”“逻辑”“构造”三种图式认知结构由基础图式向高级图式积累演化，整体的认知结构借由长时间的场景经验积累，由“情景”向“构造”图式逐渐提纯概括，主旨性更加明确，是一种由具象到抽象的过程。而应用到设计当中，人的设计思维是通过对整体规划框架的把握，形成对局部秩序的组织，最后再落实于细节的织补，是一种由抽象到具象的过程。因此，图式认知过程与设计思维过程在逻辑上具有对偶性，图式认知的方式可成为设计应用过程中的依据，表现为“具象—抽象—具象”的“身体认知—设计思维”转换过程（图 8-1），即空间图式理论应用于设计实践的依据及表达途径。

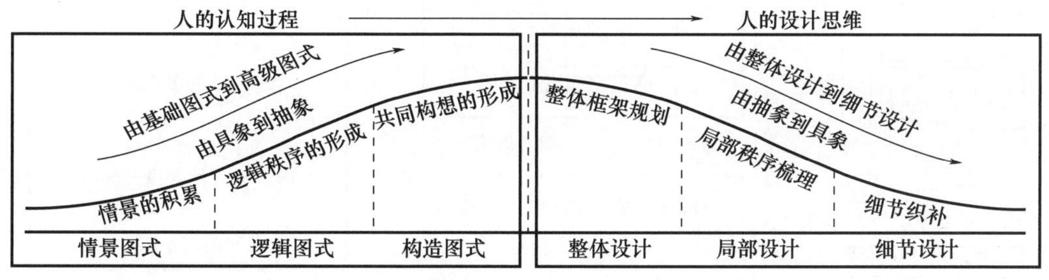


图 8-1 人的认知过程向设计思维转变的过程

（资料来源：自绘）

2. 基于机器学习的空间图式语言要素智能识别与信息建库

传统村落各层级、各类型的公共空间布局形态和空间形状特征的处理识别和分析，是前期工作量最大的部分，传统的田野调查和建筑测绘工作效率较低，人力和时间成本高。未来研究过程可采用无人机航测技术和三维激光扫描技术，对室外公共空间和室内空间进行测绘和三维建模。运用机器学习算法对采集的空间信息进行算法训练，将测绘和三维建模等空间形态数据作为输入数据，以空间图式的语汇映射为规则逻辑，以真实语境为限制，将空间图式语言设为目标输出值。通过机器学习算法实现空间测绘图和模型的智能识别与算法分析，进而形成空间图式语言要素的数字化信息建库。

3. 空间图式语言的数字化转译与设计优化

本研究中已经提出空间图式在要素单元、组合单元和系统结构三个层级的语言映射逻辑和转换生成语法，将空间形式转换为一套完整语言化的符号链，为空间图式语言向计算机自然语言的转向做了理论方法前期研究。关于空间设计人机互动的智能化设计优化方向也是当下及未来的研究热点和必然趋势。转换生成语法“大词库、小句法”的计算机机器指令机制，也为空间语言信息数字化处理提供了可能性。首先，通过类型学进行要素矩阵比较和语汇组合模式解码，将聚落空间图式语言的空间语汇要素和类型词组进行提炼；其次，通过拓扑学分析聚落空间结构逻辑和句法规则，形成空间图式语言参数；再次，对聚落空间图式语言的语汇系统、句法系统和语境规则系统进行数字化建库；最后，利用计算机参数化、可视化技术以及神经网络机器学习和云计算等大数据处理技术进行数据处理和演化生成多种空间转译结果，作为建筑设计和城市设计的设计优化和方案备选（图 8-2）。

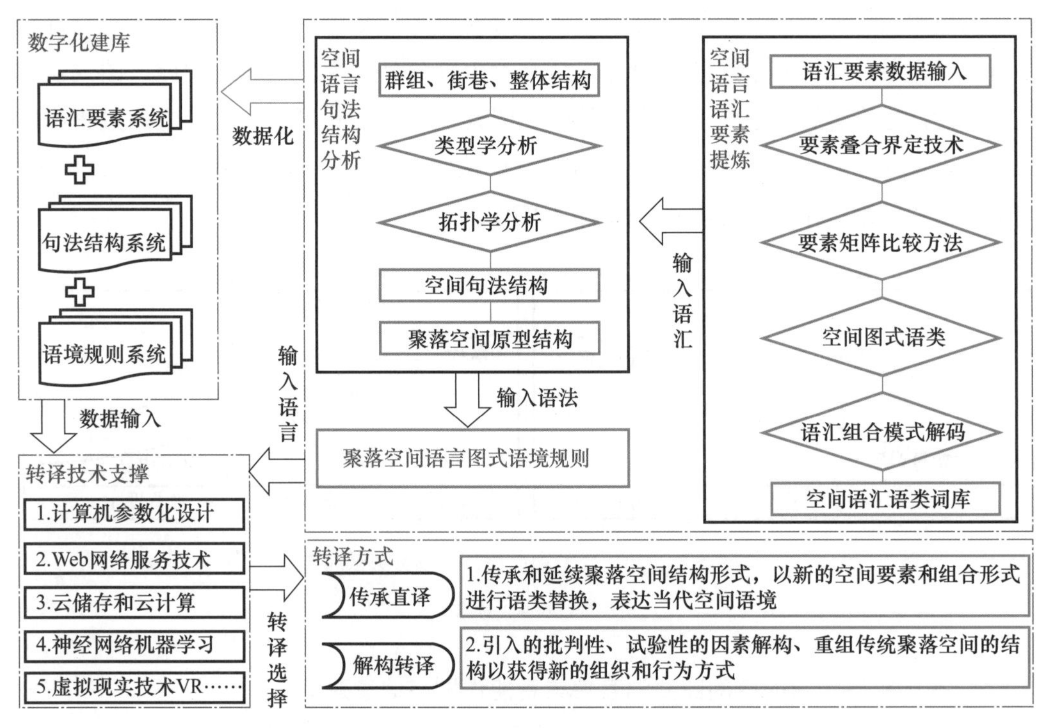


图 8-2 当代空间图式语言转译与数字化处理

（资料来源：自绘）

# 参考文献

[1] 常青．略论传统聚落的风土保护与再生［J］．建筑师，2005（03）：87-90.

[2] 段进，邵润青，兰文龙，等．空间基因［J］．城市规划，2019，43（2）：14-21.

[3] 汉宝德．建筑 历史 文化：汉宝德论传统建筑［M］．黄健敏，北京：清华大学出版社，2014：1-6.

[4] 路德维希·维特根斯坦．逻辑哲学论［M］．韩林合，译．北京：商务印书馆，2013：85.

[5] 维克多·布克利．建筑人类学［M］．潘曦，李耕，译．北京：中国建筑工业出版社，2018：34.

[6] 段进，章国琴．政策导向下的当代村庄空间形态演变：无锡市乡村田野调查报告［J］．城市规划学刊，2015（02）：65-71.

[7] 曹海林．村落公共空间演变及其对村庄秩序重构的意义：兼论社会变迁中村庄秩序的生成逻辑［J］．天津社会科学，2005（06）：61-65.

[8] 匡立波，夏国锋．公共空间重构与乡村秩序整合：对湘北云村小卖铺辐射圈的考察［J］．中共浙江省委党校学报，2016，32（06）：29-36.

[9] 卢健松，姜敏，苏妍，等．当代村落的隐性公共空间：基于湖南的案例［J］．建筑学报，2016（08）：59-65.

[10] 戴俭，邹金江．中国传统建筑外部空间构成［M］．武汉：长江出版社，2008.

[11] 温纯如．康德图式说［J］．哲学研究，1997（07）：27-34.

[12] 让·皮亚杰．发生认识论［M］．北京：商务印书馆，1990：11-12.

[13] BARTLETT F C. Remembering：A Study in Experimental and Social Psychology［M］．Cambridge，England：Cambridge University Press，1932.

[14] DIMAGGIO P. Culture and cognition［J］．Annual Review of Sociology，1997，23：263-287.

[15] 逻辑学大辞典［Z］．上海：上海辞书出版社，2010.

[16] 邓小平理论辞典：第1卷［Z］．上海：上海辞书出版社，2012.

[17] 汉英建筑工程词典［Z］．北京：中国建筑工业出版社，2005.

[18] 现代汉语大词典：上册［Z］．上海：上海辞书出版社，2009.

[19] 王云才．论景观空间图式语言的逻辑思路及体系框架［J］．风景园林，2017（04）：89-98.

[20] SUMMERSON J. The classical languish of architecture［M］．Cambridge，Massachuse，and London，England：The MIT Press，1963.

[21] 赛维．现代建筑语言［M］．席云平，译．北京：中国建筑工业出版社，1986.

[22] 彼得·埃森曼．彼得·埃森曼：图解日志［M］．陈欣欣，何捷，译．北京：中国建筑工业出版社，2005：12-15.

[23] ROSSI A. The Architecture of the city［M］．Cambridge，Massachuse，and London，England：The MIT Press，1982：19.

[24] ANDERSSON S I, HOYER S, SORENSEN C Th. Landscape modernist [M]. Copenhagen: The Danish Architectural Press, 2001.

[25] LLANOS D, LIL M. Architecture, symbolic function and language [J]. Revista Universidad y Sociedad, 2019 (12): 409-413.

[26] ALBERTO P G. Narrative Language, Architecture and the City [J]. In Bo-Ricerche E Progetti Per Il Territorio La Citta E L Architettura, 2020 (11): 8-15.

[27] ALLAM D, HEGAZI Y S, ABO-ASHOUR M A, et al. Cosmogenic pattern language: toward an architectural language based on the cosmogenic patterns of pre-modernism [J]. Nexus Network Journal, 2021 (01): 1-28.

[28] 布正伟. 复杂性建筑语言运用辨析：正视和应对信息时代建筑语言演进中的挑战 [J]. 建筑学报, 2008 (09): 9-13.

[29] 余斡寒, 汤桦. 从不可译到可译：廊作为普适性建筑空间类型在汉语解释视域中的确立 [J]. 建筑学报, 2019 (09): 104-109.

[30] 邹青. 诠释“在语言边界的建筑”：读阿尔伯托·佩雷斯-戈麦兹《建筑在爱之上》[J]. 建筑学报, 2020 (12): 106-112.

[31] 金鑫. 文本、结构、类型学：从语言隐喻到“虚构”文化：论王澍的理论、设计和实践 [J]. 建筑师, 2021 (01): 26-33.

[32] 王云才. 基于空间生态特性的景观图式语言研究方法与方法论 [J]. 风景园林, 2018, 25 (1): 28-32.

[33] 刘宗林, 郑文俊, 吴曼妮, 等. 桂林八景的景观语言分析 [J]. 桂林理工大学学报, 2021, 41 (01): 230-237.

[34] 陈碧君. 中国山水画艺术语言在现代景观设计中的运用研究：评《画论景观语言》[J]. 世界林业研究, 2022, 35 (01): 140-141.

[35] 克里斯托弗·亚历山大, S. 伊希卡娃, M. 西尔佛斯坦. 建筑模式语言 [M]. 王听度, 周序鸿, 译. 北京：中国建筑工业出版社, 2002.

[36] 藤井明. 聚落探访 [M]. 宁晶, 译. 北京：中国建筑工业出版社, 2003: 20.

[37] 安妮·惠斯顿·斯本, 张红卫, 李铁. 景观的语言：文化、身份、设计和规划 [J]. 中国园林, 2016, 32 (02): 5-11.

[38] BELL S. Langscape: patter, perception and process second edition [M]. London: Routledge Taylor & Francis Group, 2012: 48-69.

[39] BOSI F A, PINHEIRO E. Aristotelian rhetoric and mimesis in architectural design: “Learning From Las Vegas” case studies of the “Duck”, the “Decorated Shed”, and the “Guild House” [J]. Arquiteturarevista, 2019, 15 (01): 162-178.

[40] NA S, HONG S W, JUNG S, et al. Performance evaluation of building designs with BIM-based spatial patterns [J]. Automation in Construction, 2020 (118): 103290.

[41] 王云才, 陈照方, 成玉宁. 新时期乡村景观特征与景观性格的表征体系构建 [J]. 风景园林, 2021, 28 (07): 107-113.

[42] 王云才．图式语言：景观地方性表达与空间逻辑的新范式［M］．北京：中国建筑工业出版社，2018：11.

[43] 蒙小英．基于图示的景观图式语言表达［J］．中国园林，2016，32（02）：18-24.

[44] 崔陇鹏，胡平，张涛．基于图式语言的清同治《桃源洞全图》文化景观空间营造研究［J］．中国园林，2020，36（12）：129-134.

[45] 李伯华，徐崇丽，郑始年，等．基于图式语言的少数民族传统村落空间布局特征研究：以湘西南侗为例［J］．地理科学，2020，40（11）：1784-1794.

[46] 兰德尔・阿伦特．国外乡村设计：建设有特色的小城镇［M］．叶齐茂，倪晓晖，译．北京：中国建筑工业出版社，2010.

[47] DINIĆ M，MITKOVIĆ P. Suburban design：from "bedroom communities" to sustainable neighborhoods［J］. Geodetski Vestnik，2019（01）：98-113.

[48] RODÓ-DE-ZÁRATE M，CASTANY. Configuration and Consequences of Fear in Public Space from a Gender Perspective［J］. Revista Española de Investigaciones Sociologicas，2019（167）：89-106.

[49] ARTAWA K，MULYAWAN I W，SATYAWATI M S，et al. Balinese in public spaces（A lingustic landscapes study in Kuta Village）［J］. Journal of Critical Reviews，2020，07（07）：6-10.

[50] WIDANINGSIH L，SARI A R. Community architecture：synergizing public space and community education［J］. IOP Conference Series：Earth and Environmental Science，2021，738（01）：012063.

[51] 张浩龙，陈静，周春山．中国传统村落研究评述与展望［J］．城市规划，2017，41（04）：74-80.

[52] 冯悦，王凯平，张云路，等．乡村公共空间与场所依恋研究综述：概念、逻辑与关联［J］．中国园林，2021，37（2）：31-36.

[53] 包亚芳，孙治，宋梦珂，等．基于居民感知视角的浙江兰溪传统村落公共空间文化活力影响因素研究［J］．地域研究与开发，2019，38（05）：175-180.

[54] 罗萍嘉，郑祎，王雨墨，等．旅游开发影响下的"对立与共生"：传统村落公共空间"二元拼贴"研究［J］．现代城市研究，2020（12）：9-17.

[55] 马航，周青峰，迟多，等．结合层次分析法与重要性——绩效分析法的旅游村落公共空间评价：深圳较场尾为例［J］．China City Planning Review，2020（01）：61-73.

[56] 王葆华，王洋．太原赤桥村传统村落公共空间重构的策略研究［J］．城市发展研究，2020，27（05）：9-12，22.

[57] 焦胜，罗似莹，韩宗伟，等．基于图论的旅游型传统村落公共空间结构演变研究：以三个侗族旅游型传统村落为例［J］．新建筑，2021（02）：88-92.

[58] 孔宇航，张兵华，胡一可．传统聚落空间图式语言体系构建研究：以福建闽江流域为例［J］．风景园林，2020，27（06）：100-107.

[59] 张兵华，胡一可，李建军，等．乡村多尺度住居环境的景观空间图式解析：以闽东地区庄寨为例［J］．风景园林，2019，26（11）：91-96.

[60] 黎昕．闽江流域历史文化的基本特征与主要类型［N］．福建日报，2017-07-24（009）.

[61] 潘曦．建筑与文化人类学［M］．北京：中国建材工业出版社，2020：22.

[62] 张兵华，陈小辉，刘淑虎．土地权属视角下传统村落公共空间营造与重构：以尤溪县桂峰村为例［J］．新建筑，2018（06）：32-37.

[63] O'KEEFE J，NADEL L. The Hippocampus as a Cognitive Map［M］．Newyork：Oxford University Press，1978.

[64] TALMY L. Lexical Typology［C］//SHOPEN T. Language Typology and Syntactic Description，Volume III：Grammatical Categories and Lexicon 2nd edition. Cambridge：Cambridge University Press，2007.

[65] TALMY L. Towards a Cognitive Semantics，Vol. 2：Typology and Process in Concept Structuring［M］．London：Cambridge，MA：The MIT Press，2000.

[66] 李梦然，冯江．诺利地图及其方法价值［J］．新建筑，2017（04）：11-16.

[67] 罗杰·特兰西克．寻找失落空间——城市设计的理论［M］．朱子瑜，等，译．北京：中国建筑工业出版社，2008：97.

[68] 王其亨．当代中国建筑史家十书：王其亨中国建筑史论选集［M］．沈阳：辽宁美术出版社，2014：156-157.

[69] 马克·蒙莫尼尔．会说谎的地图［M］．黄义军，译．北京：商务印书馆，2012.

[70] 泰勒．语言的范畴化：语言学理论中的类典型［M］．北京：外语教学与研究出版社，2001.

[71] KRIER R. Urban Space：With examples of the city centre of Stuttgart［M］．London：Academy Editions，1975.

[72] LEVINSON S C. Language and Cognition：The Cognitive Consequences of Spatial Description in Guugu Yimithirr［J］．Journal of Linguistic Anthropology，1997，7（1）：98-131.

[73] 马林，李洁红．空间参照框架：语言与认知研究的新理论［J］．外语学刊，2005（04）：29-33.

[74] LEVINSON S C. Space in Language and Cognition：Explorations in Cognitive Divesity［M］．Beijing：World Publishing Corporation，2008.

[75] JOHNSON M. The Body in the Mind：The Bodily Basis of Meaning，Imagination and Reason［M］．Chicago：The University of Chicago Press，1987.

[76] JACK ENDOFF R. The Architecture of the Linguistic-Spatial Interface［C］．Cambridge，MA：The MIT Press，1999.

[77] 乔治·莱考夫，马克·约翰逊．我们赖以生存的隐喻［M］．杭州：浙江大学出版社，2015：11-19.

[78] 代正利．论英语基本连接图式结构［J］．湖南医科大学学报（社会科学版），2009，11（06）：245-247.

[79] TALMY L. Towards a Cognitive Semantics：Vol. 2［M］．Cambridge，Massachusetts：The MIT Press，2000.

[80] 鲁道夫·阿恩海姆．艺术与视知觉［M］．孟沛欣，译．长沙：湖南美术出版社，2008：47-48.

[81] HILLIER B，HANSON J. The Social Logic of Space［M］．Cambridge：Cambridge University Press，1984.

[82] 茹斯·康罗伊·戴尔顿，窦强．空间句法与空间认知［J］．世界建筑，2005（11）：33-37.

[83] CSORDAS T J，Weiss G，Haber H F. Embodiment and cultural phenomenology［M］．New York：Routledge，1999：143.

[84] PENN A. Space Syntax and Spatial Cognition：Or Why the Axial Line? [J]. Environment and Behavior，2003. 35（1）：30-65.

[85] 布莱恩·劳森．空间的语言［M］．杨青娟，韩笑，卢芳，等，译．北京：中国建筑工业出版社，2003：19.

[86] LEFEBVRE H. The Production of Space [M]. New Jersey：Wiley-Blackwell，1992：143.

[87] PÜTZ MARTIN，DIRVEN RENÉ，STRAUSS SUSAN. The construal of space in language and thought [M]. Berlin：Walter de Gruyter，1988.

[88] 黑格尔．美学：第2卷［M］．朱光潜，译．北京：商务印书馆，1996.

[89] DIMAGGIO P. Culture and cognition：Annual Review of Sociology [J]. Annual Review of Sociology，1997，23：263-287.

[90] 范素琴．方位词“上”表征的空间图式及空间意义［J］．解放军外国语学院学报，2010，33（05）：12-17，127.

[91] TALMY L. The fundamental system of spatial schemas in language [J]. From Perception to Meaning：Image Schemas in Cognitive Linguistics，2005：199-234.

[92] 任龙波．论空间图式系统［J］．西安外国语大学学报，2014，22（02）：31-35.

[93] 王飒．中国传统聚落空间层次结构解析［D］．天津：天津大学，2012.

[94] 张兵华，胡一可，李建军，等．乡村多尺度住居环境的景观空间图式解析：以闽东地区庄寨为例［J］．风景园林，2019，26（11）：91-96.

[95] 尤瓦尔·赫拉利．人类简史：从动物到上帝［M］．林俊宏，译．北京：中信出版集团，2017.

[96] 克里斯蒂安·诺伯格-舒尔茨．建筑存在、语言和场所［M］．刘念雄，吴梦姗，译．北京：中国建筑工业出版社，2013：127.

[97] HAUK O，JOHNSRUDE I，PULVERMULLER F. Somatotopic Representation of Action Words in Human Motor and Premotor Cortex [J]. Neuron，2004，41：301-307.

[98] 黎小业．“协同创新”的新理论基础：“一般系统模块论”及其现实意义［J］．牡丹江大学学报，2014，23（10）：62-65.

[99] CHOMSKY N. Syntactic Structures [M]. Paris：Mouton de Gruyter，1957：24.

[100] 阿尔多·罗西．城市建筑学［M］．黄士钧，译．北京：中国建筑工业出版社，2006.

[101] 史蒂芬·平克．语言本能：人类语言进化的奥秘［M］．杭州：浙江人民出版社，2015：28.

[102] 宋毅，曾芳芳，朱朝枝．基于 GIS 的福建省传统村落空间分布研究［J］．中共福建省委党校学报，2016（02）：79-84.

[103] ZHANG B H. The Spatial Pattern Characteristics and Type Classification of the Traditional Villages and Towns in Minjiang River Basin，Fujian Province [C]. ISUF 2019 XXVI International Seminar on Urban Form：City as Assemblages. Nicosia Cyprus，Nicosia University，2019：55-69.

[104] 叶茂盛，李早．基于聚类分析的传统村落空间平面形态类型研究［J］．工业建筑，2018，48（11）：50-55，80.

[105] 浦欣成．传统乡村聚落二维平面整体形态的量化方法研究［D］．杭州：浙江大学，2012.

[106] 单勇兵，马晓冬，仇方道．苏中地区乡村聚落的格局特征及类型划分［J］．地理科学，2012，

32（11）：1340-1347.

[107] 季惠敏，丁沃沃．基于量化的城市街廓空间形态分类研究［J］．新建筑，2019（06）：4-8.

[108] 芦原义信．街道的美学［M］．尹培桐，译．天津：百花文艺出版社，2006：35-36.

[109] 加藤周一．日本文化中的时间与空间［M］．彭曦，译．南京：南京大学出版社，2010：89-94.

[110] 段进，邵润青，兰文龙，等．空间基因［J］．城市规划，2019，43（02）：14-21.

[111] 杨俊宴，胡昕宇．城市空间特色规划的途径与方法［J］．城市规划，2013，37（06）：68-75.

[112] 弗迪南·德·索绪尔．普通语言学教程［M］．高名凯，译．北京：商务印书馆，1980：194-195.

[113] 孔宇航，张兵华，胡一可．传统聚落空间图式语言体系构建研究：以福建闽江流域为例［J］．风景园林，2020，27（6）：100-107.

[114] 巫鸿．武梁祠：中国古代画像艺术的思想性［M］．柳扬，岑河，译．北京：生活·读书·新知三联书店，2006：246.

[115] 罗伯特·芮德菲尔德．农民社会与文化：人类学对文明的一种诠释［M］．王莹，译．北京：中国社会科学出版社，2013：3.

[116] 费孝通．中国士绅［M］．赵旭东，秦志杰，译．北京：生活·读书·新知三联书店，2009：89.

[117] 张兵华，陈小辉，李建军，等．传统防御性建筑的地域性特征解析：以福建永泰庄寨为例［J］．中国文化遗产，2019（04）：91-98.

[118] 王树声．重拾中国城市规划的风景营造传统［J］．中国园林，2018，34（01）：28-34.

[119] 张鹰，陈晓娟，沈逸强．山地型聚落街巷空间相关性分析法研究：以尤溪桂峰村为例［J］．建筑学报，2015（02）：90-96.

[120] 刘易斯·芒福德．刘易斯·芒福德著作精粹［M］．宋俊岭，宋一然，译．北京：中国建筑工业出版社，2010：105.

[121] 芦原义信．外部空间设计［M］．尹培桐，译．南京：江苏凤凰文艺出版社，2017：31.

[122] 张玉瑜，朱光亚．福建大木作篙尺技艺抢救性研究［J］．古建园林技术，2005（3）：5-9.

[123] 张培奋．永泰庄寨营造则例［M］．永泰村保办，永泰县建筑设计院，2018.

[124] 李建军．福建庄寨：中国古代防御性乡土建筑［M］．北京：北京师范大学出版集团，2018.

[125] 王树声．“天人合一”思想与中国古代人居环境建设［J］．西北大学学报（自然科学版），2009，39（5）：915-920.

[126] 王树声．四望图：一种追求城市与四向环境融合的图绘模式［J］．城市规划，2017，41（12）：后插1-后插2.

[127] 罗米·阿契托夫．作为结构隐喻的算法：关于数字文化反馈环路的反思［J］．装饰，2018（03）：16-21.

[128] 王继瑛，叶浩生，苏得权．身体动作与语义加工：具身隐喻的视角［J］．心理学探新，2018，38（01）：15-19.

[129] LAKOFF G，JOHNSON M. Metaphors We Live By［M］. Chicago：University of Chicago Press，2008.

[130] LAKOFF G. Mapping the brain's metaphor circuitry：Metaphorical thought in everyday reason［J］.

Frontiers in Human Neuroscience, 2014 (08): 958.

[131] CROFT W, CRUSE D A. Cognitive Linguistics [M]. Cambridge: Cambridge University Press, 2004.

[132] 王飒，张玉坤，张楠. 从方位词看中国传统空间规划观念的意蕴:“社会-方位”图式及其意义分析 [J]. 建筑师，2014 (01): 75-83.

[133] 山本理显. 地域社会圈主义 [M]. 东京: LIXIL, 2013.

[134] 陈毅香. 民间信仰视角下的永泰庄寨仪式空间探析 [D]. 武汉: 华中科技大学，2019.

[135] 蔡宣皓. 闽东大厝的建筑术语体系与空间观念研究: 以清中晚期永泰县爱荆庄及仁和庄阄书中的建筑信息为例 [J]. 建筑遗产，2019 (01): 21-34.

[136] 叶漪滢. 方位词“中”的意象图式研究 [J]. 现代语文（语言研究版)，2017 (05): 55-59.

[137] 李惠娟，张积家，张瑞芯. 上下意象图式对羌族亲属词认知的影响 [J]. 心理学报，2014，46 (04): 481-491.

[138] 方闻. 心印: 中国书画风格与结构分析研究 [M]. 上海: 上海书画出版社，2018: 28-30.

[139] 常青. 建筑学的人类学视野 [J]. 建筑师，2008 (06): 95-101.

[140] 王昀. 传统聚落结构中的空间概念 [M]. 北京: 中国建筑工业出版社，2016: 35.

[141] 费孝通. 乡土中国 [M]. 北京: 生活·读书·新知三联书店，2013: 14.

[142] 王斯福. 台湾的家庭和公共祭拜 [C] //（美）武雅士. 神、鬼与祖先 [C] //郝瑞. 当鬼成神 [C] //（美）武雅士. 中国社会中的宗教与仪式 [M]. 彭泽安，邵铁峰，译，郭潇威，校. 南京: 江苏人民出版社，2014: 109-136，137-184，196-211.

[143] 郑振满. 民间历史文献与经史传统 [J]. 开放时代，2021 (01): 67-70.

[144] 张兵华，刘淑虎，李建军，等. 闽东地区庄寨建筑防御性营建智慧解析: 以永泰县庄寨为例 [J]. 新建筑，2019 (01): 120-125.

[145] 杜佳，华晨，余压芳. 传统乡村聚落空间形态及演变研究: 以黔中屯堡聚落为例 [J]. 城市发展研究，2017，(2): 47-53.

[146] 郑振满. 明清福建家族组织与社会变迁 [M]. 长沙: 湖南教育出版社，1992: 22-24.

[147] KENT S. Domestic Architecture and the Use of Space: An Interdisciplinary Cross-Culture Study [M]. Cambridge: Cambridge University Press, 1990.

[148] JONES J. Architecture and Ritual—How Buildings Shape Society [M]. London: Bloomsbury Academic, 2016.

[149] 黄源成，许少亮. 生态景观图式视角下的传统村落布局形态解析 [J]. 规划师，2018，34 (01): 139-144.

[150] 刘淑虎，张兵华，冯曼玲，等. 乡村风景营建的人文传统及空间特征解析: 以福建永泰县月洲村为例 [J]. 风景园林，2020，27 (03): 97-102.

[151] GLASSIE H H. Folk Housing in Middle Virginia: A Structural Analysis of Historical Artifacts [M]. Konoxville: University of Tennessee Press, 1975.

[152] MORRIS D. The Human Zoo [M]. London: Jonathan Cape, 1981.

[153] 王树声. 黄河晋陕沿岸历史城市人居环境营造研究 [M]. 北京: 中国建筑工业出版社，2009.

[154] 道格拉斯·凯尔博. 共享空间: 关于邻里与区域设计 [M]. 吕斌，覃宁宁，黄翊，译. 北京:

中国建筑工业出版社，2007：29.

［155］崔柳．中国传统园林空间观与非线性［J］．中国园林，2013，29（12）：99-102.

［156］张德建．八景的文本策略与权力关系［J］．文学遗产，2020（02）：4-16.

［157］李耕．规矩、示能和氛围：民居建筑遗产塑造社会的三个机制［J］．文化遗产，2019（05）：61-70.

［158］卡斯腾·哈里斯．建筑的伦理功能［M］．申嘉，陈朝晖，译．北京：华夏出版社，2001：2-3.

［159］刘春成．城市隐秩序：复杂适应系统理论的城市应用［J］．经济学动态，2017（04）：161.

［160］列夫·维果茨基．思维与语言［M］．李维，译．北京：北京大学出版社，2010：95.

［161］CHOMSKY N. Syntactic Structures［M］．The Hague/Paris：Mouton&Co，1957：26-33.

［162］满海霞，梁雅梦．乔姆斯基层级与自然语言语法：从短语结构语法到非转换语法［J］．外国语文，2015，31（03）：84-89.

［163］TALMY L. The fundamental system of spatial schemas in language［A］//InB. Hamp（ed.）. From Perception to Meaning：Image Schemas inCognitive Linguistics［C］．Berlin/NewYork：Moutonde Gruyter，2005：199-234.

［164］刘致平．中国建筑类型及结构［M］．北京：中国建筑工业出版社，2000：10-11.

［165］布莱恩·劳森．空间的语言［M］．杨青娟，韩笑，卢芳，等，译．北京：中国建筑工业出版社，2003：251-256.

［166］卡尔·荣格．原型与集体无意识　荣格文集：第 5 卷［M］．徐德林，译．香港：国际文化出版社，2011（4）：1.

［167］吴晓庆，张京祥，罗震东．城市边缘区“非典型古村落”保护与复兴的困境及对策探讨：以南京市江宁区窦村古村为例［J］．现代城市研究，2015（05）：99-106.

［168］ALEXANDER C，ISHIKAWA S. A Pattern Language：Towns \ Buildings \ Construction［M］．New York：Oxford University Press，1977.

［169］ROWE C，SLUTZKY R. Transparency：Literal and Phenomenal. Part II［J］．Perspecta，1971，13：287-301.

［170］弗里德里希·冯·哈耶克．立法与自由：第 1 卷［M］．邓正来，张守东，李静冰，译，北京：中国大百科全书出版社，2000：68-79.

［171］NORBERG S C. Genius-Loci：Towards A Phenomenology of Architecture［J］．Journal of Garden History，1981，1.

［172］卡米洛·西特．城市建设艺术：遵循艺术原则进行城市建设［M］．仲德崑，译．南京：东南大学出版社，1990：29.